松燁文化

曹永忠，許智誠，蔡英德　著

MicroPython
程式設計 (ESP32 物聯網基礎篇)

MicroPython Programming
(An Introduction to Internet of Thing Based on ESP32)

自序

　　ESP32 系列的書是我出版至今十年多，出書量也破一百七十多本大關，專為 ESP32S 開發板(NodeMCU-32S) 學習用白色終極板出版的 MicroPython 的第一本教學書籍，當初出版電子書是希望能夠在教育界開一門 Maker 自造者相關的課程，沒想到一寫就已過十年多，繁簡體加起來的出版數也已也破一百七十多的量，這些書都是我學習當一個 Maker 累積下來的成果。

　　這本書可以說是我的另一個里程碑，之前都是以專案為主，將別人設計的產品進行逆向工程展開之後，將該產品重新實作，但是筆者發現，很多學子的程度對一個產品專案開發，仍是心有餘、力不足，所以筆者鑑於如此，回頭再寫基礎感測器系列與程式設計系列，希望透過這些基礎能力的書籍，來培養學子基礎程式開發的能力，等基礎紮穩之後，面對更難的產品開發或物聯網系統開發，有能遊刃有餘。

　　目前許多學子在學習程式設計之時，恐怕最不能瞭解的問題是，我為何要寫九九乘法表、為何要寫遞迴程式，為何要寫成函式型式…等等疑問，只因為在學校的學子，學習程式是為了可以瞭解『撰寫程式』的邏輯，並訓練且建立如何運用程式邏輯的能力，解譯現實中面對的問題。然而現實中的問題往往太過於複雜，授課的老師無法有多餘的時間與資源去解釋現實中複雜問題，期望能將現實中複雜問題淬鍊成邏輯上的思路，加以訓練學生其解題思路，但是眾多學子宥於現實問題的困惑，無法單純用純粹的解題思路來進行學習與訓練，反而以現實中的複雜來反駁老師教學太過學理，沒有實務上的應用為由，拒絕深入學習，這樣的情形，反而自己造成了學習上的障礙。

　　本系列的書籍，針對目前學習上的盲點，希望讀者從感測器元件認識、、使用、應用到產品開發，一步一步漸進學習，並透過程式技巧的模仿學習，來降低系統龐大產生大量程式與複雜程式所需要瞭解的時間與成本，透過固定需求對應的程式攥寫技巧模仿學習，可以更快學習單晶片開發與 C 語言程式設計，進而有能力開發

出原有產品,進而改進、加強、創新其原有產品固有思維與架構。如此一來,因為學子們進行『重新開發產品』過程之中,可以很有把握的瞭解自己正在進行什麼,對於學習過程之中,透過實務需求導引著開發過程,可以讓學子們讓實務產出與邏輯化思考產生關連,如此可以一掃過去陰霾,更踏實的進行學習。

這四年多以來的經驗分享,逐漸在這群學子身上看到發芽,開始成長,覺得 Maker 的教育方式,極有可能在未來成為教育的主流,相信我每日、每月、每年不斷的努力之下,未來 Maker 的教育、推廣、普及、成熟將指日可待。

最後,請大家可以加入 Maker 的 Open Knowledge 的行列。

曹永忠 於貓咪樂園

自序

　　隨著資通技術(ICT)的進步與普及，取得資料不僅方便快速，傳播資訊的管道也多樣化與便利。然而，在網路搜尋到的資料卻越來越巨量，如何將在眾多的資料之中篩選出正確的資訊，進而萃取出您要的知識？如何獲得同時具廣度與深度的知識？如何一次就獲得最正確的知識？相信這些都是大家共同思考的問題。

　　為瞭解決這些困惱大家的問題，永忠、智誠兄與敝人計畫製作一系列「Maker 系列」書籍來傳遞兼具廣度與深度的軟體開發知識，希望讀者能利用這些書籍迅速掌握正確知識。首先規劃「以一個 Maker 的觀點，找尋所有可用資源並整合相關技術，透過創意與逆向工程的技法進行設計與開發」的系列書籍，運用現有的產品或零件，透過駭入產品的逆向工程的手法，拆解後並重製其控制核心，並使用 Arduino 相關技術進行產品設計與開發等過程，讓電子、機械、電機、控制、軟體、工程進行跨領域的整合。

　　近年來 Arduino 異軍突起，在許多大學，甚至高中職、國中，甚至許多出社會的工程達人，都以 Arduino 為單晶片控制裝置，整合許多感測器、馬達、動力機構、手機、平板...等，開發出許多具創意的互動產品與數位藝術。由於 Arduino 的簡單、易用、價格合理、資源眾多，許多大專院校及社團都推出相關課程與研習機會來學習與推廣。

　　以往介紹 ICT 技術的書籍大部份以理論開始，為了深化開發與專業技術，往往忘記這些產品產品開發背後所需要的背景、動機、需求、環境因素等，讓讀者在學習之間，不容易瞭解當初開發這些產品的原始創意與想法，基於這樣的原因，一般人學起來特別感到吃力與迷惘。

　　本書為了讀者能夠深入瞭解產品開發的背景，本系列整合 Maker 自造者的觀念與創意發想，深入產品技術核心，進而開發產品，只要讀者跟著本書一步一步研習與實作，在完成之際，回頭思考，就很容易瞭解開發產品的整體思維。透過這樣的

思路，讀者就可以輕易地轉移學習經驗至其他相關的產品實作上。

所以本書是能夠自修的書，讀完後不僅能依據書本的實作說明準備材料來製作，盡情享受 DIY(Do It Yourself)的樂趣，還能瞭解其原理並推展至其他應用。有興趣的讀者可再利用書後的參考文獻繼續研讀相關資料。

本書的發行有新的創舉，就是以電子書型式發行，在國家圖書館 (http://www.ncl.edu.tw/)、國立公共資訊圖書館 National Library of Public Information(http://www.nlpi.edu.tw/)、台灣雲端圖庫(http://www.ebookservice.tw/)等都可以免費借閱與閱讀，如要購買的讀者也可以到許多電子書網路商城、Google Books 與 Google Play 都可以購買之後下載與閱讀。希望讀者能珍惜機會閱讀及學習，繼續將知識與資訊傳播出去，讓有興趣的眾人都受益。希望這個拋磚引玉的舉動能讓更多人響應與跟進，一起共襄盛舉。

本書可能還有不盡完美之處，非常歡迎您的指教與建議。近期還將推出其他 Arduino 相關應用與實作的書籍，敬請期待。

最後，請您立刻行動翻書閱讀。

蔡英德 於台中沙鹿靜宜大學主顧樓

自序

記得自己在大學資訊工程系修習電子電路實驗的時候,自己對於設計與製作電路板是一點興趣也沒有,然後又沒有天分,所以那是苦不堪言的一堂課,還好當年有我同組的好同學,努力的照顧我,命令我做這做那,我不會的他就自己做,如此讓我解決了資訊工程學系課程中,我最不擅長的課。

當時資訊工程學系對於設計電子電路課程,大多數都是專攻軟體的學生去修習時,系上的用意應該是要大家軟硬兼修,尤其是在台灣這個大部分是硬體為主的產業環境,但是對於一個軟體設計,但是缺乏硬體專業訓練,或是對於眾多機械機構與機電整合原理不太有概念的人,在理解現代的許多機電整合設計時,學習上都會有很多的困擾與障礙,因為專精於軟體設計的人,不一定能很容易就懂機電控制設計與機電整合。懂得機電控制的人,也不一定知道軟體該如何運作,不同的機電控制或是軟體開發常常都會有不同的解決方法。

除非您很有各方面的天賦,或是在學校巧遇名師教導,否則通常不太容易能在機電控制與機電整合這方面自我學習,進而成為專業人員。

而自從有了 Arduino 這個平臺後,上述的困擾就大部分迎刃而解了,因為 Arduino 這個平臺讓你可以以不變應萬變,用一致性的平臺,來做很多機電控制、機電整合學習,進而將軟體開發整合到機構設計之中,在這個機械、電子、電機、資訊、工程等整合領域,不失為一個很大的福音,尤其在創意掛帥的年代,能夠自己創新想法,從 Original Idea 到產品開發與整合能夠自己獨立完整設計出來,自己就能夠更容易完全瞭解與掌握核心技術與產業技術,整個開發過程必定可以提供思維上與實務上更多的收穫。

Arduino 平臺引進台灣自今,雖然越來越多的書籍出版,但是從設計、開發、製作出一個完整產品並解析產品設計思維,這樣產品開發的書籍仍然鮮見,尤其是能夠從頭到尾,利用範例與理論解釋並重,完完整整的解說如何用 Arduino 設計出

一個完整產品，介紹開發過程中，機電控制與軟體整合相關技術與範例，如此的書籍更是付之闕如。永忠、英德兄與敝人計畫撰寫 Maker 系列，就是基於這樣對市場需要的觀察，開發出這樣的書籍。

　　作者出版了許多的 Arduino 系列的書籍，深深覺的，基礎乃是最根本的實力，所以回到最基礎的地方，希望透過最基本的程式設計教學，來提供眾多的 Makers 在入門 Arduino 時，如何開始，如何攥寫自己的程式，進而介紹不同的週邊模組，主要的目的是希望學子可以學到如何使用這些週邊模組來設計程式，期望在未來產品開發時，可以更得心應手的使用這些週邊模組與感測器，更快將自己的想法實現，希望讀者可以瞭解與學習到作者寫書的初衷。

　　　　　　　　　　　　　　　　許智誠　　於中壢雙連坡中央大學 管理學院

目 錄

自序 ii
自序 iv
自序 vi
目　錄 viii
圖目錄 xiii
表目錄 xxv
物聯網系列 1
開發板介紹 3
  ESP32 WROOM 5
  NodeMCU-32S 物聯網開發板 8
  安裝 ESP 開發板的 CP210X 晶片 USB 驅動程式 13
  章節小結 18
開發環境介紹 20
  MicroPython 介紹 20
  Thonny 開發 IDE 安裝 22
  連接 ESP32 開發板 35
  燒錄 MicroPython 於 ESP32 開發板 63
    下載 MicroPython 韌體版本 63
    開啟 Thonny 開發工具進行燒錄 MicroPython for ESP32 72
    使用線上韌體進入燒錄模式 84
  上下傳程式與副程式 95
    上傳程式 95
    下載程式 99
  安裝套件 104
    搭配硬體 104
    安裝對應硬體的韌體套件 105

下載函式庫 113

  下載裝置端函式庫到開發端 119

 章節小結 123

擴充板介紹 125

 彩色 0.96 吋 OLED 顯示螢幕 126

 外部 GPIO 腳位 128

 外部串列周邊介面 SPI 腳位 129

 外部 I²C 腳位 130

  外部 I²C 電壓控制跳線帽 131

  I²C 感測元件直插線 I²C 腳位 132

  透過 XH2.54 轉接版連接 I²C 腳位 136

  透過 XH2.54 轉杜邦母頭連接 I²C 腳位 140

 外部通用非同步收發傳輸器（Universal Asynchronous Receiver/Transmitter，通常稱為 UART）腳位 142

  透過 XH2.54 轉接版連接 UART 腳位 144

  透過 XH2.54 轉杜邦母頭連接 UART 腳位 148

 輸出外部電源腳位 150

 外接嗡鳴器 150

 外接電源腳位 153

 外接開關腳位 155

 ESP32S 開發板(NodeMCU-32S)插座 159

 ESP32S 學習用白色終極板銅柱螺絲孔 160

 重置按鈕(Reset Button) 165

 章節小結 167

基礎元件與 GPIO 控制介紹 169

 板載預設 LED 之 GPIO 腳位 171

ix

硬體組立	172
預設 LED 之 GPIO 腳位程式	173
程式結果畫面	174
顯示連接任一 GPIO 腳位之 Led 燈明滅	176
硬體組立	176
LED 之 GPIO5 腳位程式	178
程式結果畫面	178
透過 GPIO 腳位讀取按鈕之數位訊號	179
硬體組立	180
按鈕控制 Led 燈明滅程式	182
程式結果畫面	183
透過按鈕控制繼電器模組開啟與關閉	184
硬體組立	184
按鈕控制繼電器模組開啟與關閉程式	186
程式結果畫面	187
透過類比輸出控制 LED 漸亮與漸滅	188
硬體組立	190
透過類比輸出控制 LED 漸亮與漸滅程式	192
程式結果畫面	193
章節小結	193
I²C 元件基本控制介紹	196
I²C 的基本特性	196
I²C 與感測器的關係	197
I²C 在感測器應用中的優勢	197
典型應用	197
I²C 通訊協定細節	198

地址分配	198
數據傳輸	198
時鐘速度	199

I²C 在感測器中的應用實例 199

顯示模組(Display Module)	199
使用指南	200
溫度感測器(Temperature & Humidity Sensor)	200
加速度計(Accelerometer)	201
光學感測器	202
氣壓計	203

I²C 系統設計考慮 204

溫溼度模組電路組立 205

準備實驗材料	205
驅動 OLED 12832 測試程式	209
HTU21D 溫溼度感測測試程式	211
整合 OLED 12832 之 HTU21D 溫溼度感測測試程式	212
傳送溫溼度資料到雲端開發測試程式	215
HTTP GET 程式原理介紹	220

章節小結 226

網路基礎篇 228

開發版硬體介紹 229

取得自身網路卡編號 230

硬體組立	230
電路組立	231
程式開發	232

取得環境可連接之無線基地台 233

xi

硬體組立	235
程式開發	236
連接網際網路	238
硬體組立	239
程式開發	240
建立網站來控制 GPIO	242
硬體組立	244
程式開發	245
建立網站來控制多組 GPIO	250
硬體組立	252
程式開發	254
建立溫溼度感測網站	260
準備實驗材料	261
程式開發	264
章節小結	270
本書總結	270
作者介紹	271
附錄	273
本書教學用 PCB	273
本書教學用電路板(成品)	274
NodeMCU 32S 腳位圖	275
ESP32-DOIT-DEVKIT 腳位圖	276
HTU21D 函數程式	277
參考文獻	280

圖目錄

圖 1 ESP32 Devkit 開發板正反面一覽圖 3

圖 2 ESP32 Devkit 開發板尺寸圖 5

圖 3 ESP32 Devkit CP2102 Chip 圖 5

圖 4 ESP32　Function BlockDiagram 8

圖 5 NodeMCU-32S 物聯網開發板 9

圖 6 NodeMCU-32S 物聯網開發板尺寸圖 10

圖 7 ESP32 Devkit CP2102 Chip 圖 10

圖 8 ESP32S 腳位圖 12

圖 9 NodeMCU-32S 物聯網開發板正反面一覽圖 12

圖 10 USB 連接線連上開發板與電腦 13

圖 11 SILICON LABS 的網頁 13

圖 12 下載合適驅動程式版本 14

圖 13 選擇下載檔案儲存目錄 14

圖 14 安裝驅動程式 15

圖 15 開始安裝驅動程式 15

圖 16 完成安裝驅動程式 16

圖 17 打開裝置管理員 16

圖 18 打開連接埠選項 17

圖 19 已安裝驅動程式 17

圖 20 thonny 官方網站 23

圖 21 下載 thonny 官方網站 23

圖 22 下載 thonny 開發工具 24

圖 23 點選下載檔案 26

xiii

圖 24 開始安裝 26

圖 25 同意安裝協議 27

圖 26 同意建立桌面捷徑 27

圖 27 開始安裝 28

圖 28 安裝中 28

圖 29 安裝完成 29

圖 30 點選 Thonny 程式圖示 29

圖 31 Thonny 的軟體開發環境的介面 30

圖 32 進入設定選項 31

圖 33 Thonny 設定選項畫面 32

圖 34 設定 Thonny 語言介面為繁體 33

圖 35 確定切換繁體中文介面語言 34

圖 36 點選結束按鈕 34

圖 37 繁體中文介面 Thonny 程式 35

圖 38 ESP32S 開發板(NodeMCU-32S)與 ESP32S 學習用白色終極板 35

圖 39 Thonny 程式主畫面 36

圖 40 進入設定選項 36

圖 41 Thonny 設定選項畫面 37

圖 42 切換直譯器選項 38

圖 43 直譯器選項畫面 39

圖 44 選擇不同版本直譯器 40

圖 45 可使用編譯器選項清單 41

圖 46 選擇 ESP32 選項 41

圖 47 已切換 ESP32 專用編譯器 42

圖 48 切換開發板連接埠 43

xiv

圖 49 裝置管理員通訊埠清單 44

圖 50 ESP32 連接之通訊埠 44

圖 51 可選到連接埠之清單 45

圖 52 選擇 ESP32 對應通訊埠 46

圖 53 設定好 ESP32 開發板之軟體版本與開發本 47

圖 54 回到 Thonny 主畫面 48

圖 55 點選 Thonny 檔案總管 48

圖 56 點選本機電腦 49

圖 57 選擇專案目錄磁碟 49

圖 58 點開專案目錄磁碟目錄區 49

圖 59 選擇專案總目錄 50

圖 60 進入專案總目錄 51

圖 61 選擇目錄管理功能選項 52

圖 62 選擇建立專案目錄 53

圖 63 建立目錄對話窗 53

圖 64 輸入本書專案目錄名稱 54

圖 65 確定建立書籍專案目錄 54

圖 66 完成且出現書籍專案目錄 55

圖 67 雙擊書籍專案目錄 56

圖 68 進入書籍專案目錄 57

圖 69 再回到 Thonny 主畫面 57

圖 70 已出現檔案視窗介面 58

圖 71 基本上 Thonny 主畫面應該會連到開發板 58

圖 72 沒有出現開發板檔案視窗 59

圖 73 開發板沒插上 MicroUSB 失敗不導電 59

xv

圖 74 查看程式執行圖示 60

圖 75 查看程式執行圖示是否異常 60

圖 76 停止程式執行 61

圖 77 恢復未執行程式狀態 61

圖 78 程式檔案出現之主畫面(正確畫面) 62

圖 79 正確檔案介面之主畫面 62

圖 80 開啟瀏覽器 63

圖 81 瀏覽器輸入關鍵字 64

圖 82 瀏覽器找到資料 64

圖 83 選擇韌體網頁 65

圖 84 太多韌體 65

圖 85 使用尋找功能 66

圖 86 找到 ESP32 韌體 66

圖 87 ESP32 相關韌體 67

圖 88 點選 ESP32 系列 67

圖 89 ESP32 韌體頁面 68

圖 90 建議選擇這一系列 69

圖 91 點選下載 69

圖 92 建立下載韌體目錄 70

圖 93 選擇剛剛建立資料夾後下載韌體 70

圖 94 按下存檔後下載韌體 71

圖 95 開啟下載韌體目錄 71

圖 96 Thonny 程式主畫面 72

圖 97 進入設定選項 72

圖 98 Thonny 設定選項畫面 73

xvi

圖 99 切換直譯器選項 74
圖 100 直譯器選項頁籤 75
圖 101 切換直譯器 76
圖 102 可使用直譯器選項清單 77
圖 103 選擇 ESP32 選項 78
圖 104 切換 ESP32 用直譯器 78
圖 105 切換開發板連接埠 79
圖 106 裝置管理員通訊埠清單 80
圖 107 ESP32 連接之通訊埠 80
圖 108 在清單內選到 ESP32 連接埠 81
圖 109 選擇 ESP32 開發板對應通訊埠 81
圖 110 設定好 ESP32 開發板之軟體版本與開發選項 82
圖 111 點選安裝或更新 MicroPython 83
圖 112 安裝或更新 MicroPython 韌體畫面 84
圖 113 進入安裝或更新 MicroPython 韌體畫面 85
圖 114 點選燒錄通訊埠 86
圖 115 選擇燒錄通訊埠 86
圖 116 完成選擇燒錄埠 87
圖 117 選取 MicroPython 韌體檔案 87
圖 118 目前可以選擇之 MicroPython 韌體檔案 88
圖 119 選擇正確的 ESP32 韌體 88
圖 120 點選 ESP32 晶片種類 89
圖 121 可選擇之 ESP32 晶片種類 89
圖 122 選擇 ESP32/WRoom 選項晶片 90
圖 123 完成 ESP32 韌體選擇 90

xvii

圖 124 進行 ESP32 韌體燒錄 91

圖 125 ESP32 韌體燒錄中 91

圖 126 ESP32 韌體燒錄完成 92

圖 127 結束燒錄韌體 93

圖 128 離開安裝韌體步驟 93

圖 129 燒錄韌體後回到開發工具主畫面 94

圖 130 更新 ESP32 韌體後並不會刪除原有 python 檔案 95

圖 131 NodeMCU-32S 物聯網開發板連上 USB 線 96

圖 132 正確檔案介面之主畫面 96

圖 133 在被選好的檔案區按下滑鼠右鍵 97

圖 134 按下滑鼠右鍵候選上傳選項 97

圖 135 開始上傳程式 98

圖 136 查看 Device 裝置端檔案 98

圖 137 **Device** 裝置已完成上傳之檔案 99

圖 138 NodeMCU-32S 物聯網開發板連上 USB 線 99

圖 139 Thonny 主畫面 100

圖 140 選取裝置端上的檔案 100

圖 141 在檔案區按下滑鼠右鍵 101

圖 142 進行下載所選之檔案與資料夾 101

圖 143 下載裝置端程式到電腦端畫面 102

圖 144 下載裝置端程式到電腦端畫面進行中 102

圖 145 下載到電腦的程式碼檔案 103

圖 146 NodeMCU 32S 開發板連上 USB 線 104

圖 147 NodeMCU-32S 物聯網開發板連接 OLED 12832 顯示模組 105

圖 148 開啟管理套件 106

xviii

圖 149 套件管理主畫面 106

圖 150 在搜尋列輸入關鍵字 107

圖 151 輸入查詢 ssd1306 內容 107

圖 152 按下搜尋鍵按鈕 108

圖 153 找到函式的內容 108

圖 154 點選搜尋到的 SSD1306 套件 109

圖 155 按下安裝鍵進行安裝 SSD1306 套件 109

圖 156 安裝查詢到的套件 110

圖 157 開始安裝找到的函示套件 110

圖 158 安裝函式套件成功 111

圖 159 如果要解除安裝該套件 112

圖 160 解除套件安裝畫面 112

圖 161 已安裝套件之管理套件主畫面 113

圖 162 NodeMCU-32S 物聯網開發板連上 USB 線 113

圖 163 開發端函式庫與裝置端函式庫不一致 114

圖 164 回到 Thonny 主畫面 115

圖 165 查看裝置端內容 115

圖 166 選取電腦端 lib 資料夾按下滑鼠右鍵 116

圖 167 上傳開發端函式庫到裝置端 117

圖 168 完成下載開發端函式庫到裝置端資料夾 118

圖 169 NodeMCU-32S 物聯網開發板連上 USB 線 119

圖 170 正確函式庫檔案介面之主畫面 120

圖 171 選取裝置端函式庫準備下載到開發端電腦 120

圖 172 按下滑鼠右鍵候選上傳選項 121

圖 173 開始下載裝置端函示庫程式 121

xix

圖 174 查看開發端函式庫檔案 122

圖 175 完成下載裝置端函式庫到開發端資料夾 122

圖 176 ESP32S 學習用白色終極板(38 Pin ESP32S)一覽圖 125

圖 177 ESP32S 開發板(NodeMCU-32S)與 ESP32S 學習用白色終極板 .. 126

圖 178 0.96 英寸黑白 128x32 I²C OLED 顯示模組一覽圖 127

圖 179 外接 1.8 英寸黑白顯示模組 127

圖 180 OLED12832 電壓控制 128

圖 181 NodeMCU-32S 物聯網開發板 GPIO 腳位 128

圖 182 外部 GPIO 腳位 129

圖 183 外部 SPI 腳位 130

圖 184 外部 I²C 腳位 131

圖 185 I²C 電壓控制 132

圖 186 拿出 HTU21D 溫溼度感測 132

圖 187 XH2.54 轉杜邦 1P * 4 連接線 133

圖 188 放置 HTU21D 溫溼度感測於開發板旁 133

圖 189 裝上 HTU21D 溫溼度感測 134

圖 190 , 組立 HTU21D 溫溼度感測完成 135

圖 191 HTU21D 溫溼度感測模組連上連接線 136

圖 192 I2C 轉接板 136

圖 193 XH2.54 4P 母頭反轉雙接頭 137

圖 194 XH254 接到轉接板 137

圖 195 1P 雙母頭線四條 138

圖 196 杜邦線接轉接板 138

圖 197 杜邦線插在 HTU21D 139

圖 198 XH254 轉接線接主機板 140

xx

圖 199 XH2_54 轉杜邦母頭 141

圖 200 杜邦線插在 HTU21D 141

圖 201 XH254 轉接線接主機板 142

圖 202 外部 UART 腳位 143

圖 203 UART 轉接板 144

圖 204 XH2.54 4P 母頭反轉雙接頭 144

圖 205 XH254 接到轉接板 145

圖 206 1P 雙母頭線四條 145

圖 207 杜邦線接轉接板 146

圖 208 UART 零件 146

圖 209 1P 杜邦插 UART 零件 147

圖 210 XH254 轉接線接主機板之 UART 座 147

圖 211 XH2_54 轉杜邦母頭 148

圖 212 杜邦線插在藍芽模組 149

圖 213 XH254 轉接線接主機板 149

圖 214 輸出外部電源腳位 150

圖 215 擴充板上的嗡鳴器(Buzzer) 151

圖 216 嗡鳴器(Buzzer)JUMPER 152

圖 217 外接直流電源供應器座 153

圖 218 DC5V 變壓器 154

圖 219 DC5V 變壓器插入主機板外接電源插頭 154

圖 220 插入外接電源_Power 燈會亮 155

圖 221 外部電源開關腳位 156

圖 222 外部電源開關腳位放大版 156

圖 223 外部開關線 157

xxi

圖 224 放置開關於開發版旁 157

圖 225 外部開關線插入外部開關座 158

圖 226 插上開關於開發版 158

圖 227 插上開關於開發版 159

圖 228 NodeMCU-32S 物聯網開發板插座 160

圖 229 ESP32S 學習用白色終極板空白板銅柱螺絲孔 161

圖 230 銅柱螺絲 162

圖 231 四個尼龍支撐柱 163

圖 232 拿起尼龍支撐柱 163

圖 233 尼龍支撐柱插入螺孔 164

圖 234 四隻尼龍支撐柱插入螺孔 164

圖 235 外接重置按鈕之接腳(Externam Reset Pin) 165

圖 236 外接重置開關線(External RESET Button Line) 166

圖 237 外接按鈕線插入主機板 166

圖 238 外接重置按鈕 167

圖 239 ESP32S 開發板(NodeMCU-32S)板載電源燈與測試燈 171

圖 240 外部 GPIO 腳位 172

圖 241 ESP32S 開發板(NodeMCU-32S)與 ESP32S 學習用白色終極板 ... 173

圖 242 顯示預設板載 Led 燈明滅測試程式結果畫面 175

圖 243 ESP32S 開發板(NodeMCU-32S)與 ESP32S 學習用白色終極板 ... 177

圖 244 外接 GPIO5 的 LED　電路圖 177

圖 245 顯示 GPIO5 之 Led 燈明滅測試程式結果畫面 179

圖 246 NodeMCU-32S 物聯網開發板與 ESP32S 學習用白色終極板 181

圖 247 外接 GPIO5 的 LED 與 GPIO4 之按鈕電路圖 182

圖 248 按鈕控制 Led 燈明滅測試程式結果畫面 183

圖 249 ESP32S 開發板(NodeMCU-32S)與 ESP32S 學習用白色終極板 ... 185
圖 250 透過按鈕控制繼電器模組電路圖 186
圖 251 按鈕繼電器模組開啟與關閉測試程式結果畫面 188
圖 252 ESP32S 開發板(NodeMCU-32S)與 ESP32S 學習用白色終極板 ... 191
圖 253 外接 GPIO5 的 LED　電路圖 192
圖 254 透過類比輸出控制 LED 漸亮與漸滅結果畫面 193
圖 255 溫溼度感測模組驗材料表 206
圖 256 溫溼度監控電路圖(I^2C 介面) 208
圖 257 OLED 12832 測試程式結果畫面 211
圖 258 HTU21D 溫溼度感測測試程式結果畫面 212
圖 259 讀取 HTU21D 溫溼度感測元件並顯示於 OLED 12832 測試程式結果畫面 215
圖 260 資料收集器傳送到雲端系統概念圖 218
圖 261 資料收集器傳送到雲端系統概念圖 219
圖 262 資料代理人傳輸資料之結果畫面 220
圖 263 資料收集器傳送到雲端系統概念圖 221
圖 264 傳送溫溼度資料到雲端開發測試程式結果畫面 225
圖 265 外部 GPIO 腳位 230
圖 266 ESP32S 開發板(NodeMCU-32S)與 ESP32S 學習用白色終極板 ... 231
圖 267 ESP32S 開發板(NodeMCU-32S)之硬體圖 232
圖 268 取得自身網路卡編號連接電路圖 232
圖 269 取得自身網路卡編號結果畫面 233
圖 270 ESP32S 開發板(NodeMCU-32S) 235
圖 271 ESP32S 開發板(NodeMCU-32S)與 ESP32S 學習用白色終極板 ... 236
圖 272 取得環境可連接之無線基地台連接電路圖 236

圖 273 取得環境可連接之無線基地台結果畫面 238

圖 274 ESP32S 開發板(NodeMCU-32S)與 ESP32S 學習用白色終極板 ... 239

圖 275 連接網際網路的網站 240

圖 276 連接網際網路的網站測試程式結果畫面 242

圖 277 ESP32S 開發板(NodeMCU-32S)與 ESP32S 學習用白色終極板 ... 245

圖 278 控制一組繼電器 245

圖 279 建立網站來控制繼電器模組測試程式結果畫面 250

圖 280 ESP32S 開發板(NodeMCU-32S)與 ESP32S 學習用白色終極板 ... 253

圖 281 控制三組繼電器 253

圖 282 建立網站來控制多組繼電器模組測試程式結果畫面 260

圖 283 溫溼度感測模組驗材料表 262

圖 284 溫溼度監控電路圖(I^{2}C 介面) 264

圖 285 建立溫溼度感測網站測試程式結果畫面 270

xxiv

表目錄

表 1 擴充板嗡鳴器(Buzzer)測試程式 152

表 2 顯示預設板載 Led 燈明滅測試程式 174

表 3 顯示 GPIO5 之 Led 燈明滅測試程式 178

表 4 按鈕控制 Led 燈明滅測試程式 182

表 5 按鈕控制繼電器模組開啟關閉測試程式 187

表 6 透過類比輸出控制 LED 漸亮與漸滅滅測試程式 192

表 7 溫溼度感測模組接腳表 206

表 8 OLED12833 測試程式 209

表 9 HTU21D 溫溼度感測測試程式 211

表 10 讀取 HTU21D 溫溼度感測元件並顯示於 OLED 12832 測試程式 213

表 11 傳送溫溼度資料到雲端開發測試程式 222

表 12 取得自身網路卡編號測試程式 233

表 13 取得環境可連接之無線基地台測試程式 237

表 14 連接網際網路的網站測試程式 240

表 15 建立網站來控制繼電器模組測試程式 246

表 16 建立網站來控制多組繼電器模組測試程式 254

表 17 溫溼度感測模組接腳表 263

表 18 建立溫溼度感測網站測試程式 265

物聯網系列

　　本書是『程式設計系列』的第一本書,主要教導新手與初階使用者之讀者熟悉使用 ESP32 開發板,並透故攥寫 Python 語言,透過開發版上的 MicroPython 的架構,進入物聯網的實際應用,本書一個特點就是使用 MicroPython,從一個最基礎的溫溼度感測器,進而製作一個網際網路的物聯網的基礎應用,進而做資料庫應用與視覺化⋯等等,由於筆者策略,已將雲端設計開發部分,另行攥寫著作於:物聯網雲端系統開發(基礎入門篇): Implementation an IoT Clouding Application (An Introduction to IoT Clouding Application Based on PHP)一書,開始把物聯網的三層架構分開,希望學子可以更專精在感測層之嵌入式系統的開發,讓雲端開發專書系列進行開發,可以讓整個教學更加容易與順暢。

　　NodeMCU-32S 物聯網開發板最強大的不只是它的簡單易學的開發工具,最強大的是它網路功能與簡單易學的模組函式庫,幾乎 Maker 想到應用於物聯網開發的東西,只要透過眾多的周邊模組,都可以輕易的將想要完成的東西用堆積木的方式快速建立,而且 NodeMCU-32S 物聯網開發板市售價格比原廠 Arduino Yun 或 Arduino + Wifi Shield 更具優勢,最強大的是這些周邊模組對應的函式庫,有全世界許多開放原始碼的開發人員不斷的支援,讓 Maker 不需要具有深厚的電子、電機與電路能力,就可以輕易駕馭這些模組。

　　筆者很早就開始使用 NodeMCU-32S 物聯網開發板,也算是先驅使用者,希望筆者可以推出更多的入門書籍給更多想要進入『Python』、『物聯網』這個未來大趨勢,所有才有這個系列的產生。

1
CHAPTER

開發板介紹

ESP32 開發板是一系列低成本，低功耗的單晶片微控制器，相較上一代晶片 ESP8266，ESP32 開發板 有更多的記憶體空間供使用者使用，且有更多的 I/O 口可供開發，整合了 Wi-Fi 和雙模藍牙。 ESP32 系列採用 Tensilica Xtensa LX6 微處理器，包括雙核心和單核變體，內建天線開關，RF 變換器，功率放大器，低雜訊接收放大器，濾波器和電源管理模組。

樂鑫（Espressif）1於 2015 年 11 月宣佈 ESP32 系列物聯網晶片開始 Beta Test，預計 ESP32 晶片將在 2016 年實現量產。如下圖所示，ESP32 開發板整合了 801.11 b/g/n/i Wi-Fi 和低功耗藍牙 4.2（Buletooth / BLE 4.2） ，搭配雙核 32 位 Tensilica LX6 MCU，最高主頻可達 240MHz，計算能力高達 600DMIPS，可以直接傳送視頻資料，且具備低功耗等多種睡眠模式供不同的物聯網應用場景使用。

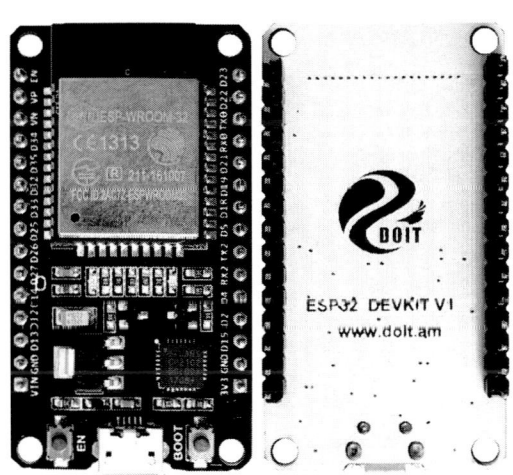

圖 1 ESP32 Devkit 開發板正反面一覽圖

---

[1] https://www.espressif.com/zh-hans/products/hardware/esp-wroom-32/overview

ESP32 特色：
- 雙核心 Tensilica 32 位元 LX6 微處理器
- 高達 240 MHz 時脈頻率
- 520 kB 內部 SRAM
- 28 個 GPIO
- 硬體加速加密（AES、SHA2、ECC、RSA-4096）
- 整合式 802.11 b/g/n Wi-Fi 收發器
- 整合式雙模藍牙（傳統和 BLE）
- 支援 10 個電極電容式觸控
- 4 MB 快閃記憶體

資料來源：https://www.botsheet.com/cht/shop/esp-wroom-32/

ESP32 規格：
- 尺寸：55*28*12mm(如下圖所示)
- 重量：9.6g
- 型號：ESP-WROOM-32
- 連接：Micro-USB
- 晶片：ESP-32
- 無線網絡：802.11 b/g/n/e/i
- 工作模式：支援 STA / AP / STA+AP
- 工作電壓：2.2 V 至 3.6 V
- 藍牙：藍牙 v4.2 BR/EDR 和低功耗藍牙（BLE、BT4.0、Bluetooth Smart）
- USB 晶片：CP2102
- GPIO：28 個
- 存儲容量：4Mbytes
- 記憶體：520kBytes

資料來源：https://www.botsheet.com/cht/shop/esp-wroom-32/

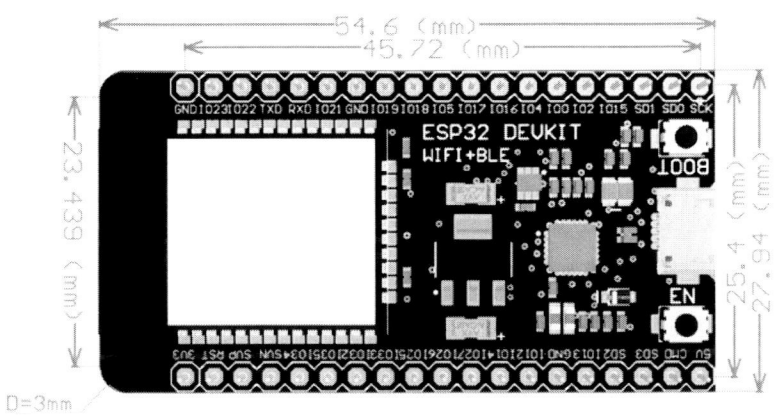

圖 2 ESP32 Devkit 開發板尺寸圖

ESP32 WROOM

ESP-WROOM-32 開發板具有 3.3V 穩壓器，可降低輸入電壓，為 ESP32 開發板供電。它還附帶一個 CP2102 晶片(如下圖所示)，允許 ESP32 開發板與電腦連接後，可以再程式編輯、編譯後，直接透過串列埠傳輸程式，進而燒錄到 ESP32 開發板，無須額外的下載器。

圖 3 ESP32 Devkit CP2102 Chip 圖

ESP32 的功能[2]包括以下內容：

- 處理器：
    - CPU: Xtensa 雙核心 (或者單核心) 32 位元 LX6 微處理器，工作時脈 160/240 MHz，運算能力高達 600 DMIPS
- 記憶體：
    - 448 KB ROM (64KB+384KB)
    - 520 KB SRAM
    - 16 KB RTC SRAM,SRAM 分為兩種
        - 第一部分 8 KB RTC SRAM 為慢速儲存器,可以在 Deep-sleep 模式下被次處理器存取
        - 第二部分 8 KB RTC SRAM 為快速儲存器,可以在 Deep-sleep 模式下 RTC 啟動時用於資料儲存以及 被主 CPU 存取。
    - 1 Kbit 的 eFuse，其中 256 bit 為系統專用（MAC 位址和晶片設定）；其餘 768 bit 保留給用戶應用，這些 應用包括 Flash 加密和晶片 ID。
    - QSPI 支援多個快閃記憶體/SRAM
    - 可使用 SPI 儲存器 對映到外部記憶體空間，部分儲存器可做為外部儲存器的 Cache
        - 最大支援 16 MB 外部 SPI Flash
        - 最大支援 8 MB 外部 SPI SRAM
- 無線傳輸：
    - Wi-Fi: 802.11 b/g/n

---

[2] https://www.espressif.com/zh-hans/products/hardware/esp32-devkitc/overview

- ◆ 藍芽: v4.2 BR/EDR/BLE
- 外部介面：
  - ◆ 34 個 GPIO
  - ◆ 12-bit SAR ADC，多達 18 個通道
  - ◆ 2 個 8 位元 D/A 轉換器
  - ◆ 10 個觸控感應器
  - ◆ 4 個 SPI
  - ◆ 2 個 I2S
  - ◆ 2 個 I2C
  - ◆ 3 個 UART
  - ◆ 1 個 Host SD/eMMC/SDIO
  - ◆ 1 個 Slave SDIO/SPI
  - ◆ 帶有專用 DMA 的乙太網路介面,支援 IEEE 1588
  - ◆ CAN 2.0
  - ◆ 紅外線傳輸
  - ◆ 電機 PWM
  - ◆ LED PWM, 多達 16 個通道
  - ◆ 霍爾感應器
- 定址空間
  - ◆ 對稱定址對映
  - ◆ 資料匯流排與指令匯流排分別可定址到 4GB(32bit)
  - ◆ 1296 KB 晶片記憶體取定址
  - ◆ 19704 KB 外部存取定址
  - ◆ 512 KB 外部位址空間
  - ◆ 部分儲存器可以被資料匯流排存取也可以被指令匯流排存取
- 安全機制

- ◆ 安全啟動
- ◆ Flash ROM 加密
- ◆ 1024 bit OTP,使用者可用高達 768 bit
- ◆ 硬體加密加速器
  - AES
  - Hash (SHA-2)
  - RSA
  - ECC
  - 亂數產生器 (RNG)

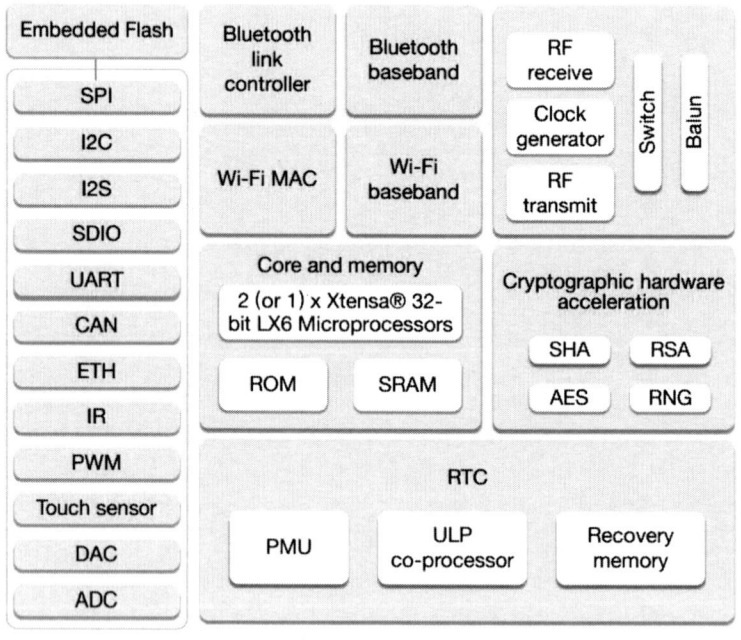

圖 4 ESP32 Function BlockDiagram

NodeMCU-32S 物聯網開發板

NodeMCU-32S 物聯網開發板是 WiFi+ 藍牙 4.2+ BLE /雙核 CPU 的開發板(如

下圖所示)，低成本的 WiFi+藍牙模組是一個開放源始碼的物聯網平臺。

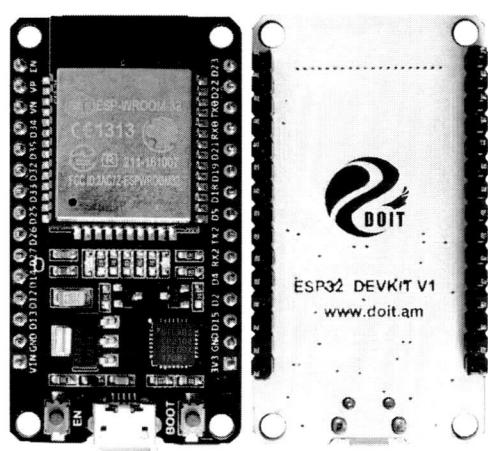

圖 5 NodeMCU-32S 物聯網開發板

NodeMCU-32S 物聯網開發板也支援使用 Lua 腳本語言編程，NodeMCU-32S 物聯網開發板之開發平臺基於 eLua 開源項目，例如 lua-cjson, spiffs.。NodeMCU-32S 物聯網開發板是上海 Espressif 研發的 WiFi+藍牙晶片，旨在為嵌入式系統開發的產品提供網際網絡的功能。

NodeMCU-32S 物聯網開發板模組核心處理器 ESP32 晶片提供了一套完整的 802.11 b/g/n/e/i 無線網路（WLAN）和藍牙 4.2 解決方案，具有最小物理尺寸。

NodeMCU-32S 物聯網開發板專為低功耗和行動消費電子設備、可穿戴和物聯網設備而設計，NodeMCU-32S 物聯網開發板整合了 WLAN 和藍牙的所有功能，NodeMCU-32S 物聯網開發板同時提供了一個開放原始碼的平臺，支援使用者自定義功能，用於不同的應用場景。

NodeMCU-32S 物聯網開發板 完全符合 WiFi 802.11b/g/n/e/i 和藍牙 4.2 的標準，整合了 WiFi/藍牙/BLE 無線射頻和低功耗技術，並且支持開放性的 RealTime 作業系統 RTOS。

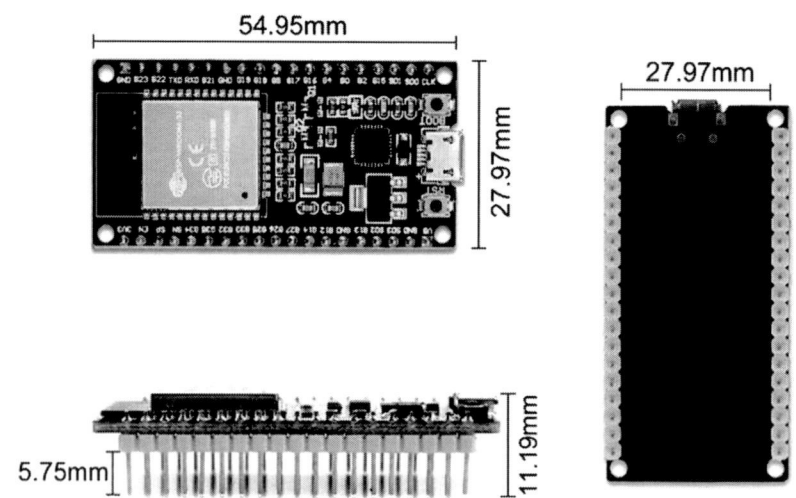

圖 6 NodeMCU-32S 物聯網開發板尺寸圖

　　NodeMCU-32S 物聯網開發板具有 3.3V 穩壓器，可降低輸入電壓，為 NodeMCU-32S 物聯網開發板供電。它還附帶一個 CP2102 晶片(如下圖所示)，允許 ESP32 開發板與電腦連接後，可以再程式編輯、編譯後，直接透過串列埠傳輸程式，進而燒錄到 ESP32 開發板，無須額外的下載器。

圖 7 ESP32 Devkit CP2102 Chip 圖

NodeMCU-32S 物聯網開發板的功能 包括以下內容：

- 商品特色：
    - WiFi+藍牙 4.2+BLE
    - 雙核 CPU
    - 能夠像 Arduino 一樣操作硬體 IO
    - 用 Nodejs 類似語法寫網絡應用

- 商品規格：
    - 尺寸：49*25*14mm
    - 重量：10g
    - 品牌：Ai-Thinker
    - 晶片：ESP-32
    - Wifi：802.11 b/g/n/e/i
    - Bluetooth：BR/EDR+BLE
    - CPU：Xtensa 32-bit LX6 雙核芯
    - RAM：520KBytes
    - 電源輸入：2.3V~3.6V

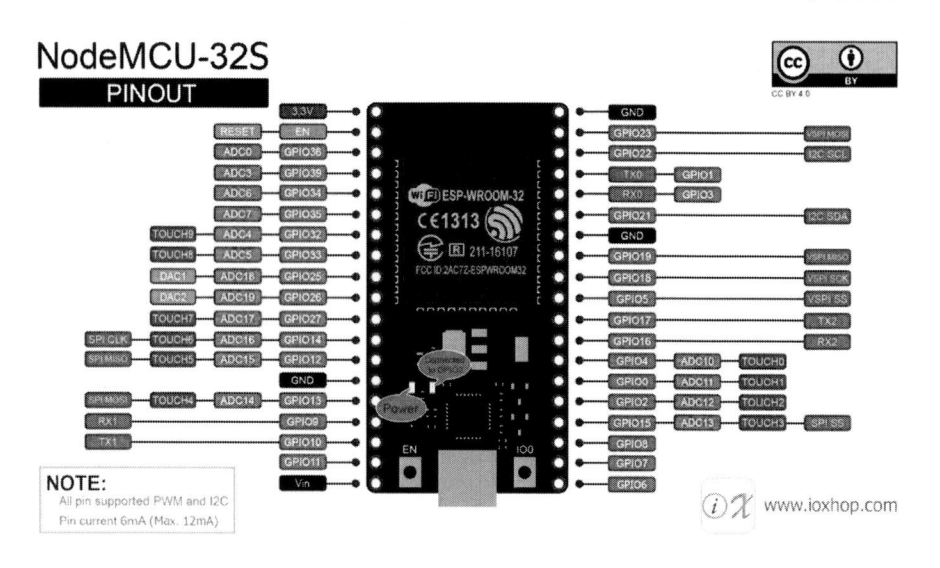

圖 8 ESP32S 腳位圖

　　至於用 MicroPyhton 語言開發的就必須透過 MicroUSB 埠重新燒錄 MicroPyhton 韌體，且要注意的是 NodeMCU-32S 物聯網開發板在韌體上是各自獨立發展的，不能通用。

圖 9 NodeMCU-32S 物聯網開發板正反面一覽圖

安裝 ESP 開發板的 CP210X 晶片 USB 驅動程式

如下圖所示，將 ESP32 開發板透過 USB 連接線接上電腦。

圖 10 USB 連接線連上開發板與電腦

如下圖所示，請到 SILICON LABS 的網頁，網址：

https://www.silabs.com/products/development-tools/software/usb-to-uart-bridge-vcp-drivers

，去下載 CP210X 的驅動程式，下載以後將其解壓縮並且安裝，因為開發板上連接 USB Port 還有 ESP32 模組全靠這顆晶片當作傳輸媒介。

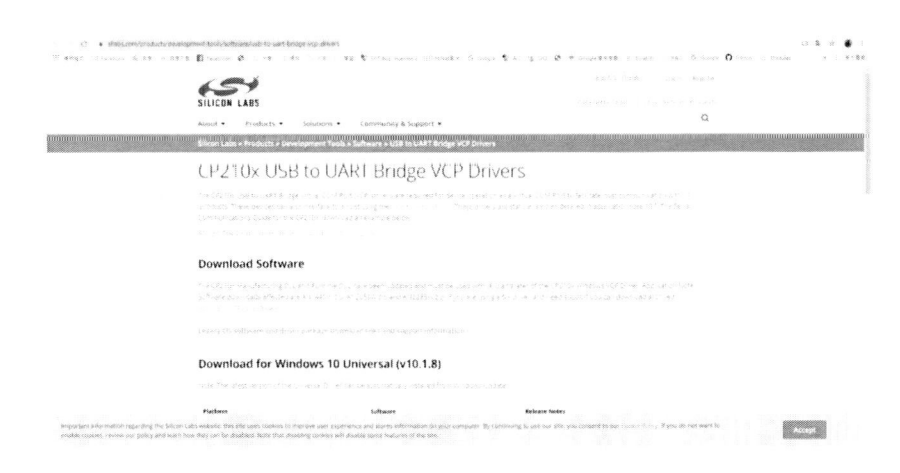

圖 11 SILICON LABS 的網頁

如下圖所示，讀者請依照您個人作業系統版本，下載對應 CP210X 的驅動程式，筆者是 Windows 10 64 位元作業系統，所以下載 Windows 10 的版本。

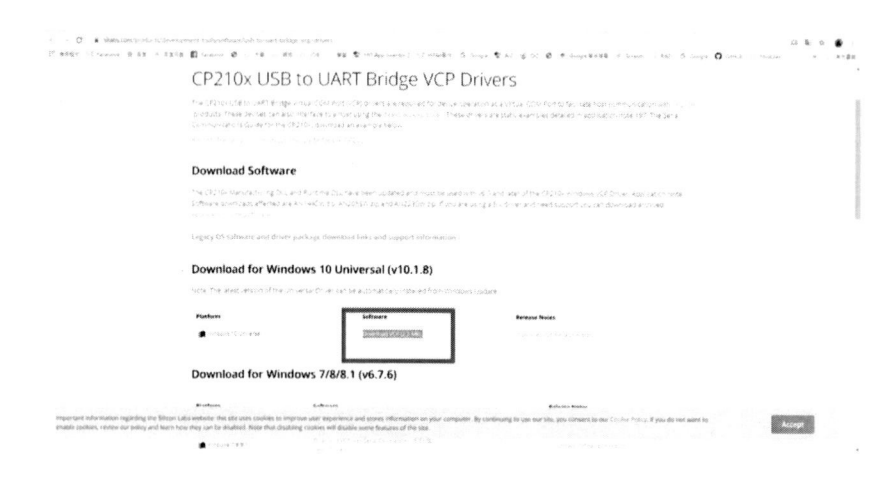

圖 12 下載合適驅動程式版本

如下圖所示，選擇下載檔案儲存目錄儲存下載對應 CP210X 的驅動程式。

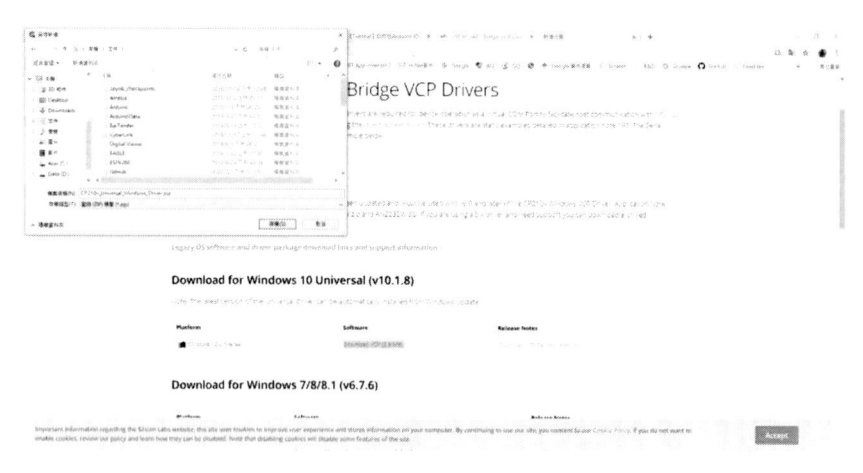

圖 13 選擇下載檔案儲存目錄

如下圖所示，先點選下圖左邊紅框之下載之 CP210X 的驅動程式，解開壓縮檔後，再點選下圖右邊紅框之『CP210xVCPInstaller_x64.exe』，進行安裝 CP2102 的驅動程式(尤濬哲, 2019)。

~ 14 ~

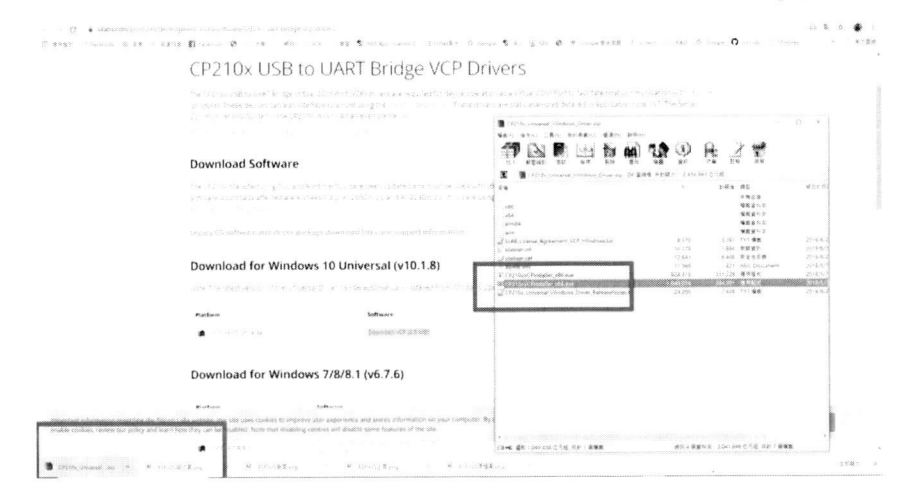

圖 14 安裝驅動程式

如下圖所示，開始安裝驅動程式。

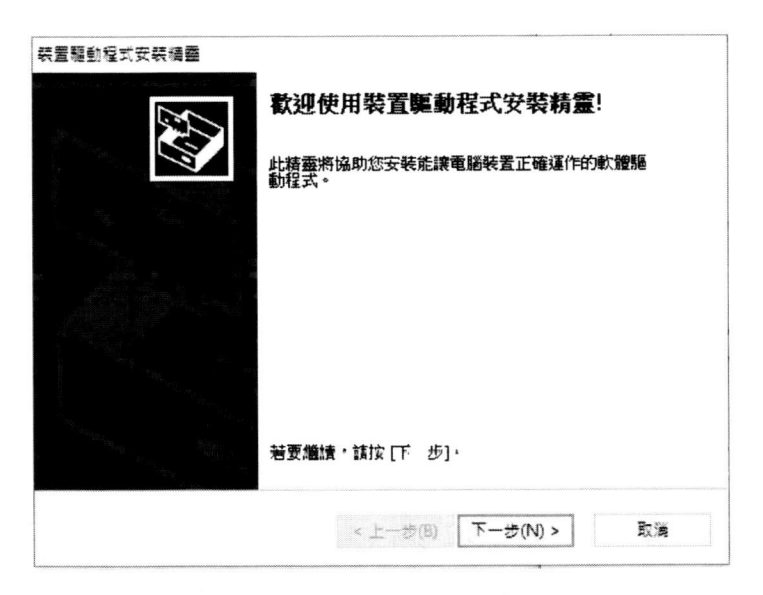

圖 15 開始安裝驅動程式

如下圖所示，完成安裝驅動程式。

~ 15 ~

圖 16 完成安裝驅動程式

如下圖所示，請讀者打開控制台內的打開裝置管理員。

圖 17 打開裝置管理員

如下圖所示，打開連接埠選項。

~ 16 ~

圖 18 打開連接埠選項

　　如下圖所示，我們可以看到已安裝驅動程式，筆者是 Silicon Labs CP210x USB to UART Bridge (Com36)，讀者請依照您個人裝置，其：Silicon Labs CP210x USB to UART Bridge (ComXX)，其 XX 會根據讀者個人裝置有所不同。

圖 19 已安裝驅動程式

如上圖所示，我們已完成安裝 ESP 開發板的 CP210X 晶片 USB 驅動程式。

章節小結

本章主要介紹之 ESP 32 開發板介紹，至於開發環境安裝與設定，請讀者參閱『ESP32 程式設計(基礎篇):ESP32 IOT Programming (Basic Concept & Tricks)』、『ESP32 物聯網基礎 10 門課(The Ten Basic Courses to IoT Programming Based on ESP32)』一書(曹永忠, 2020a, 2020c; 曹永忠, 蔡英德, & 許智誠, 2023a, 2023b)，透過本章節的解說，相信讀者會對 ESP 32 開發板認識，有更深入的瞭解與體認。

2
CHAPTER

開發環境介紹

MicroPython 介紹

MicroPython 是一個針對單晶片和嵌入式系統最佳化的輕量級 Python 直譯器。它目的是希望開發者與使用者可以在單晶片和嵌入式系統的環境中，能夠使用 Python 程式語言，在這些比較桌上型電腦與大型作業系統之外，能夠在單晶片與微小系統上在有限資源與有限的設備上可以順利運行 Python 程式語言開發的程式與系統，舉如單晶片（MCU）和物聯網（IoT）設備。

然而 MicroPython 是開放源始碼(Open Source)的基礎下進行開發的輕量級 Python 直譯器，雖然 MicroPython 直譯器號稱是輕量級，但是仍然具備許多標準 Python 的功能，而且其佔用的資源更少，更適合嵌入式系統的特性。以下是對 MicroPython 的詳細介紹：

歷史與背景

MicroPython 由 Damien George[3]於 2013 年創建，他是一位元物理學家兼電子工程師。Damien 在網際網路的 Kickstarter 創立了一個專案，主要的目的是資助這個專案，並希望可以讓 MicroPython 具體開發完成。該專案成功後，MicroPython 迅

---

[3]

636 / 5,000

MicroPython 最初是由澳洲程式設計師 Damien George 在 2013 年成功獲得 Kickstarter 支援的活動後創建的。。主線支援的連接埠有 ARM Cortex-M（許多 STM32 板、RP2040 板、TI CC3200/WiPy、Teensy 板、Nordic nRF 系列、SAMD21 和 SAMD51）、ESP8266、ESP32、16 位元 PIC、Unix、Windows、Zephyr 和 JavaScript、Unix、Windows、Zephyr 和 JavaScript、Unix、Windows、Zephyr 和 JavaScript、Unix、Windows、Zephyr 和 JavaScript、Unix、Windows、Zephyr 和 JavaScript。Data from WiKi(https://en.wikipedia.org/wiki/MicroPython)

速得到了廣泛的支持和發展，成為了嵌入式系統運用 Python 程式開發中的最重要工具。

特點與優勢

- 輕量級：MicroPython 專為資源受限的軟硬體環境設計，佔用記憶體非常小，甚至可以在只有幾十 KB RAM 的單晶片上運行。
- 即時性：它具有即時直譯與執行 Python 程式碼的能力，使得開發和測試過程更加快捷和直觀。
- 標準 Python 語法：MicroPython 支持大部分 Python 3 語法和內建函式庫，使得 Python 開發者能夠輕鬆上手。
- 豐富的函式庫與套件支持：提供了一些針對單晶片硬體的擴展函式庫與套件，例如控制 GPIO、I2C、SPI、ADC 等，方便進行單晶片硬體控制其周邊腳位與周邊 IC 等。
- 方便開發：支援 REPL（Read-Eval-Print Loop）互動式程式開發模式，可以直接在命令列輸入程式碼和執行程式碼，便於測試和測試。
- 跨平臺支援：MicroPython 支援多種單晶片平臺，如 ESP8266、ESP32、STM32、Raspberry Pi Pico 等。

典型應用場景

- 物聯網（IoT）設備：使用 MicroPython 快速開發和部署智慧家庭、自動化設備等 IoT 應用。
- 教育：適合用於程式設計教育和產業界培訓，因為 Python 語法簡單明瞭，能夠讓學生快速上手。
- 快速原型開發：MicroPython 能夠加快嵌入式系統和單晶片的開發週期，方便實驗和測試。

社區與資源

- 官方網站：MicroPython.org
- 標準開發資料檔與教學：官方網站：MicroPython.org 提供了詳細的 API 說明和教程，幫助開發者快速入門。
- 社群支持：網際網路上有許多的開發者社群和程式討論論壇，有大量的開源專案(Open Source Projects)和範常式式碼可供學習和借鑒。
- GitHub 倉庫：MicroPython GitHub: https://github.com/micropython/micropython

綜合言之，MicroPython 是一個強大而靈活的工具，可以讓開發者與使用者在少量記憶體的單晶片與資源甚少之嵌入式系統，可以使用 Python 程式語言進行開發，而且執行效率具有高等效能。MicroPython 的輕量級設計和豐富的函式庫與套件支持，使得開發者能夠充分利用單晶片的資源，快速開發出各種創新應用。通過使用 MicroPython，開發者可以將 Python 的簡潔性和可讀性帶入嵌入式開發領域，從而加速產品開發和創新。

Thonny 開發 IDE 安裝

首先我們先進入到 thonny 官方網站，網址：https://thonny.org/，如下圖所示。

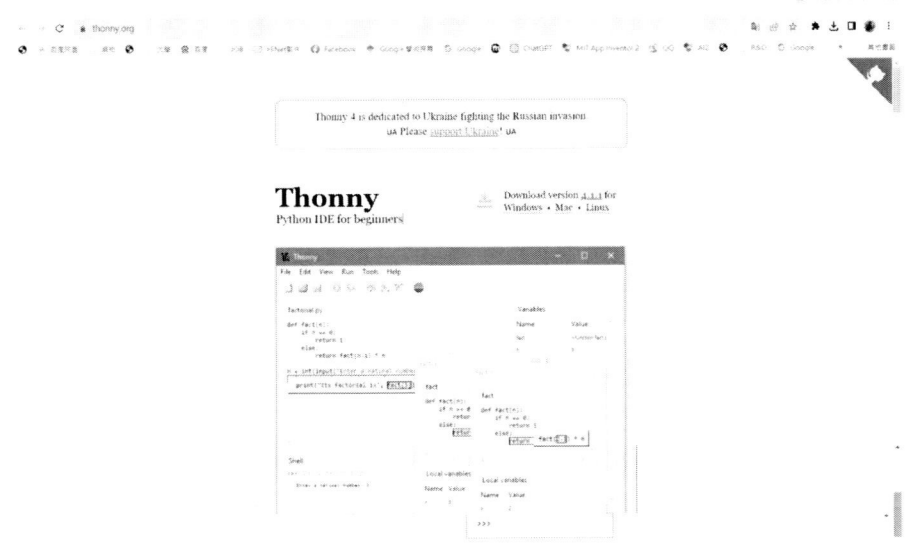

圖 20 thonny 官方網站

　　如下圖 所示，點選下圖紅框處，由於筆者採用 Windows 作業系統，所以點選的下載頁面如網址：https://github.com/thonny/thonny/releases/tag/v4.1.1

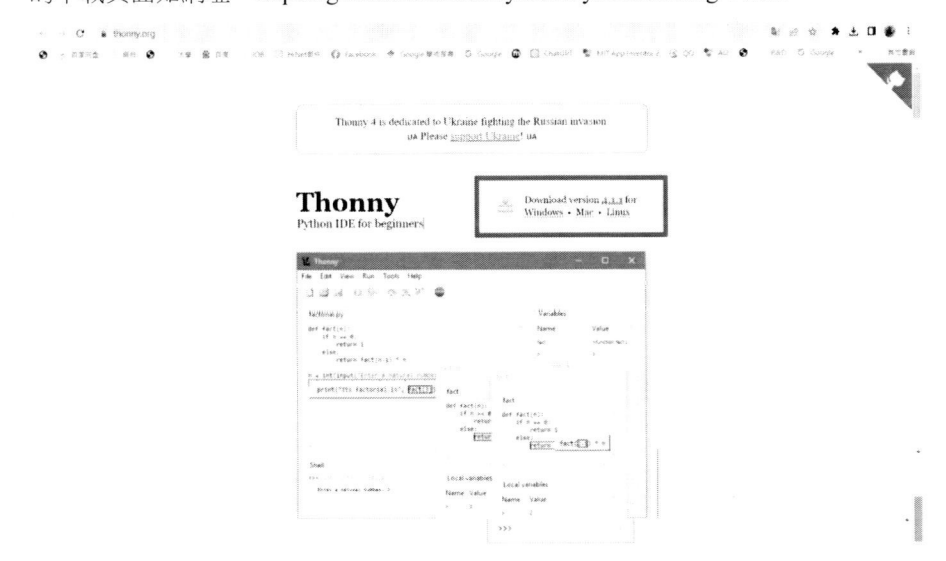

圖 21 下載 thonny 官方網站

如下圖所示，目前筆者寫書階段下載版本檔名為「thonny-4.1.1」，如讀者閱讀本書時，有其他版本，請根據實際作業系統與版本發佈狀況，自行對應相對的版本下載與安裝。

jwillikers

▼ Assets 10

◇ thonny-4.1.1-windows-portable.zip
◇ thonny-4.1.1-x86_64.tar.gz
◇ thonny-4.1.1.bash
◇ **thonny-4.1.1.exe**
◇ thonny-4.1.1.pkg
◇ thonny-py38-4.1.1-windows-portable.zip
◇ thonny-py38-4.1.1.exe
◇ thonny-xxl-4.1.1.exe
▤ Source code (zip)
▤ Source code (tar.gz)

😊 👍 10 😄 2 🎉 4 ❤ 8 🚀 1   15 people reacted

圖 22 下載 thonny 開發工具

下載完成後，請將下載檔案點擊兩下執行，出現如下畫面：

~ 24 ~

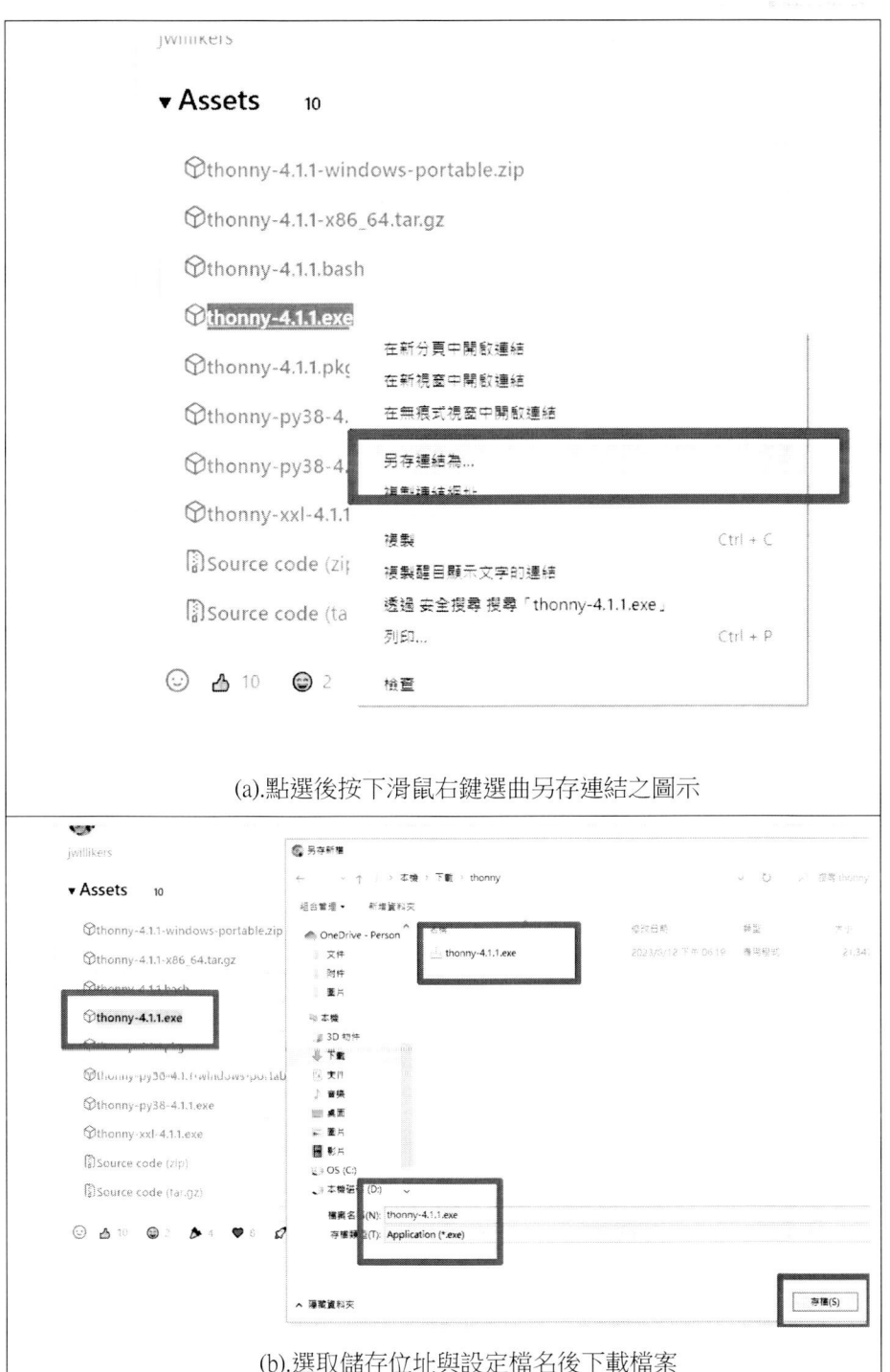

(a).點選後按下滑鼠右鍵選曲另存連結之圖示

(b).選取儲存位址與設定檔名後下載檔案

(c).執行下載檔案

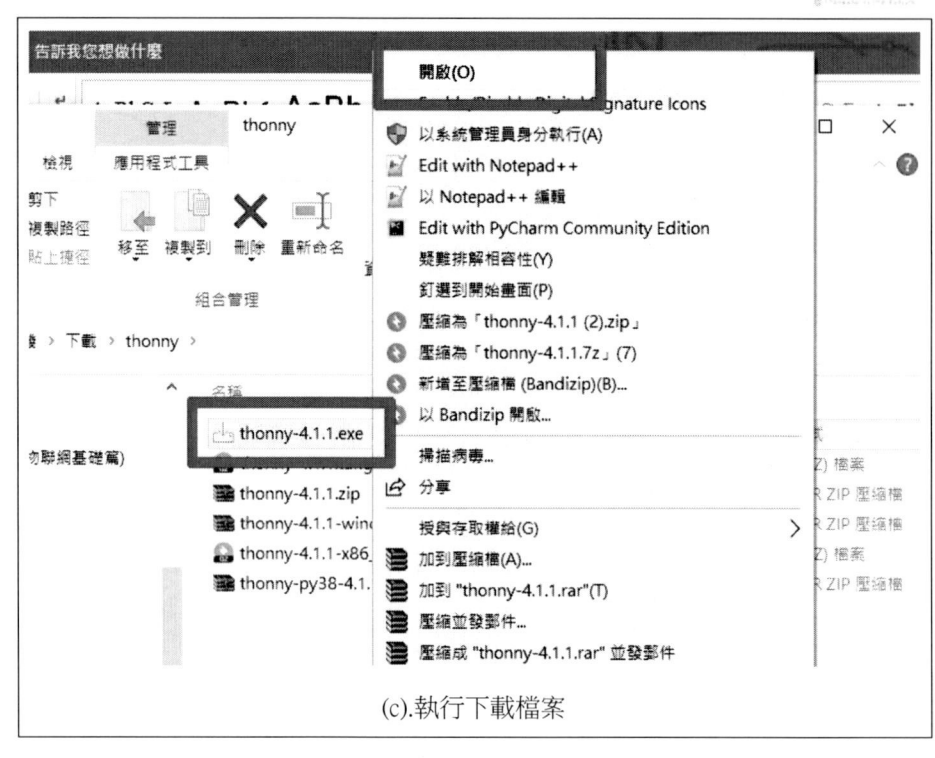

圖 23 點選下載檔案

如下圖所示，進入開始安裝畫面：

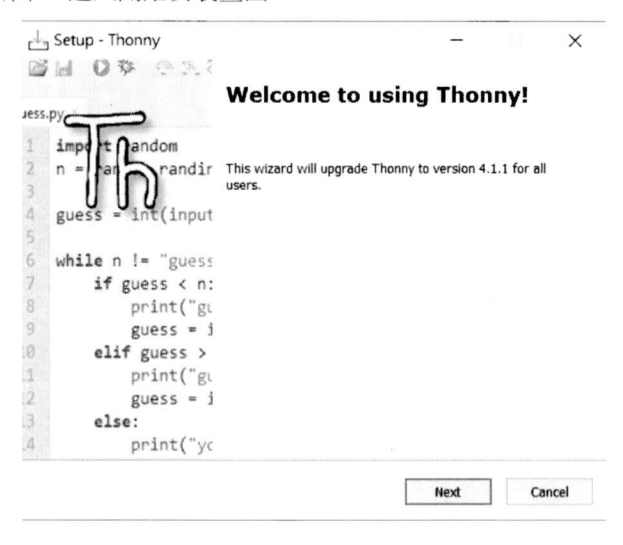

圖 24 開始安裝

~ 26 ~

如下圖所示，點選「I Accept ....」後，同意安裝協議，在點選下一步圖示：

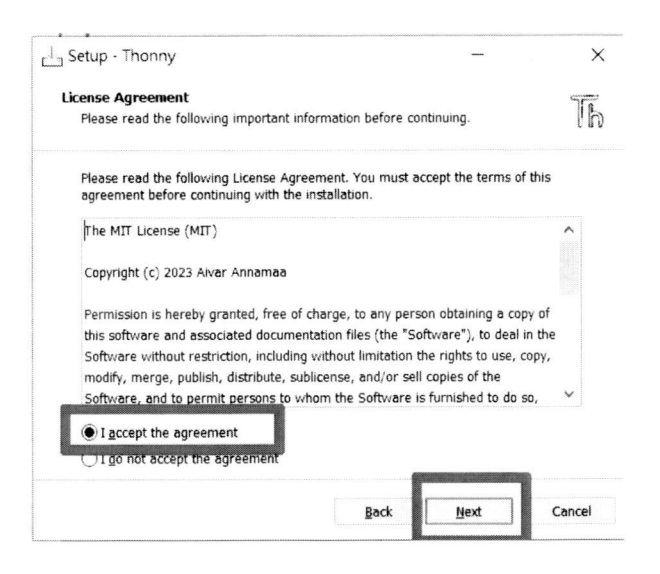

圖 25 同意安裝協議

如下圖所示，點選「Create Destop Icon」後，點選下一步(Next)圖示。

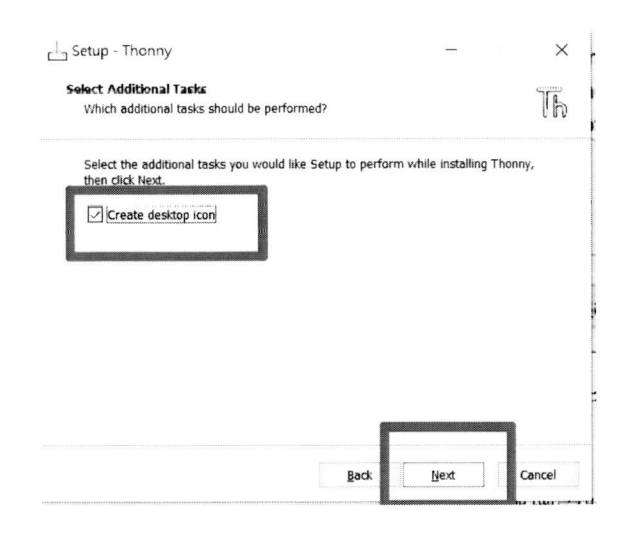

圖 26 同意建立桌面捷徑

如下圖所示,,點選「Install」進行安裝,出現如下畫面:

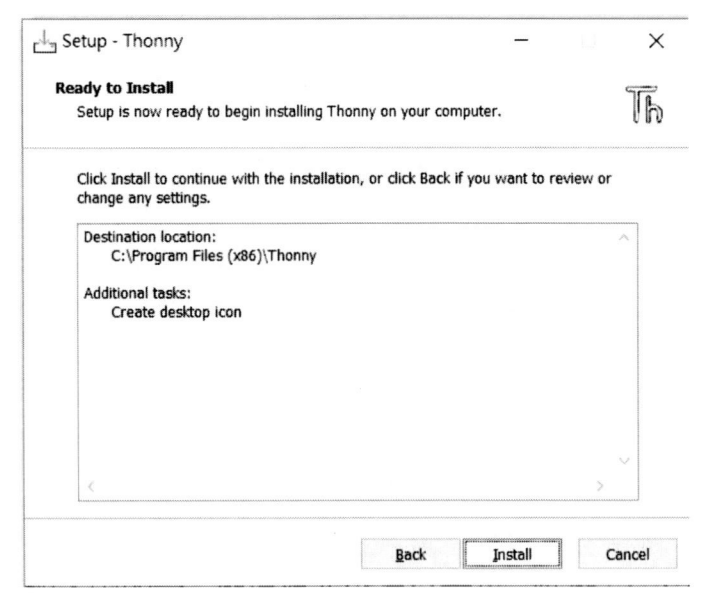

圖 27 開始安裝

如下圖所示,系統開始安裝。

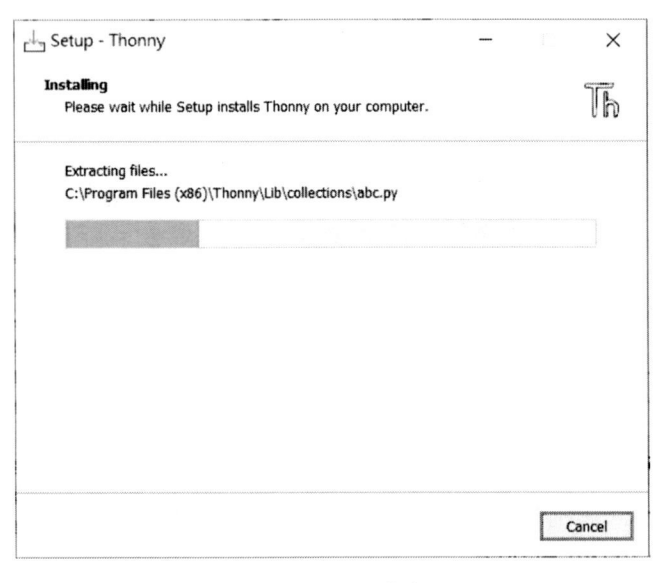

圖 28 安裝中

如下圖所示，安裝完成後，出現如下畫面，點選「Close」。

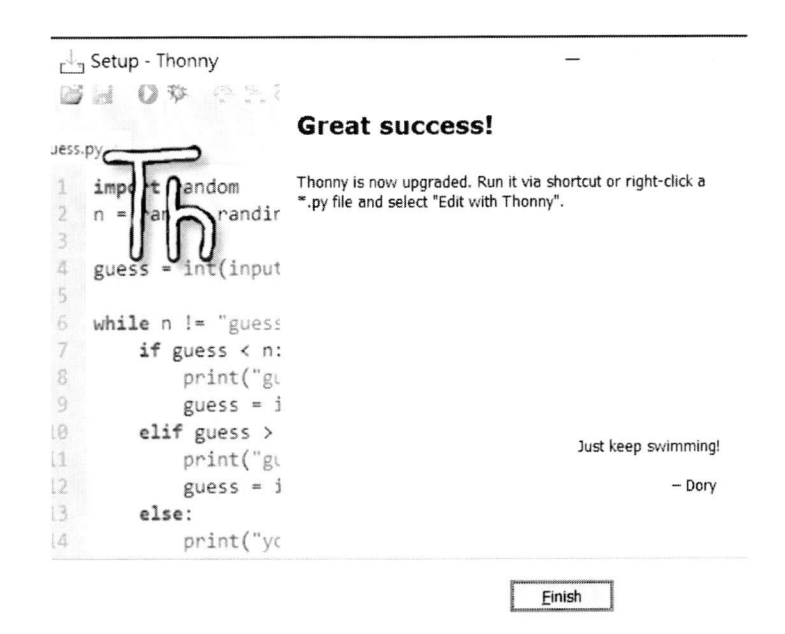

圖 29 安裝完成

如下圖所示，桌布上會出現 的圖示，您可以點選該圖示執行 Thonny 程式。

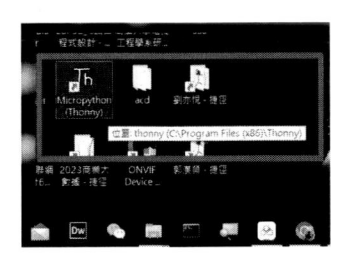

圖 30 點選 Thonny 程式圖示

如下圖所示，您會進入到 Thonny 的軟體開發環境的介面。

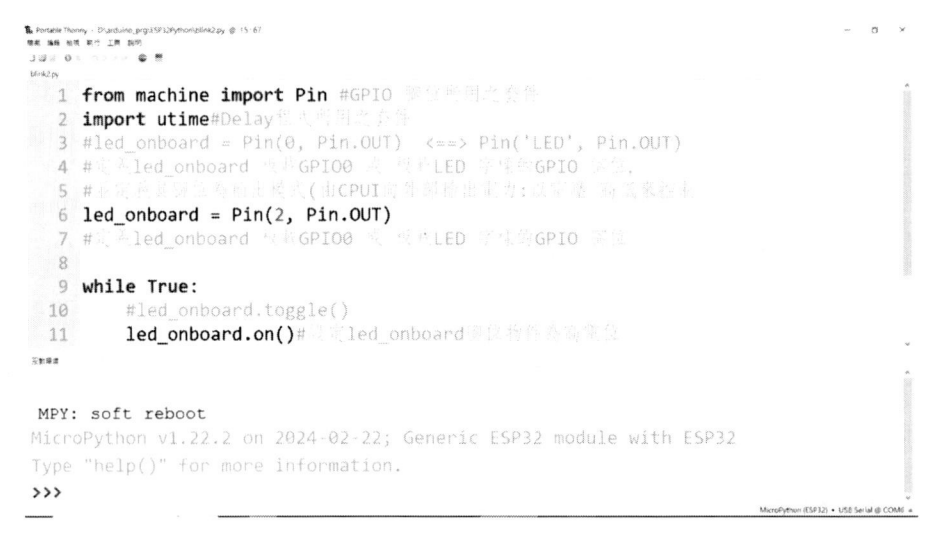

```
from machine import Pin #GPIO 變更所需用之套件
import utime #Delay 延遲所需用之套件
#led_onboard = Pin(0, Pin.OUT)  <==> Pin('LED', Pin.OUT)
# 設定 led_onboard 為 GPIO0 或 腳位的 LED 字元對應 GPIO 腳位
# 此方式只是示範主要程式(由CPU開發腳位指派方式)設定,並非真實位本
led_onboard = Pin(2, Pin.OUT)
# 設定 led_onboard 為 GPIO0 或 腳位的 LED 字元對應 GPIO 腳位

while True:
    #led_onboard.toggle()
    led_onboard.on()# 設定 led_onboard 點燈指令 為點燈狀態

MPY: soft reboot
MicroPython v1.22.2 on 2024-02-22; Generic ESP32 module with ESP32
Type "help()" for more information.
>>>
```

圖 31 Thonny 的軟體開發環境的介面

以下介紹工具列下方各按鈕的功能：

	開新檔案按鈕	新增檔案。
	開啟檔案按鈕	開啟檔案，可開啟內建的程式檔或其他檔案
	儲存檔案按鈕	儲存檔案

▶	執行程式按鈕	執行目前程式
STOP	結束程式按鈕	結束目前執行目前程式

如下圖所示,您可以切換 Thonny 介面語言,我們先進入進入 Options.. 選項。

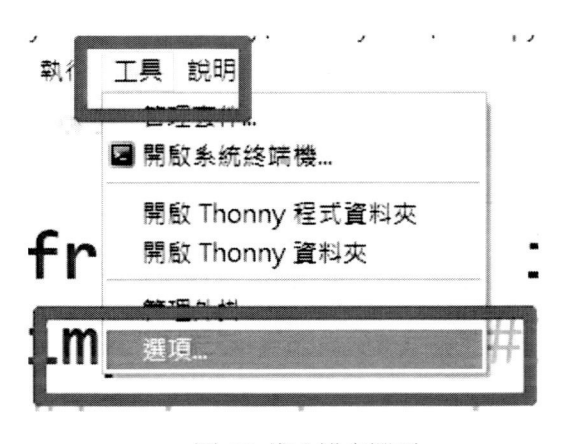

圖 32 進入設定選項

如下圖所示,出現 Preference 選項畫面。

~ 31 ~

圖 33 Thonny 設定選項畫面

如下圖所示，可切換到您想要的介面語言(如繁體中文)。

圖 34 設定 Thonny 語言介面為繁體

如下圖所示，按下「OK」，確定切換繁體中文介面語言。

圖 35 確定切換繁體中文介面語言

如下圖所示，按下「結束按鈕」，結束 Thonny 程式，並重新開啟 Thonny 程式。

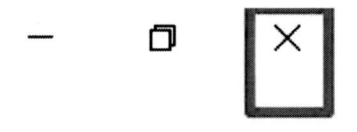

圖 36 點選結束按鈕

如下圖所示，可以發現 Thonny 程式介面語言已經變成繁體中文介面了。

圖 37 繁體中文介面 Thonny 程式

連接 ESP32 開發板

　　NodeMCU-32S 物聯網開發板是具有 Wi-Fi 無線連網之強大開發板，下圖所示，是 ESP32S 開發板(NodeMCU-32S)加上 ESP32S 學習用白色終極板。

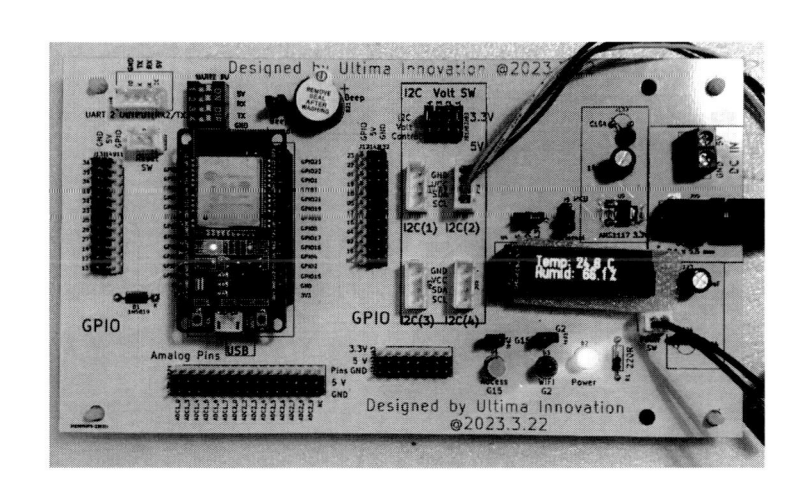

圖 38 ESP32S 開發板(NodeMCU-32S)與 ESP32S 學習用白色終極板

如下圖所示，請開啟 Thonny 開發 IDE。

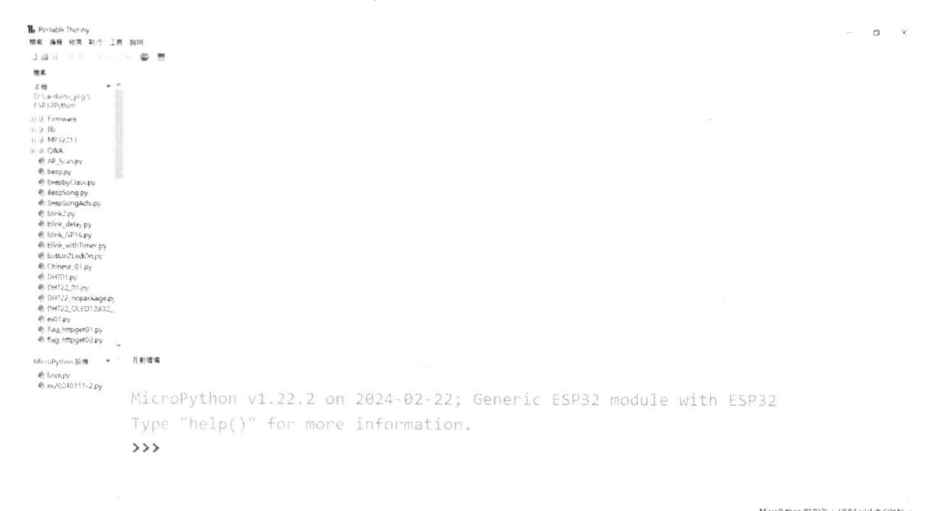

圖 39 Thonny 程式主畫面

如下圖所示，我們先進入進入 Options.. 選項。

圖 40 進入設定選項

如下圖所示，為 Thonny 設定選項畫面，許多開發整合軟體之相關設定，都在這個畫面不同的頁籤項目可以進行設定。

圖 41 Thonny 設定選項畫面

如下圖所示，我們可以點選紅框處之編譯直譯器(Interpreter)頁籤。

圖 42 切換直譯器選項

如下圖所示，我們可以點選紅框處之編譯直譯器(Interpreter)頁籤。

圖 43 直譯器選項畫面

　　如下圖所示，再直譯器選項頁面中，點選下圖紅框處，會出現可以選擇之 Python/MicroPython 等不同選項畫面。

圖 44 選擇不同版本直譯器

　　如下圖所示，點選上圖紅框處後，會出現下圖紅框出列出可以選擇之 Python/MicroPython 等不同直譯器名稱選項。

~ 40 ~

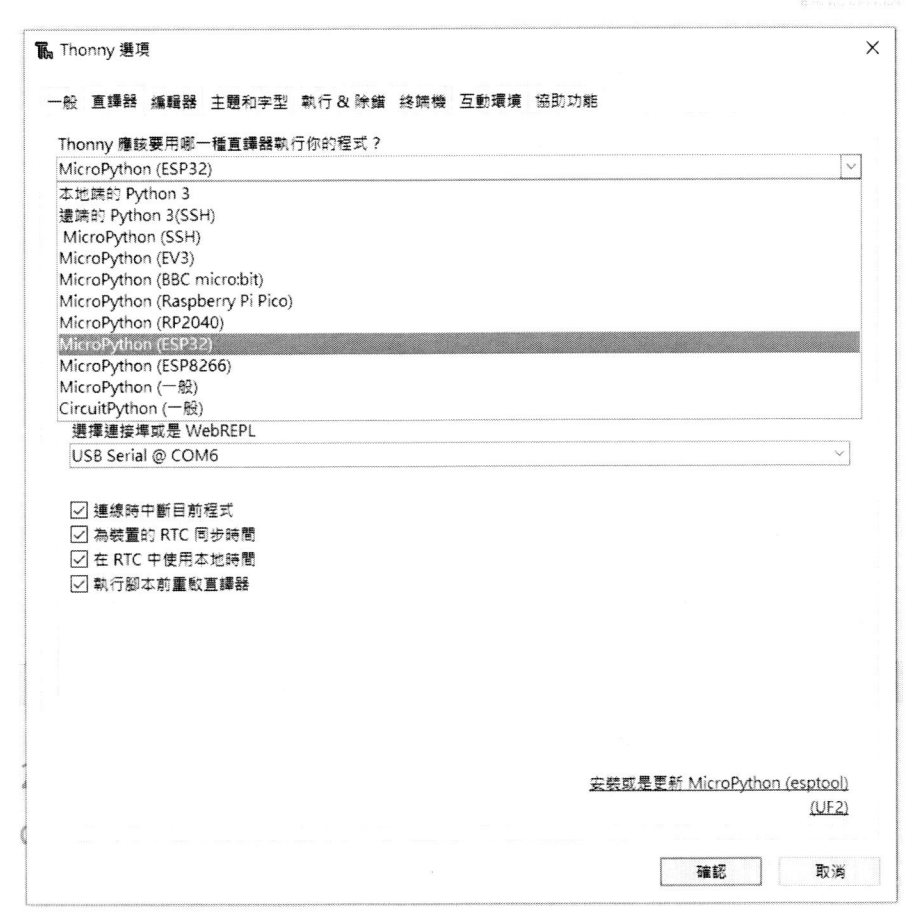

圖 45 可使用編譯器選項清單

如下圖所示，請點選下圖紅框出列出之 NodeMCU-32S 物聯網開發板直譯器名稱選項。

圖 46 選擇 ESP32 選項

如下圖所示，我們點選紅框處之『MicroPython(ESP32)』，雖然本書使用 NodeMCU-32S 物聯網開發板，也是 ESP32 系列的常用的版本。

所以使用 ESP32 物聯網開發板進行安裝，並使用 Wi-Fi 的套件，一樣可以完成本書所有開發。

圖 47 已切換 ESP32 專用編譯器

如下圖所示，我們可以看到完成 NodeMCU-32S 物聯網開發板的 Python 版本設定。

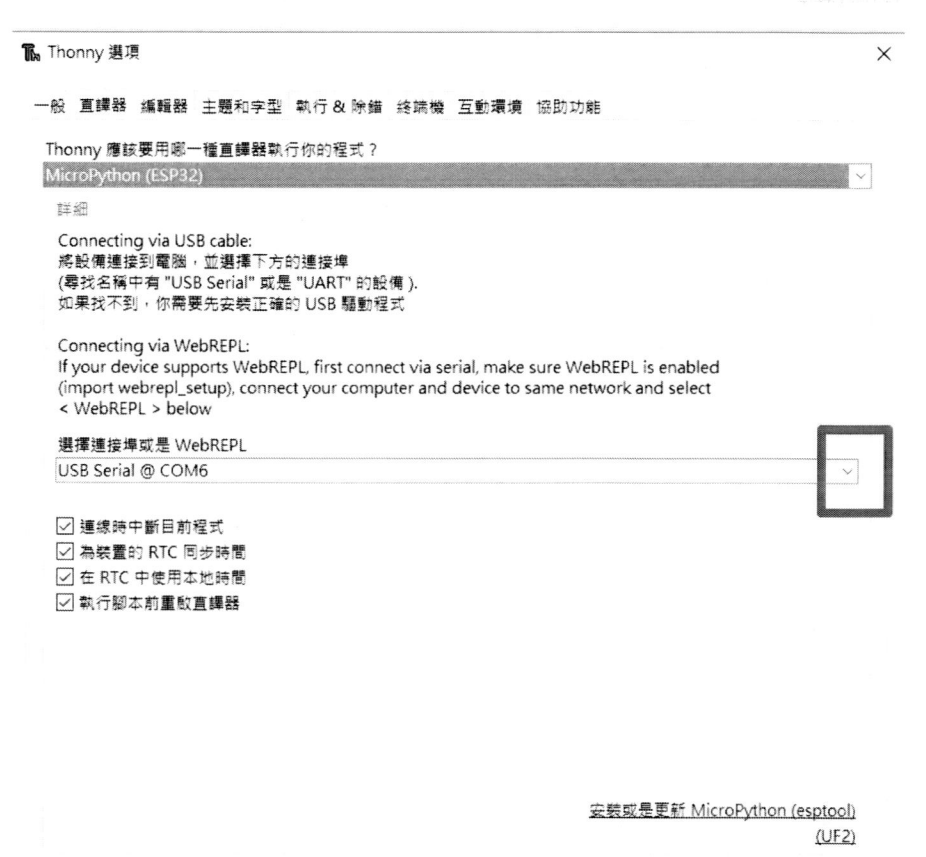

圖 48 切換開發板連接埠

　　如下圖所示，接下來使用裝置管理員來確定，NodeMCU-32S 物聯網開發板與 USB 連接之通訊埠是哪一個，本書使用 通訊埠 COM6，由於電腦作業系統的問題，本書後面的通訊埠不一定一直是通訊埠 COM6，如果讀者看到不同的通訊埠 COM XX，那是筆者在後面寫書過程中，Windows 作業系統因素，變更了通訊埠 COM6 為通訊埠 COM XX，讀者如果遇到了相同問題，請如筆者一樣，依現況自行變更通訊埠 COM XX 為合適的通訊埠連接。

~ 43 ~

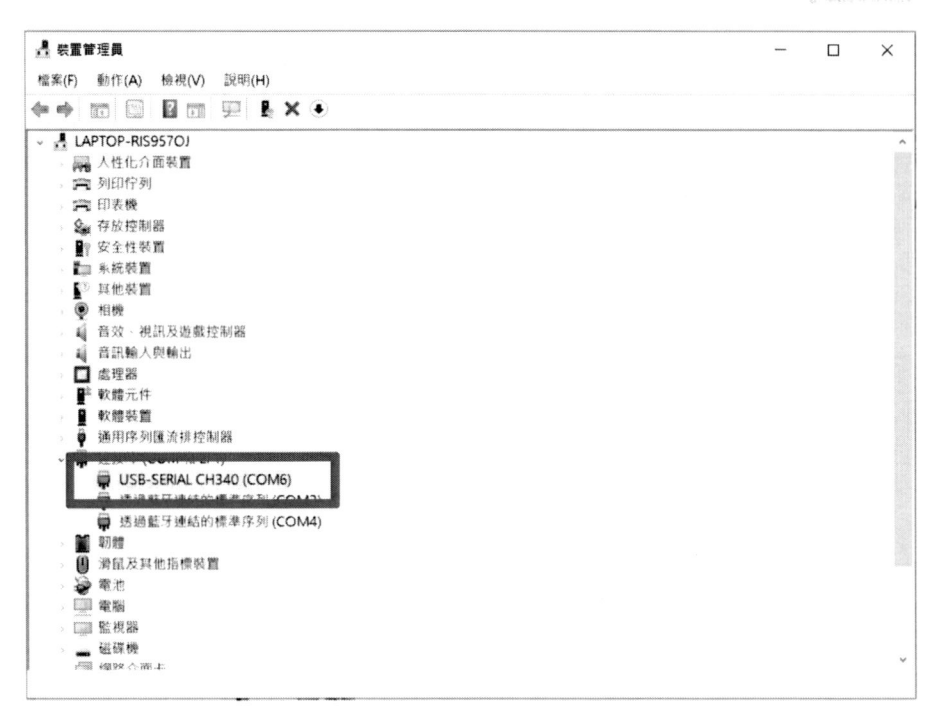

圖 49 裝置管理員通訊埠清單

如下圖所示，本書在設定時，使用通訊埠 COM6，由於電腦作業系統的問題，本書後面的通訊埠不一定一直是通訊埠 COM6，所以本次設定為通訊埠 COM6。

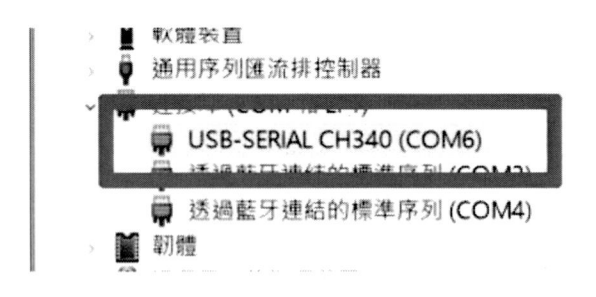

圖 50 ESP32 連接之通訊埠

如下圖所示，請點 NodeMCU-32S 物聯網開發板通訊埠連接埠選項，可以看到可以選擇的許多通訊埠選項，其中通訊埠 COM6 應該一定會在選項之中，如果沒有看到，請重開 Thonny 開發工具。

圖 51 可選到連接埠之清單

　　如下圖所示，點開 NodeMCU-32S 物聯網開發板通訊埠連接埠之後有許多通訊埠選項，請依據裝置管理員的通訊埠設定，本書為通訊埠 COM6，所以選擇通訊埠 COM6 完成設定。

圖 52 選擇 ESP32 對應通訊埠

　　如下圖所示，完成 NodeMCU-32S 物聯網開發板之 MicroPython 開發軟體版本與開發通訊埠選項之畫面。

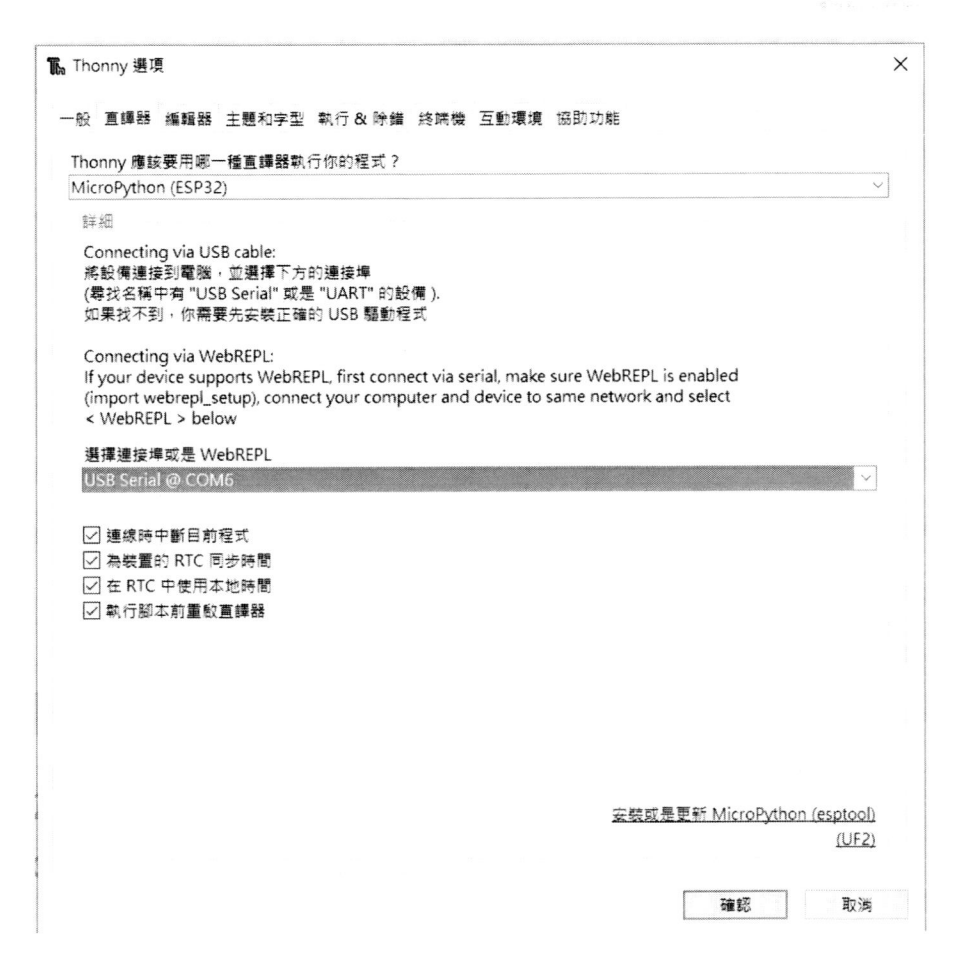

圖 53 設定好 ESP32 開發板之軟體版本與開發本

如上圖所示，按下『ＯＫ』確定鈕之後，回到 Thonny 開發軟體介面。

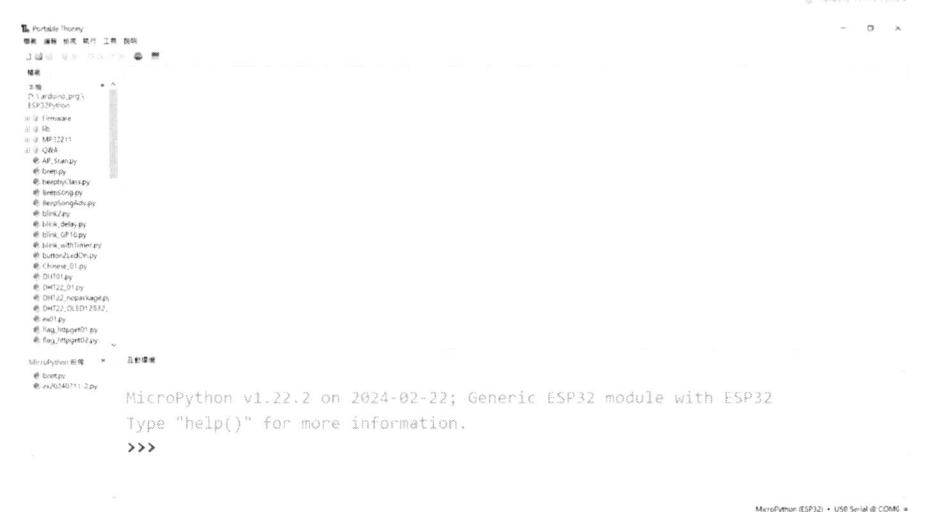

圖 54 回到 Thonny 主畫面

如下圖所示，可以看到 Thonny 開發畫面左上講，可以看到如檔案總館的功能。

圖 55 點選 Thonny 檔案總管

如下圖所示，請點選『Files』頁簽單下，請選取『This Computer』。

圖 56 點選本機電腦

如下圖所示，請點選『Disk(D)』選項，進入本書(專案)的儲存的磁碟中。

圖 57 選擇專案目錄磁碟

如下圖所示，請點選『Files』頁籤下後，請點選『Disk(D)』後，可以看到此硬碟下所有已存在的目錄，列示於上。

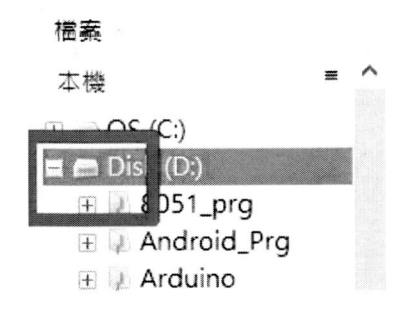

圖 58 點開專案目錄磁碟目錄區

如下圖所示，再點開磁碟後，看到許多資料夾，請點選『Arduino_prg』資料夾，如果沒有這個資料夾，請讀者自行創建後，在重複此步驟。

圖 59 選擇專案總目錄

如下圖所示，再點開『Arduino_prg』資料夾，可以見到開發專案的總資料夾下有許多資料夾。

圖 60 進入專案總目錄

如下圖所示，請點選『Files』頁籤上右邊的『≡』的圖示。

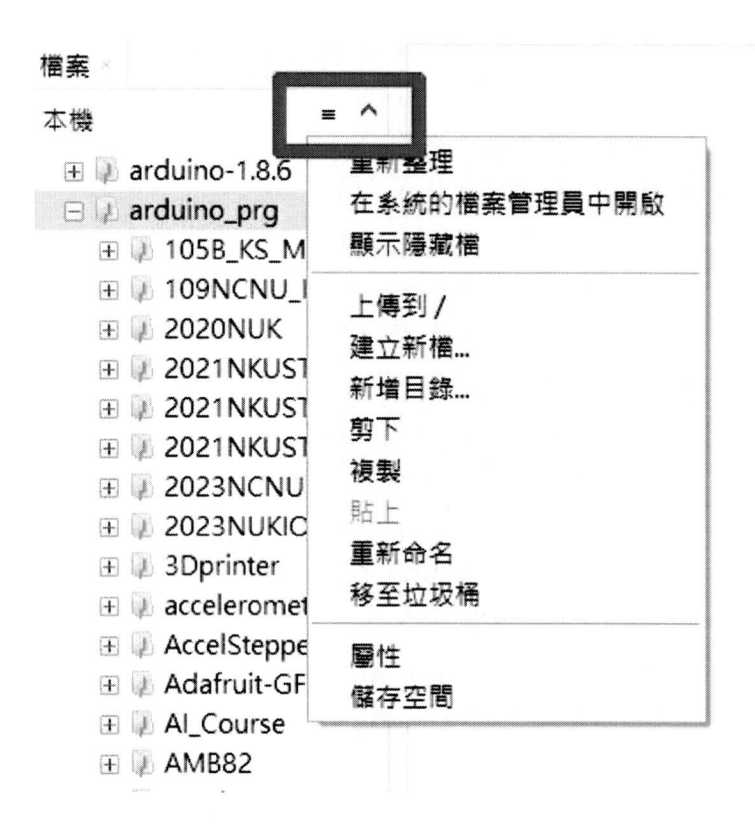

圖 61 選擇目錄管理功能選項

　　如下圖所示，請點選『Files』頁籤上右邊的『☰』的圖示後，可以看到快捷菜單出現在該位置右下方，請點選『New directory』。

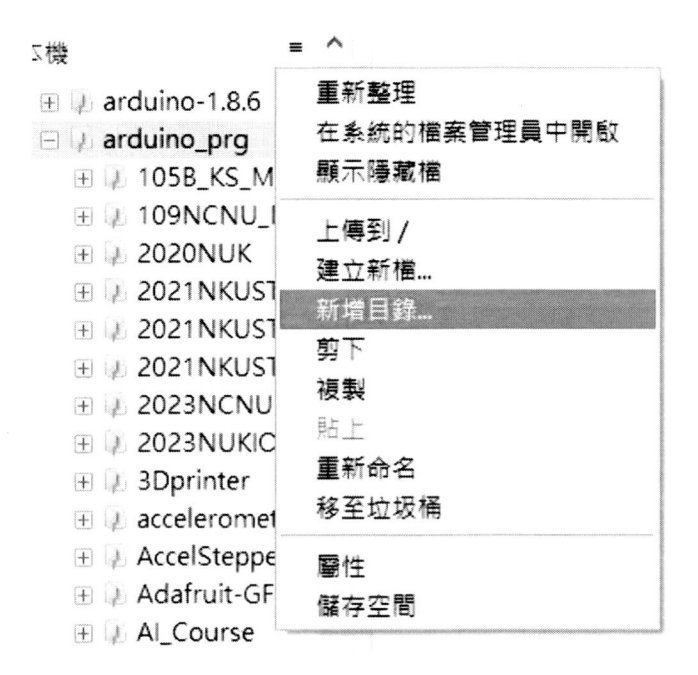

圖 62 選擇建立專案目錄

如下圖所示，會出現 New directory 的對話窗。

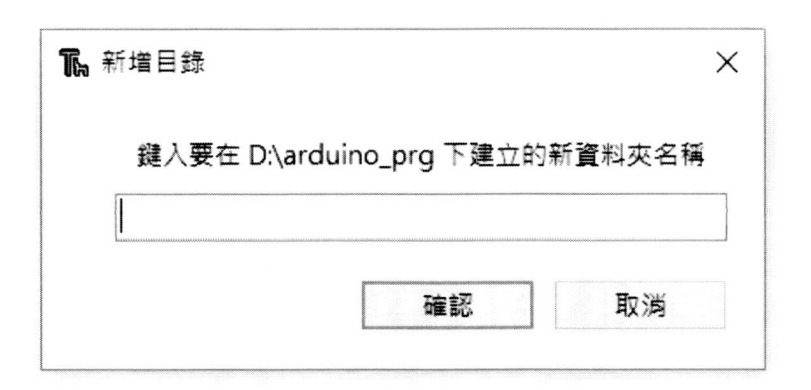

圖 63 建立目錄對話窗

　　如下圖所示，請在 New directory 的對話窗中。在對話視窗中下方輸入『ESP32Python』的字句。

圖 64 輸入本書專案目錄名稱

如下圖所示，在對話視窗中下方輸入『ESP32Python』的字句後，請點選對話窗左下的『 OK 』圖所。

圖 65 確定建立書籍專案目錄

~ 54 ~

如下圖所示，可以在 Thonny 開發軟體視窗，在左邊的開發資料夾的檔案功能中看到『ESP32Python』的資料夾已被建立完成。

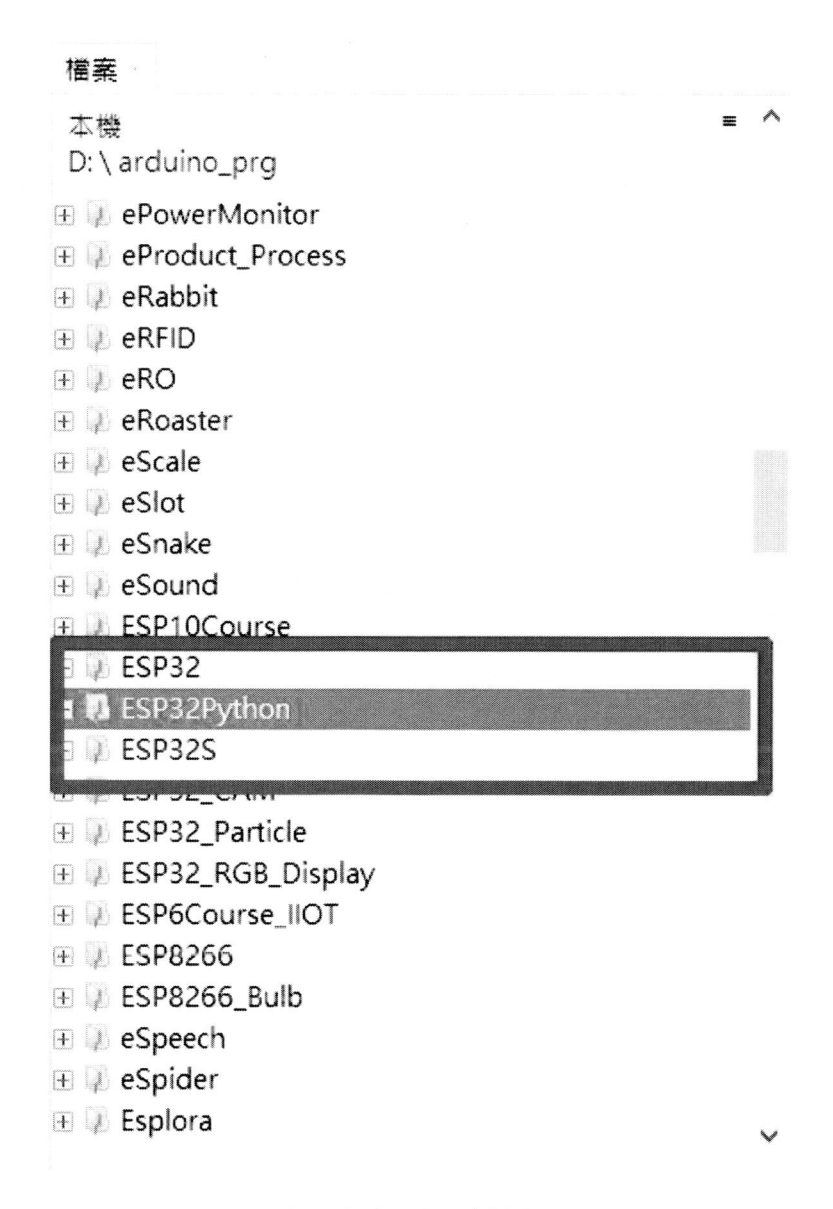

圖 66 完成且出現書籍專案目錄

如下圖所示，可以在 Thonny 開發軟體視窗，在左邊的開發資料夾的檔案功能中，請點選『ESP32Python』的資料夾，進入此『ESP32Python』的資料夾。

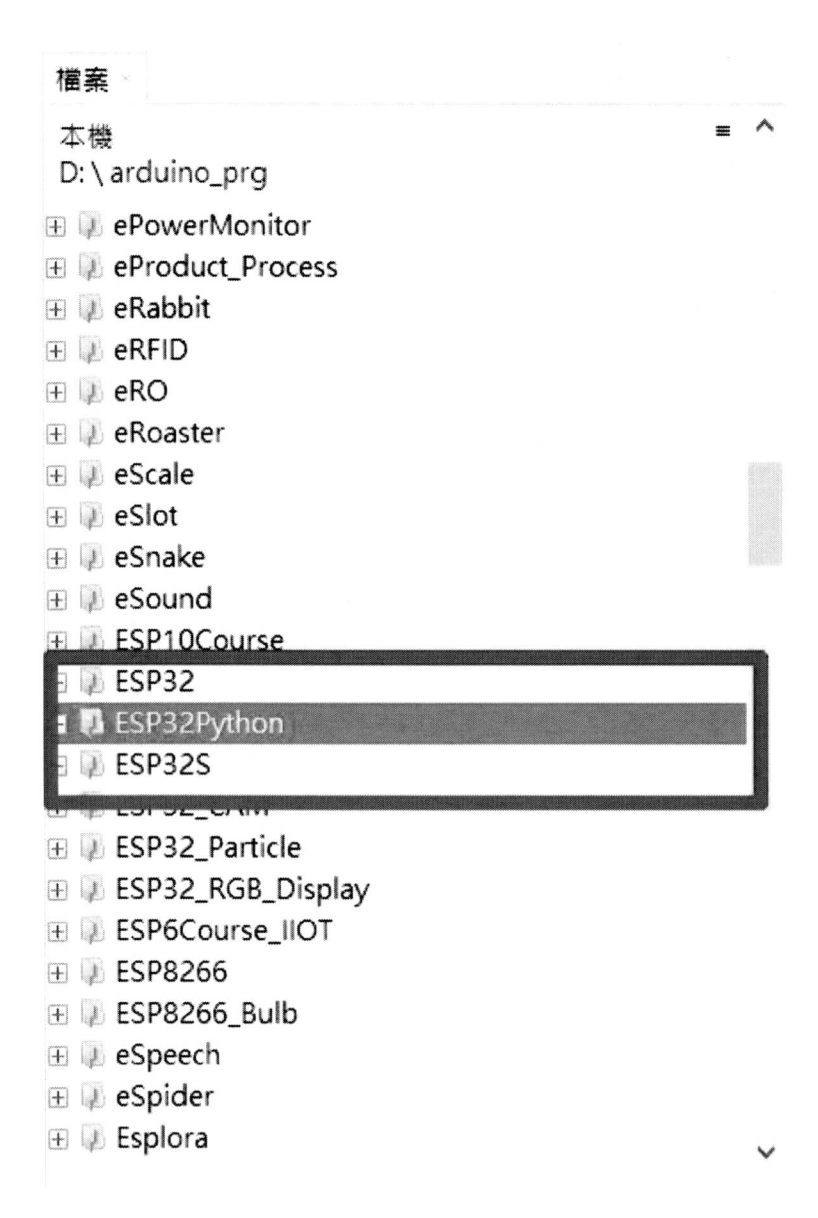

圖 67 雙擊書籍專案目錄

如下圖所示，系統已經進入『D』磁碟中的『Arduino_prg』的資料夾下的『ESP32Python』的資料夾。

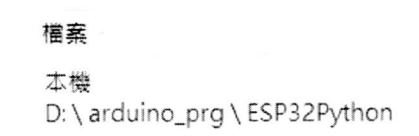

圖 68 進入書籍專案目錄

如下圖所示，請再回到 Thonny 開發軟體視窗中。

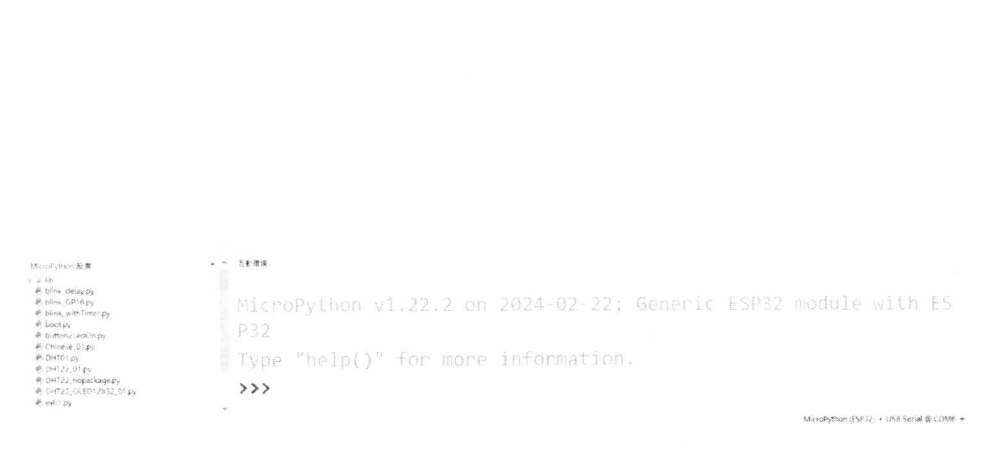

圖 69 再回到 Thonny 主畫面

如下圖所示，筆者將本書範例等都先將拷貝到 ESP32Python 目錄下，就可以在 Thonny 開發軟體視窗中，在左側可以看到如同檔案總管一樣的檔案管理視窗。

~ 57 ~

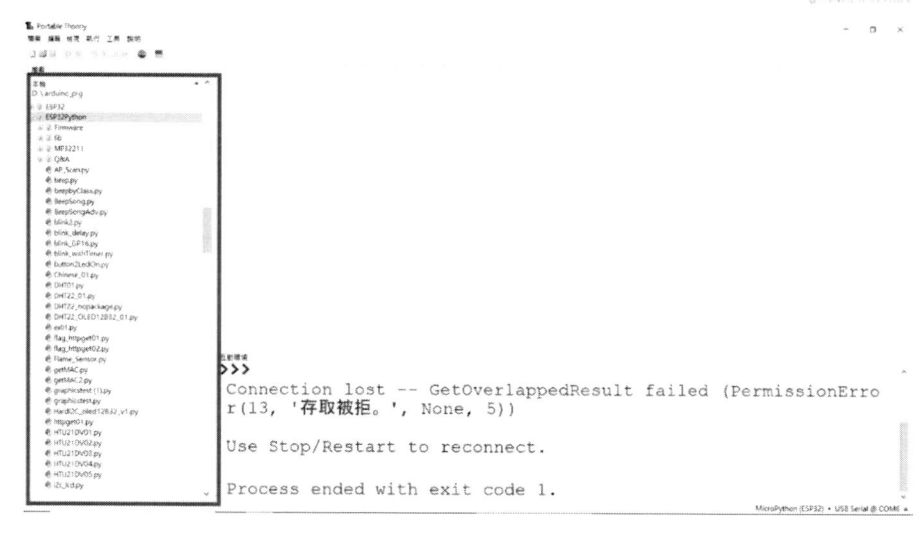

圖 70 已出現檔案視窗介面

如下圖所示,有可能沒有看到 ESP32 的裝置之檔案管理視窗。

圖 71 基本上 Thonny 主畫面應該會連到開發板

如下圖所示,如果沒有看到 NodeMCU-32S 物聯網開發板的裝置之檔案管理視窗,有可能是連接通訊埠問題,或 USB 連接線問題,最有可能的是:

NodeMCU-32S 物聯網開發板正在執行某些程式,所以不會出現 NodeMCU-32S 物聯網開發板的裝置之檔案管理視窗。

圖 72 沒有出現開發板檔案視窗

如下圖所示,請先確認是否是:NodeMCU-32S 物聯網開發板連接通訊埠問題,或 USB 連接線問題。

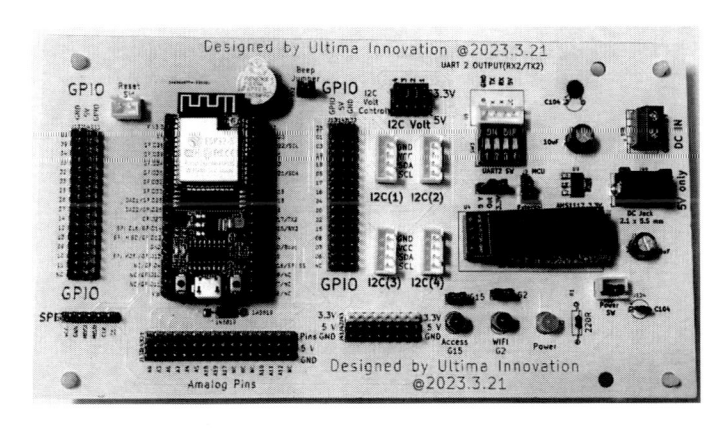

圖 73 開發板沒插上 MicroUSB 失敗不導電

如下圖所示，如果不是 NodeMCU-32S 物聯網開發板連接通訊埠問題，或 USB 連接線問題，請觀察下圖之快速按鈕列。

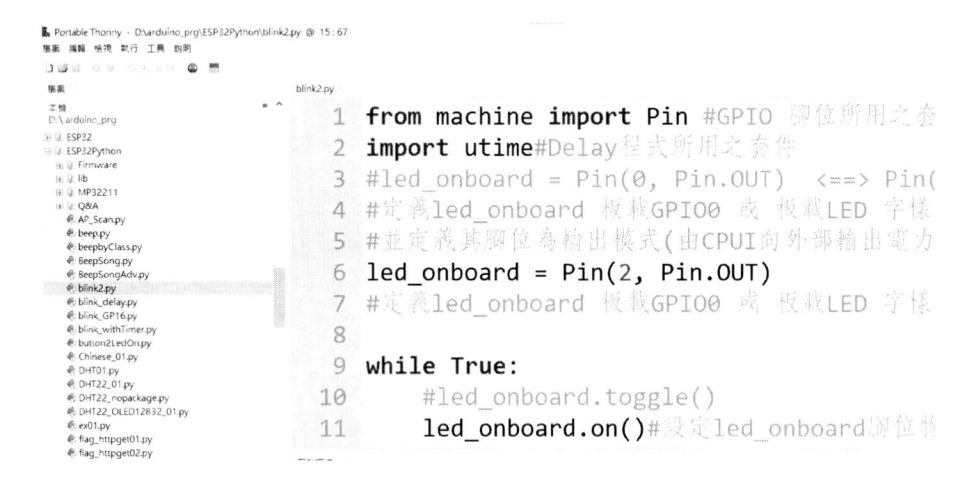

圖 74 查看程式執行圖示

如下圖所示，如果下圖左邊紅框是不可選取的狀態，應該是 NodeMCU-32S 物聯網開發板正在執行程式。

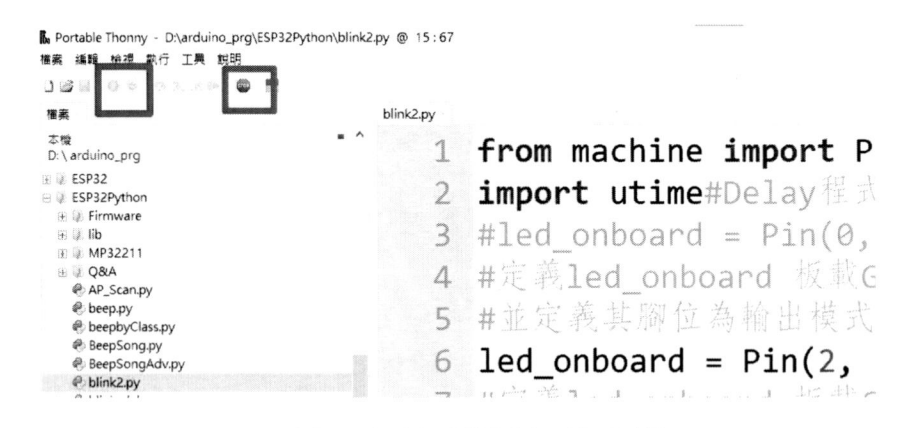

圖 75 查看程式執行圖示是否異常

如上圖所示，如果上左邊紅框是不可選取的狀態，應該是 NodeMCU-32S 物

聯網開發板正在執行程式,所以如下圖所示,請點選左邊紅框『結束執行』的

按鈕,可以多點幾次。

圖 76 停止程式執行

如下圖所示,如果下圖左邊紅框已恢復可選取的狀態,那代表 NodeMCU-32S 物聯網開發板可以正確與電腦通訊。

圖 77 恢復未執行程式狀態

如下圖所示,如果一切都正常執行與通訊,應該可以看到視窗左邊上方有開發電腦裝置之系統開發之專案目錄管理視窗,視窗左邊下方有 NodeMCU-32S 物聯網開

發板的裝置端之檔案管理視窗。

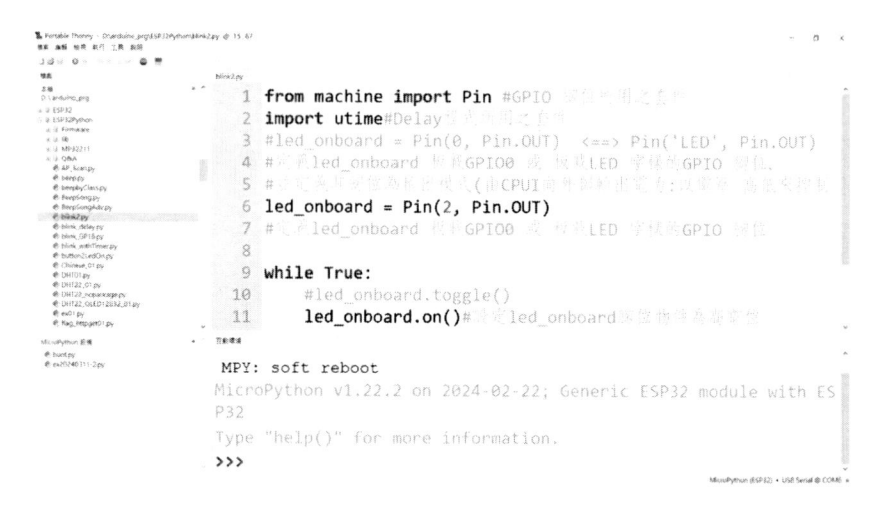

圖 78 程式檔案出現之主畫面(正確畫面)

如下圖所示，如果一切都正常執行與通訊，應該可以看到視窗左邊上方紅框處有系統開發之專案目錄之檔案管理視窗，視窗左邊下方紅框處有 NodeMCU-32S 物聯網開發板之裝置端之檔案管理視窗。

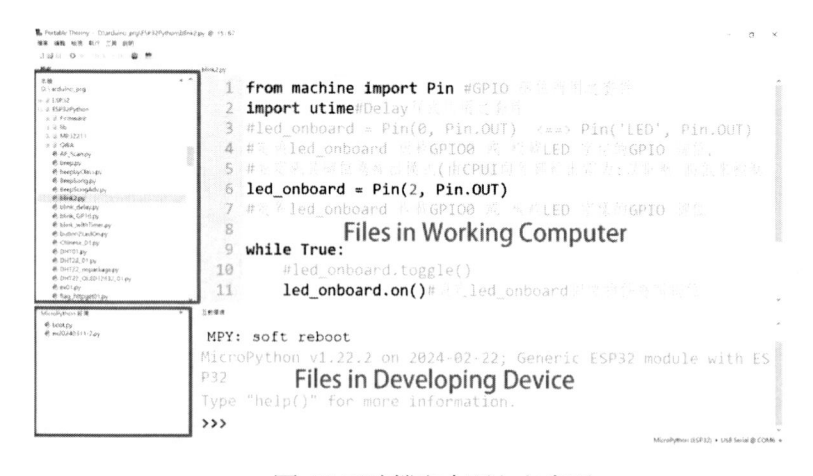

圖 79 正確檔案介面之主畫面

到此，已經完成 NodeMCU-32S 物聯網開發板與開發電腦的連接了。

燒錄 MicroPython 於 ESP32 開發板

由於我們開發的所有程式與系統，最後都是在 NodeMCU-32S 物聯網開發板裝置端與搭配對應的硬體、韌體、周邊...等，獨立的整合電路一同運行，而不是在使用 Thonny 開發工具可以執行就會保證整合電路時可以正常運行，所以除了要安裝所有的程式與套件，最重要的是必須在 NodeMCU-32S 物聯網開發板裝置端安裝 MicroPython 直譯器的韌體環境，方能在往後環境正確被執行。

下載 MicroPython 韌體版本

本書使用是 NodeMCU-32S 物聯網開發板，是具有 Wi-Fi 連接網際網路功能的開發版，如果讀者使用其他相容於 NodeMCU-32S 物聯網開發板，也是可以用的。

請如下圖，開啟作業系統的瀏覽器 APP，筆者使用 Chrome 瀏覽器。

圖 80 開啟瀏覽器

請在 Chrome 瀏覽器中，在 Google 全文檢索搜尋網頁中間，在其輸入格中輸入『micropython esp32 download』進行搜尋。

圖 81 瀏覽器輸入關鍵字

可以看到 Chrome 瀏覽器對於在其輸入格中輸入『micropython esp32 download』關鍵字進行搜尋後，找到的資料。

圖 82 瀏覽器找到資料

如下圖所示，我們可以選擇紅框所示之『MicroPython downloads』的搜尋網頁連結。

~ 64 ~

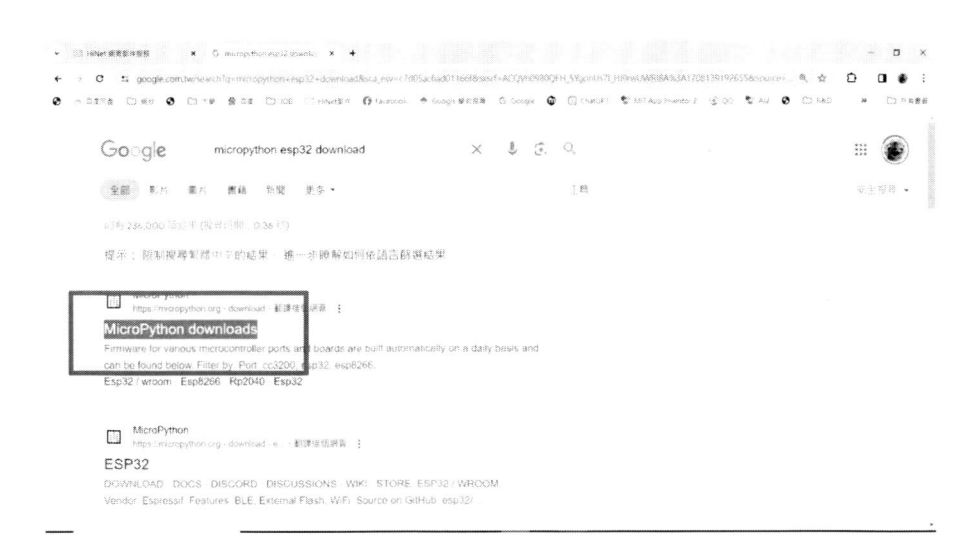

圖 83 選擇韌體網頁

如下圖所示，可以看到 MicroPython downloads 有許多版本，有超過數十、甚至上百種以上的資料可以選擇。

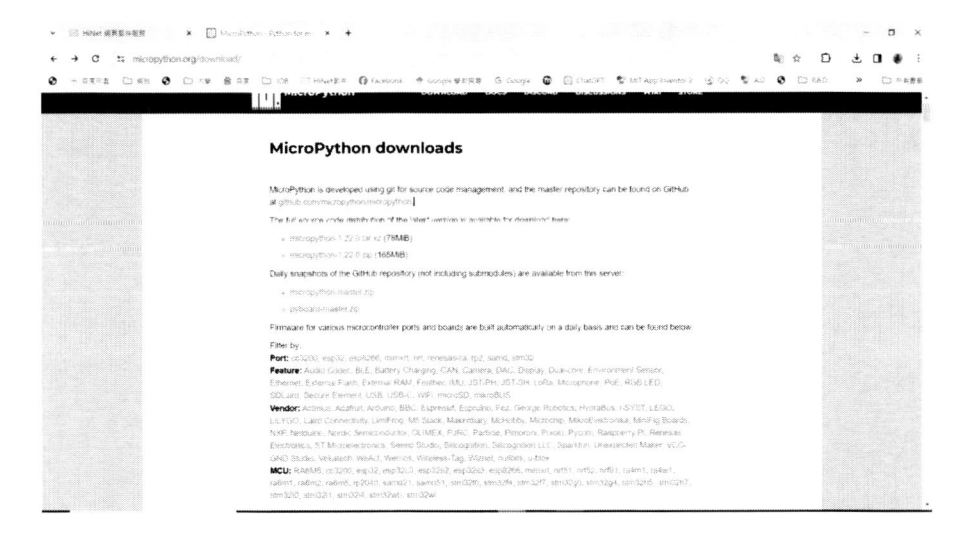

圖 84 太多韌體

如下圖所示，使用『ESP32』關鍵字來進行搜尋。

圖 85 使用尋找功能

如下圖所示之頁面，就是使用『ESP32』關鍵字來進行搜尋所產生的網頁。

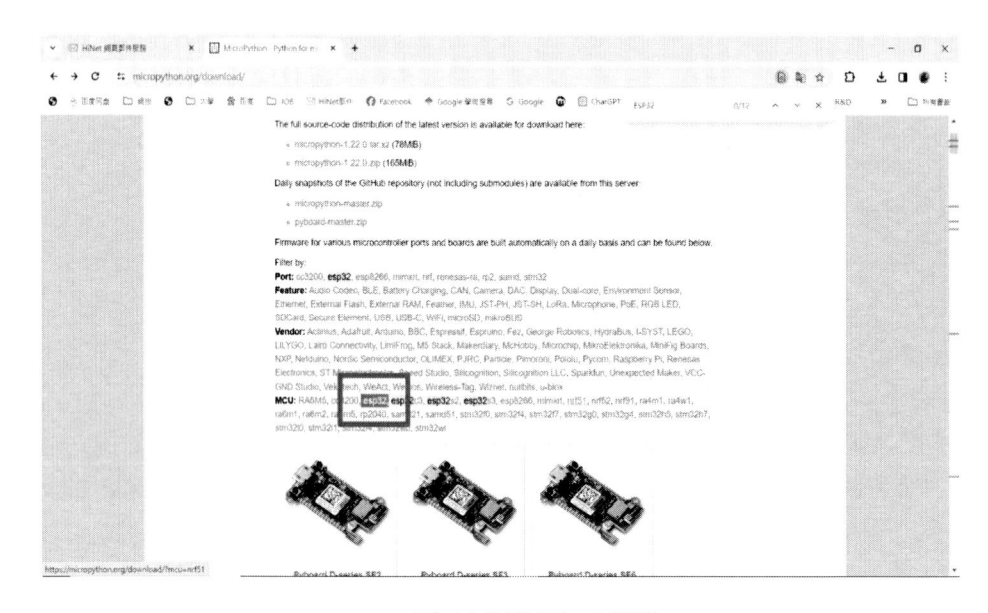

圖 86 找到 ESP32 韌體

如下圖所示，可以向下卷軸，查看整個頁面都是 ESP32 相關韌體。

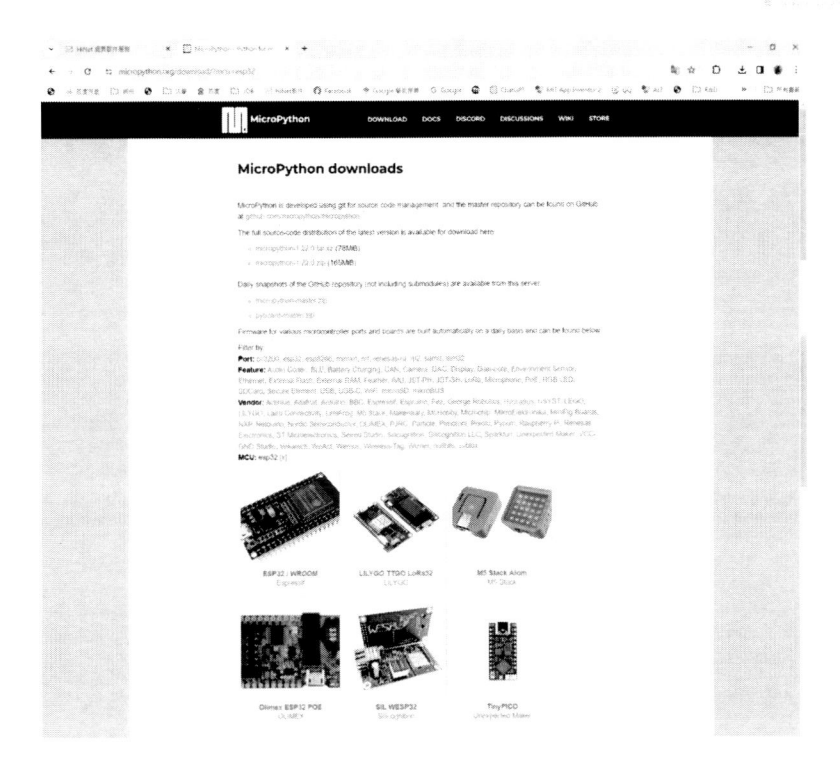

圖 87 ESP32 相關韌體

如下圖所示，為 ESP32 系列所用的韌體頁面選項。

圖 88 點選 ESP32 系列

~ 67 ~

如下圖所示，點選 ESP32 系列所用的韌體頁面選項後，可以看到 ESP32 韌體頁面目前擁有的韌體選項。

圖 89 ESP32 韌體頁面

如下圖所示，可以 WROVER 紅框處部分，可以選擇下圖之韌體選項來下載與安裝。

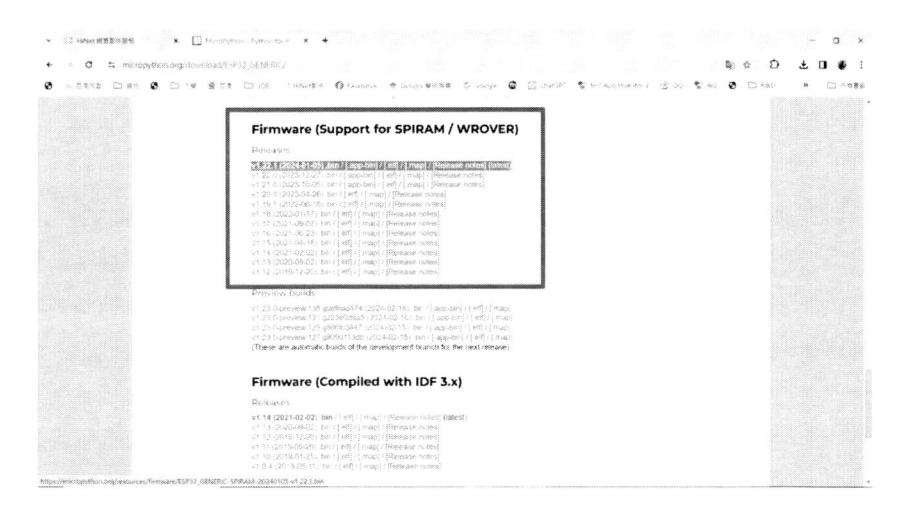

圖 90 建議選擇這一系列

如下圖所示，就點選下圖紅框處的韌體來下載。

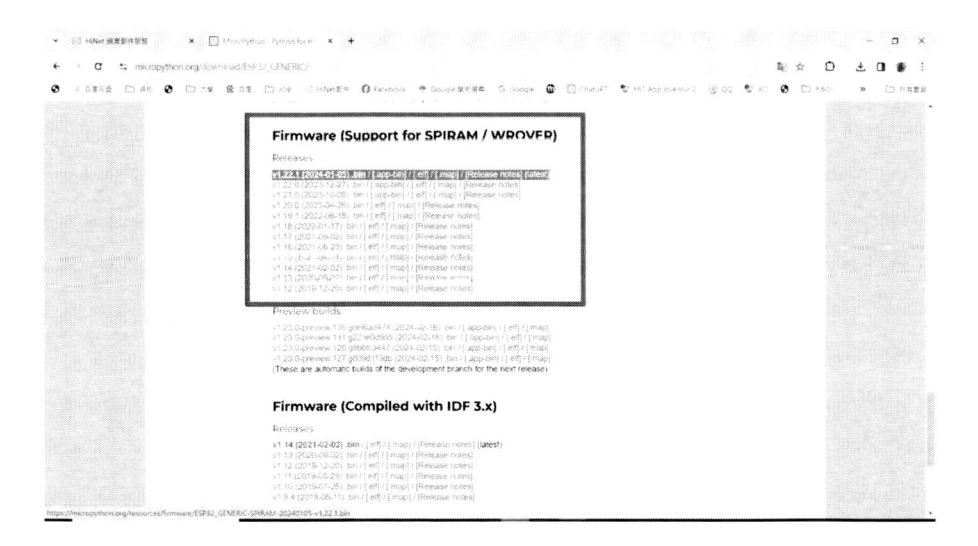

圖 91 點選下載

如下圖所示，請在電腦開發專案資料夾下，建立『Firmware』的資料夾，方便等等下載。

圖 92 建立下載韌體目錄

接下來，將上上圖的韌體，下載到上圖所示之資料夾，按下存檔按鈕進行下載檔案之儲存。

圖 93 選擇剛剛建立資料夾後下載韌體

如下圖所示，按下存檔後將下載韌體行儲存。

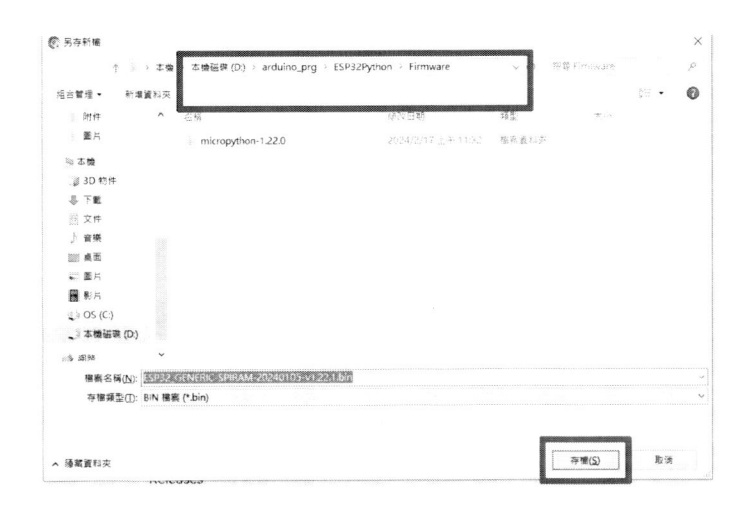

圖 94 按下存檔後下載韌體

如下圖所示，下載韌體檔案後，開啟下載韌體目錄。

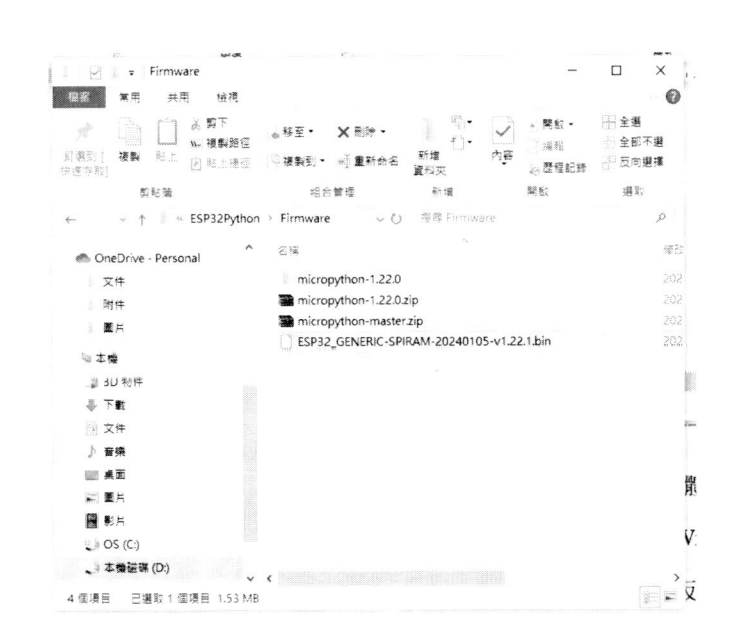

圖 95 開啟下載韌體目錄

開啟 Thonny 開發工具進行燒錄 MicroPython for ESP32

如下圖所示，請開啟 Thonny 開發 IDE。

圖 96 Thonny 程式主畫面

如下圖所示，我們先進入進入 Options.. 選項。

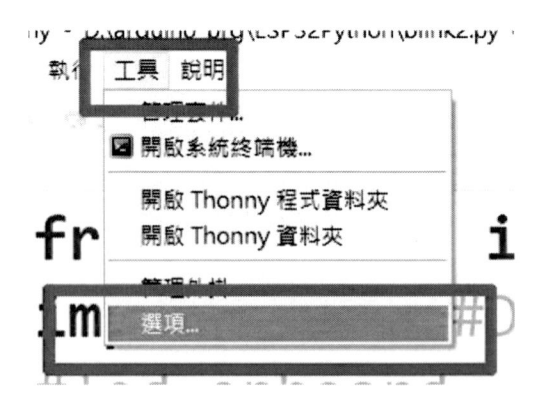

圖 97 進入設定選項

如下圖所示，為 Thonny 設定選項畫面，許多開發整合軟體之相關設定，都在這個畫面不同的頁籤項目可以進行設定。

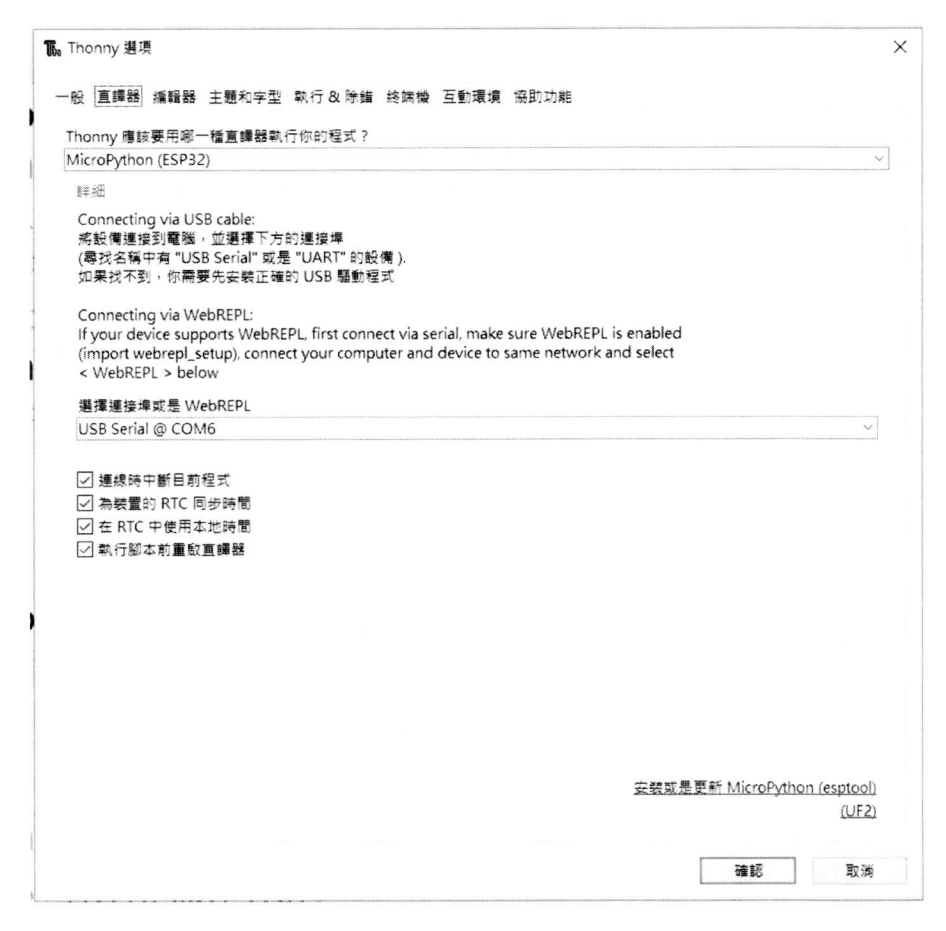

圖 98 Thonny 設定選項畫面

如下圖紅框處所示，我們可以點選紅框處之編譯直譯器(Interpreter)頁籤。

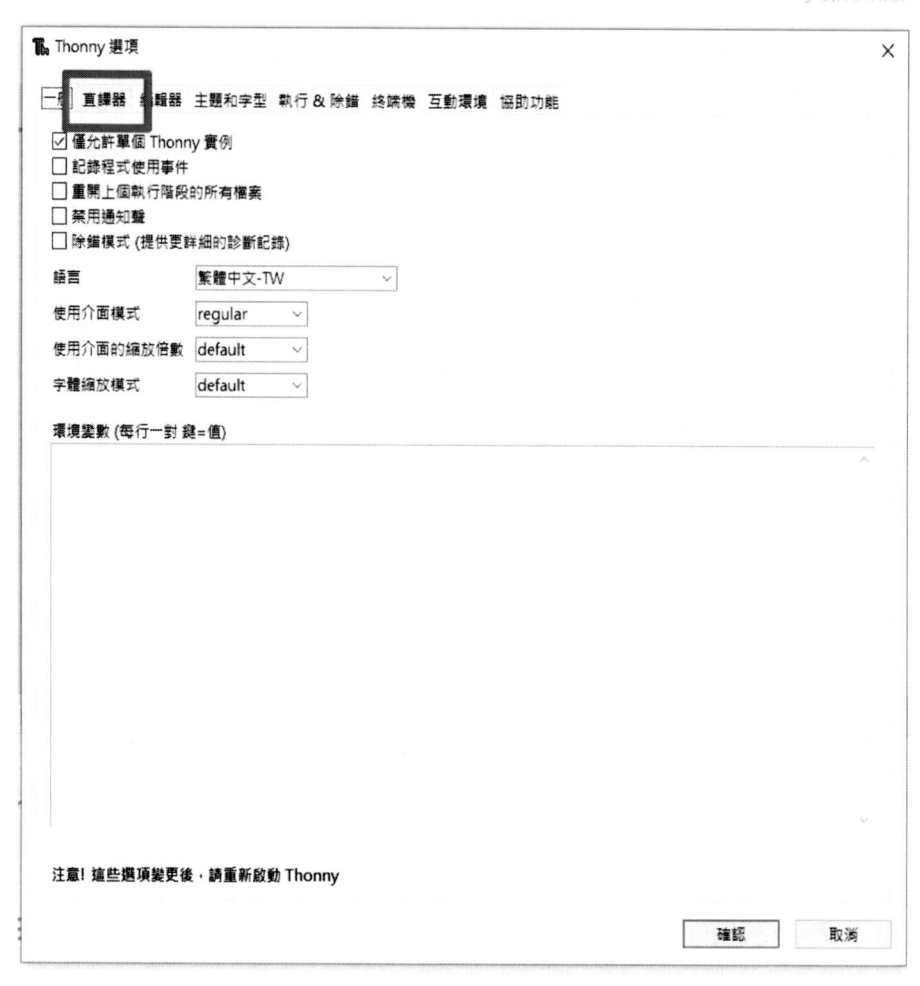

圖 99 切換直譯器選項

如下圖所示，我們可以切換到編譯直譯器(Interpreter)頁籤。

圖 100 直譯器選項頁籤

如下圖所示，再直譯器選項頁面中，點選下圖紅框處之 ，會出現可以選擇之 Python/MicroPython 等不同選項畫面。

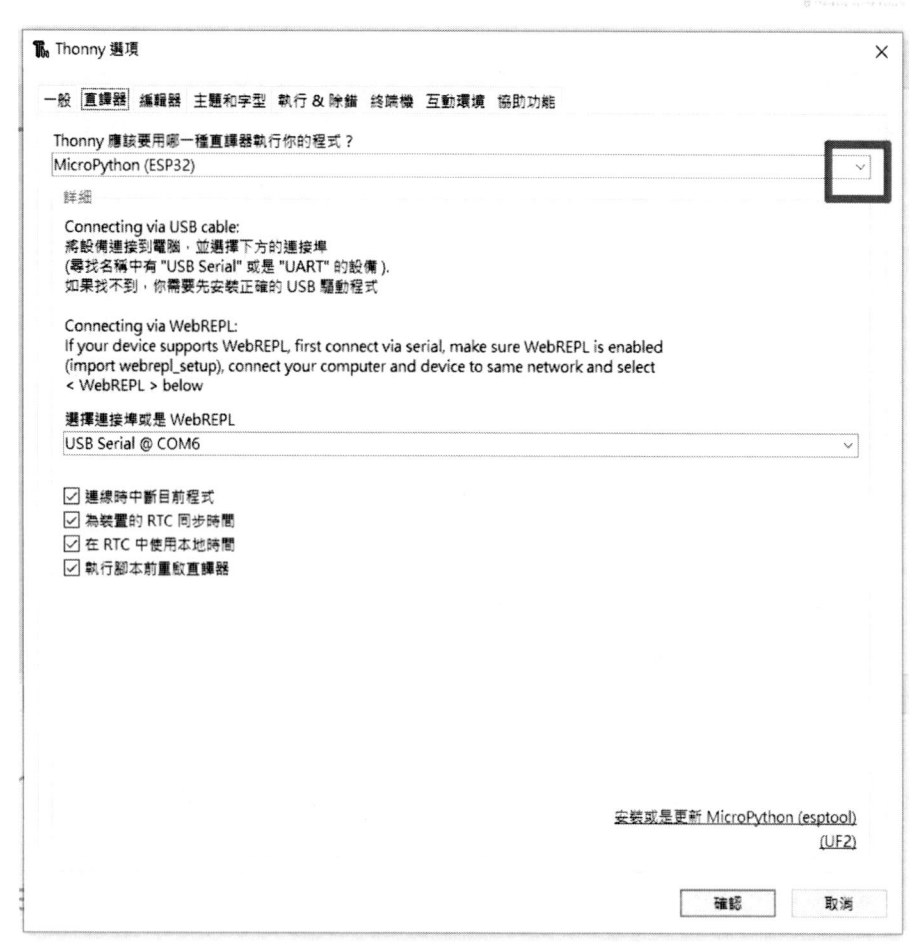

圖 101 切換直譯器

　　如下圖所示，點選上圖紅框處後，會出現下圖紅框出列出可以選擇之 Python/MicroPython 等不同直譯器名稱選項。

圖 102 可使用直譯器選項清單

如下圖所示，請點選下圖紅框出列出之 NodeMCU-32S 物聯網開發板直譯器名稱選項，請選擇 ESP32 選項。

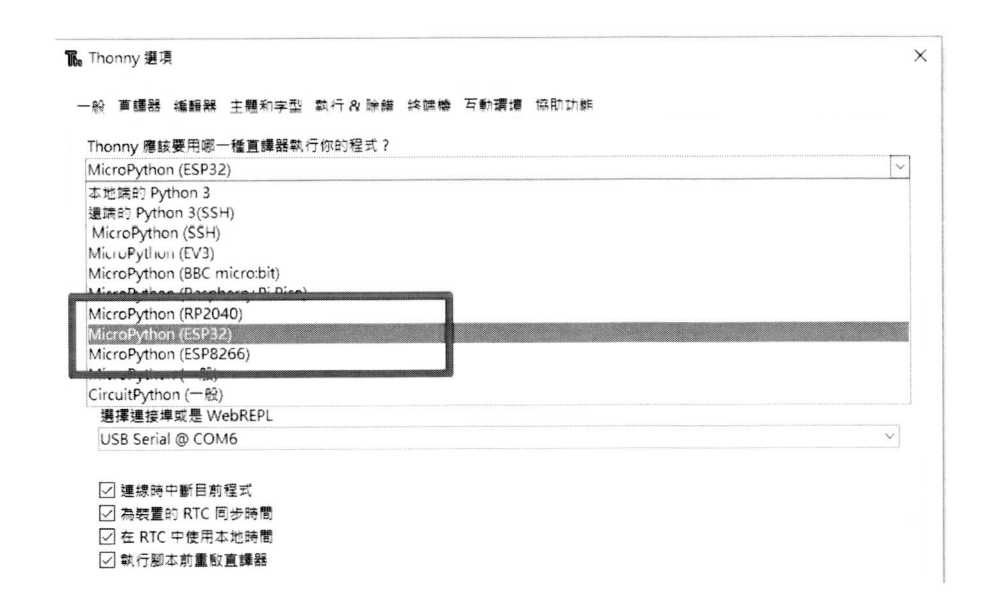

圖 103 選擇 ESP32 選項

如下圖所示，我們點選紅框處之『MicroPython(ESP32)』，雖然本書使用 NodeMCU-32S 物聯網開發板，但是和其他 ESP32 與 ESP8266 等差異並不大。

圖 104 切換 ESP32 用直譯器

如下圖所示，我們可以看到完成 NodeMCU-32S 物聯網開發板的 Python 版本設定後，請點選下圖紅框處之 ，設定 NodeMCU-32S 物聯網開發板的連接通訊埠。

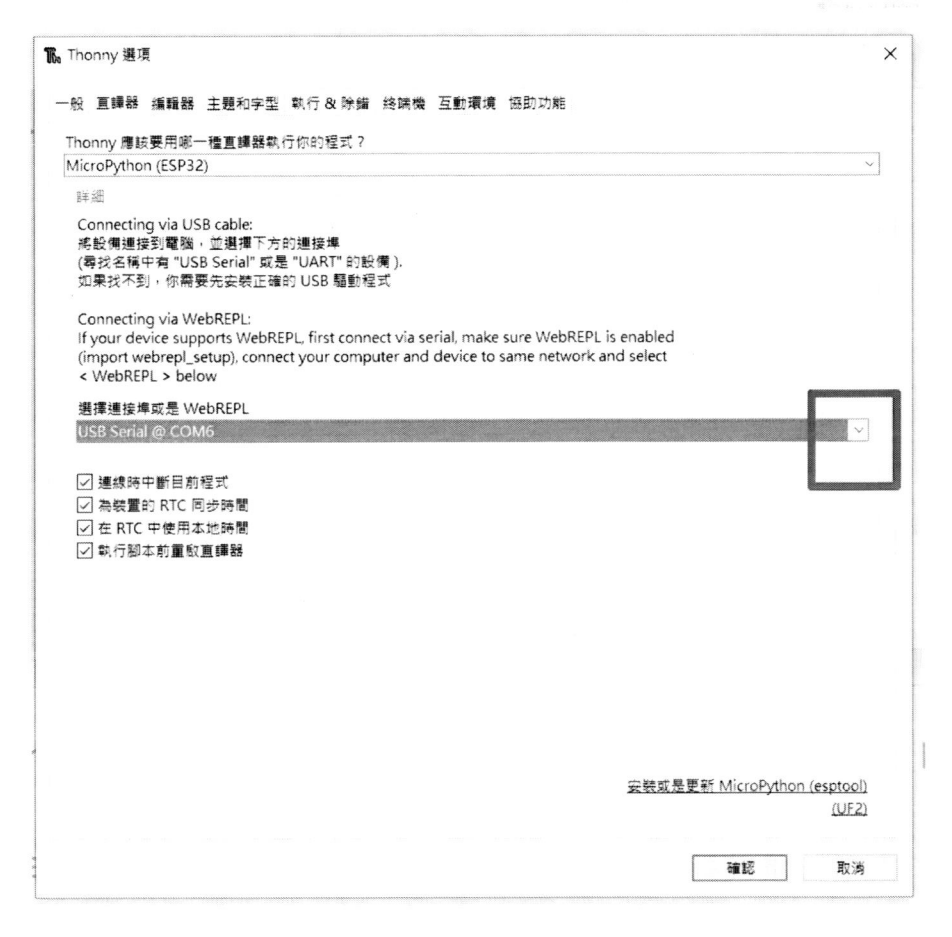

圖 105 切換開發板連接埠

　　如下圖所示，接下來使用『裝置管理員』來確定，NodeMCU-32S 物聯網開發板與 USB 連接之通訊埠是哪一個，本書使用『通訊埠 COM6』，由於電腦作業系統的問題，本書後面的通訊埠不一定一直是通訊埠 COM6，如果讀者看到不同的通訊埠 COM XX，那是筆者在後面寫書過程中，Windows 作業系統因素，筆者開發的電腦自行變更了通訊埠 COM6 為通訊埠 COM XX，讀者如果遇到了相同問題，請如筆者一樣，依現況自行變更通訊埠 COM XX 為合適的連接通訊埠。

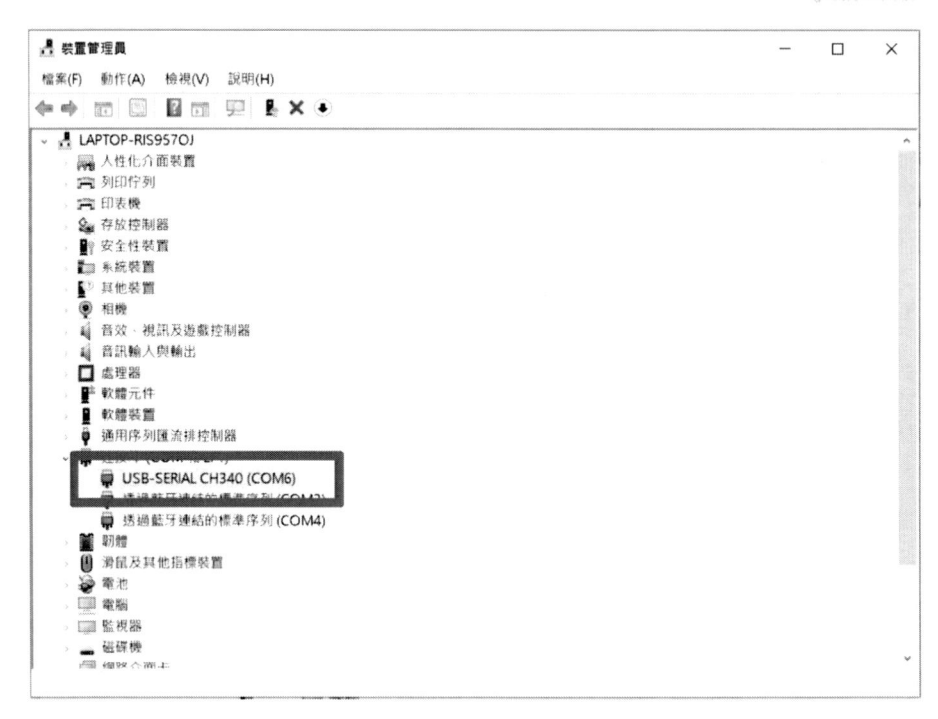

圖 106 裝置管理員通訊埠清單

如下圖所示，本書在設定時，使用『通訊埠 COM5』，由於電腦作業系統的問題，本書後面的通訊埠不一定一直是通訊埠 COM5，所以本次設定為『通訊埠 COM5』。

圖 107 ESP32 連接之通訊埠

如下圖所示，請點 NodeMCU-32S 物聯網開發板通訊埠連接埠選項，可以看到可以選擇的許多通訊埠選項，其中通訊埠 COM6 應該一定會在選項之中，如果沒有看到，請重開 Thonny 開發工具。

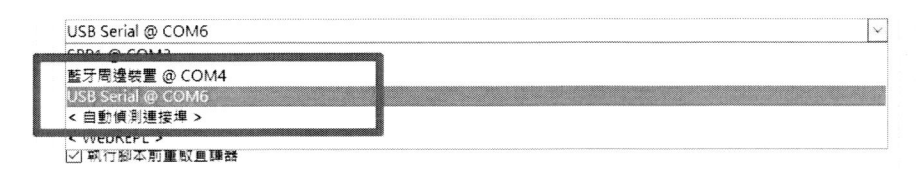

圖 108 在清單內選到 ESP32 連接埠

如下圖所示,點 NodeMCU-32S 物聯網開發板通訊埠連接埠之後有許多通訊埠選項,請依據『裝置管理員』的通訊埠設定,本書為『通訊埠 COM6』,所以選擇通訊埠 COM6 完成設定。

圖 109 選擇 ESP32 開發板對應通訊埠

如下圖所示，完成 NodeMCU-32S 物聯網開發板之 MicroPython 開發軟體版本與開發通訊埠選項之畫面。

圖 110 設定好 ESP32 開發板之軟體版本與開發選項

如下圖所示，可以在下圖紅框處，可以看到『安裝或更新 MicroPython』的選項 安裝或是更新 MicroPython (esptool)，為了安裝 NodeMCU-32S 物聯網開發板之最新板之 MicroPython 開發軟體版本，請點選該選項。

圖 111 點選安裝或更新 MicroPython

如下圖所示，出現安裝或更新 MicroPython 的主畫面。

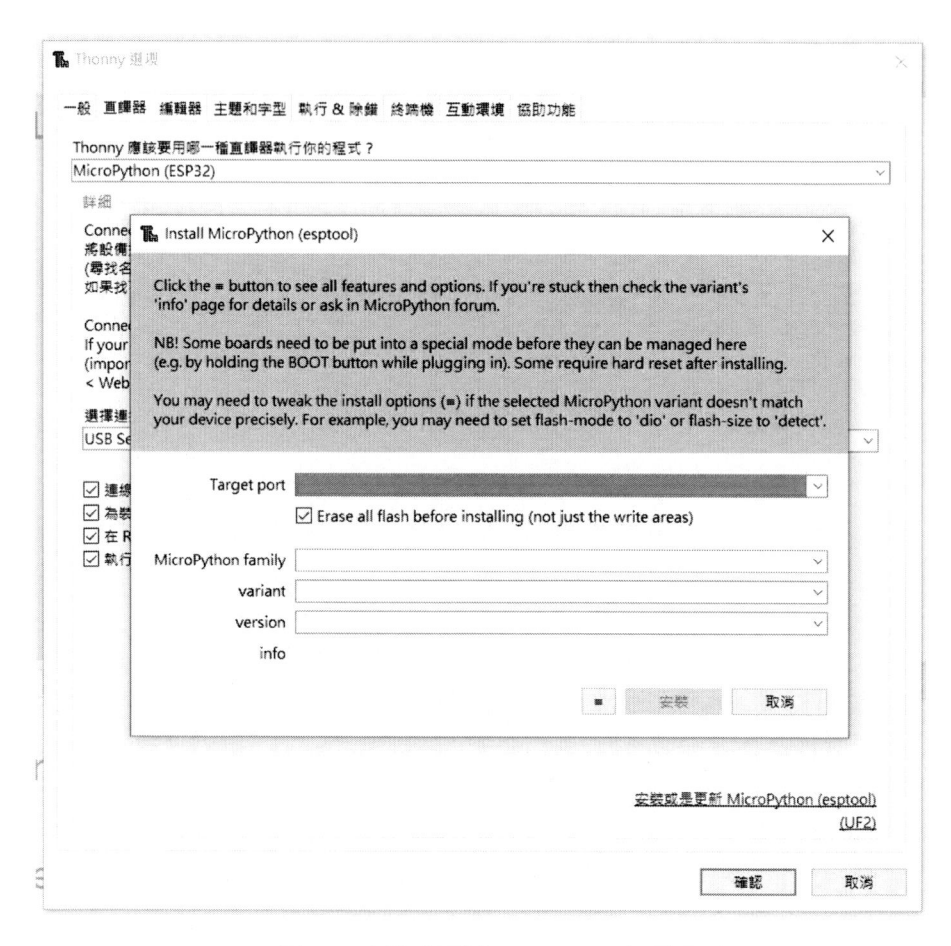

圖 112 安裝或更新 MicroPython 韌體畫面

使用線上韌體進入燒錄模式

如下圖所示，出現安裝或更新 MicroPython 的主畫面。

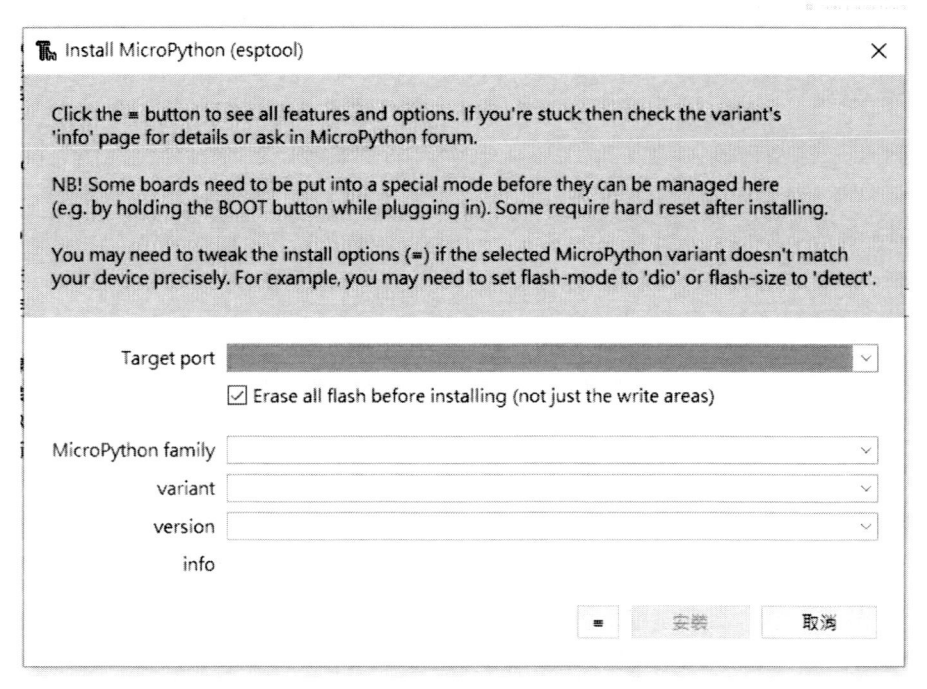

圖 113 進入安裝或更新 MicroPython 韌體畫面

如下圖所示，先選第一項之 ▽ ，打開通訊埠選項。

如下圖所示，在看到第二項之 SPP1 @ COM3 / 藍牙周邊裝置 @ COM4 / USB Serial @ COM6 ，可以看到目前可以選到的通訊埠選項。

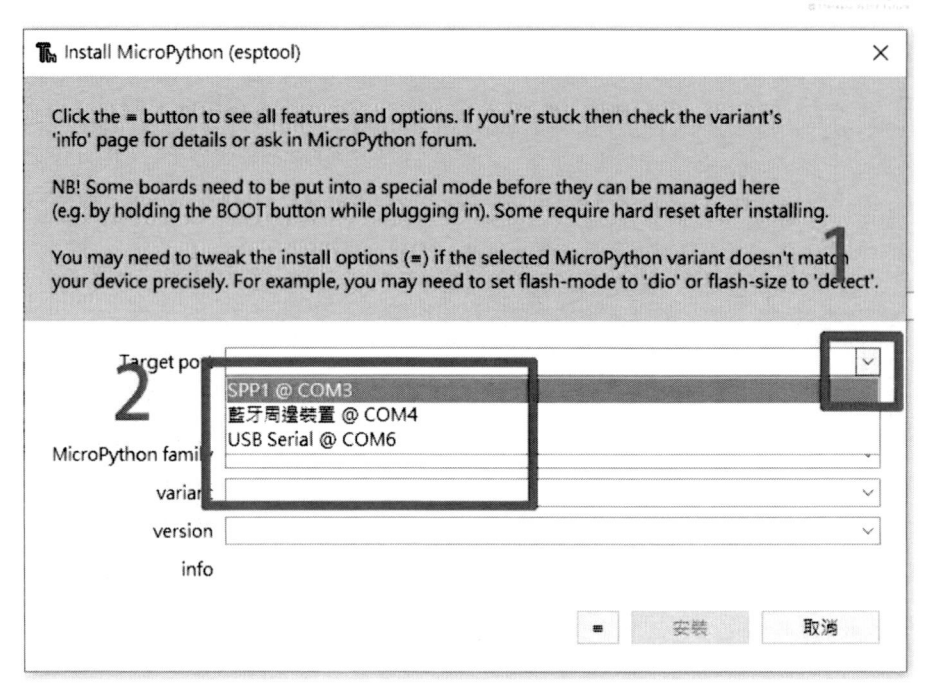

圖 114 點選燒錄通訊埠

如下圖所示，請選擇裝置管理員之通訊埠 XX，如下圖所示之 USB Serial@COM6 的選項，因為這是連接開發板的通訊埠。

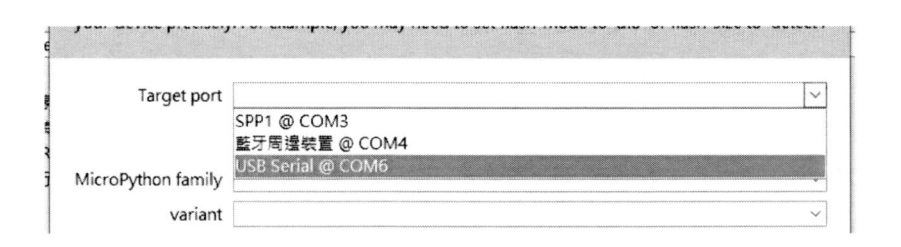

圖 115 選擇燒錄通訊埠

如下圖所示，完成選擇燒錄之通訊埠，也就是裝置管理員之通訊埠 XX。

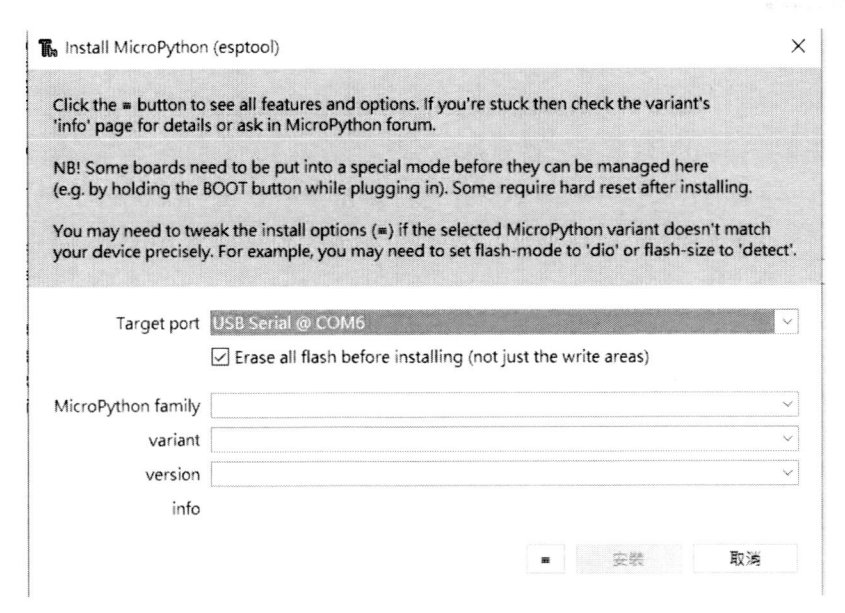

圖 116 完成選擇燒錄埠

如下圖紅框所示，點選 ∨ 之選項，打開可以安裝之 ESP32 的韌體。

圖 117 選取 MicroPython 韌體檔案

如下圖所示，可以看到目前可以安裝 NodeMCU-32S 物聯網開發板可以安裝之晶片版本，請選擇『ESP32』的版本(MicroPython Family)。

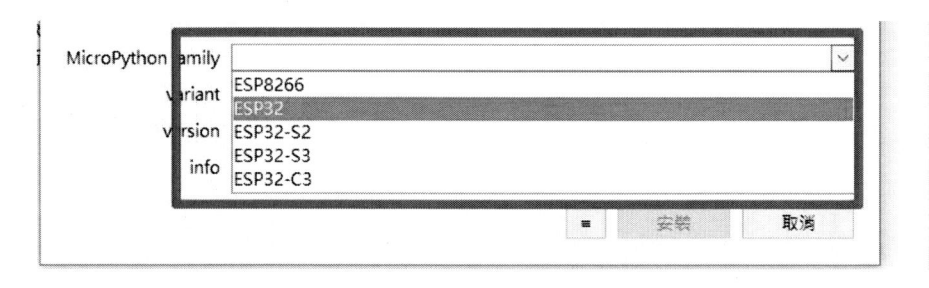

圖 118 目前可以選擇之 MicroPython 韌體檔案

如下圖所示，安裝 NodeMCU-32S 物聯網開發板可以安裝之晶片版本『ESP32』。

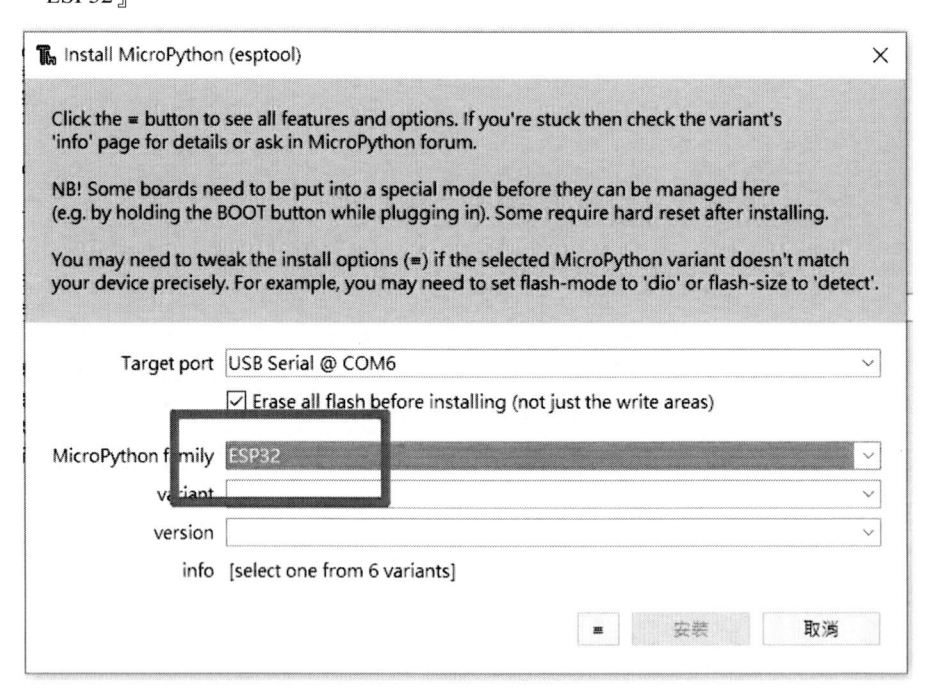

圖 119 選擇正確的 ESP32 韌體

如下圖紅框處所示，請點選下拉選項，會出現可以安裝之晶片版本。

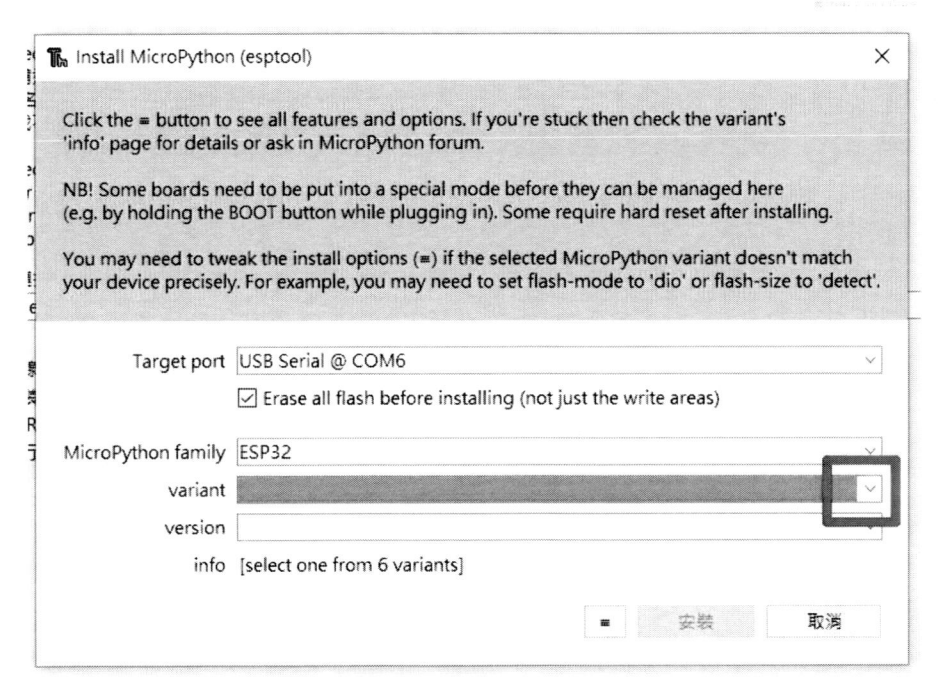

圖 120 點選 ESP32 晶片種類

如下圖所示，請點選下拉選項，會出現可以安裝之晶片版本。

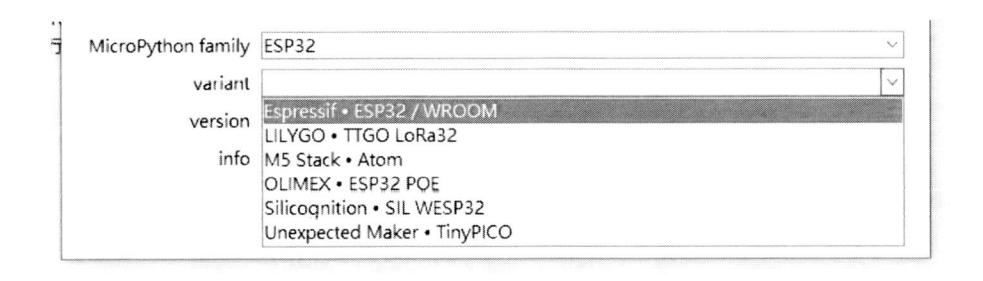

圖 121 可選擇之 ESP32 晶片種類

如下圖紅框處所示，請點選下 Espressif.ESP32/WRoom 選項。

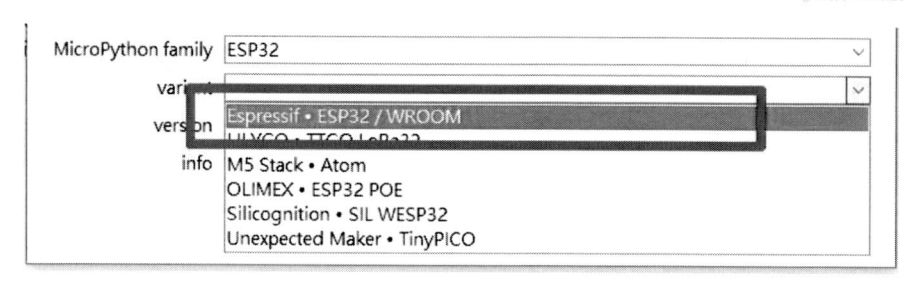

圖 122 選擇 ESP32/WRoom 選項晶片

如下圖所示，筆者已經選擇 NodeMCU-32S 物聯網開發板之正確之 MicroPython 開發軟體版本，如果讀者是其他版本晶片等，請自行修正之。

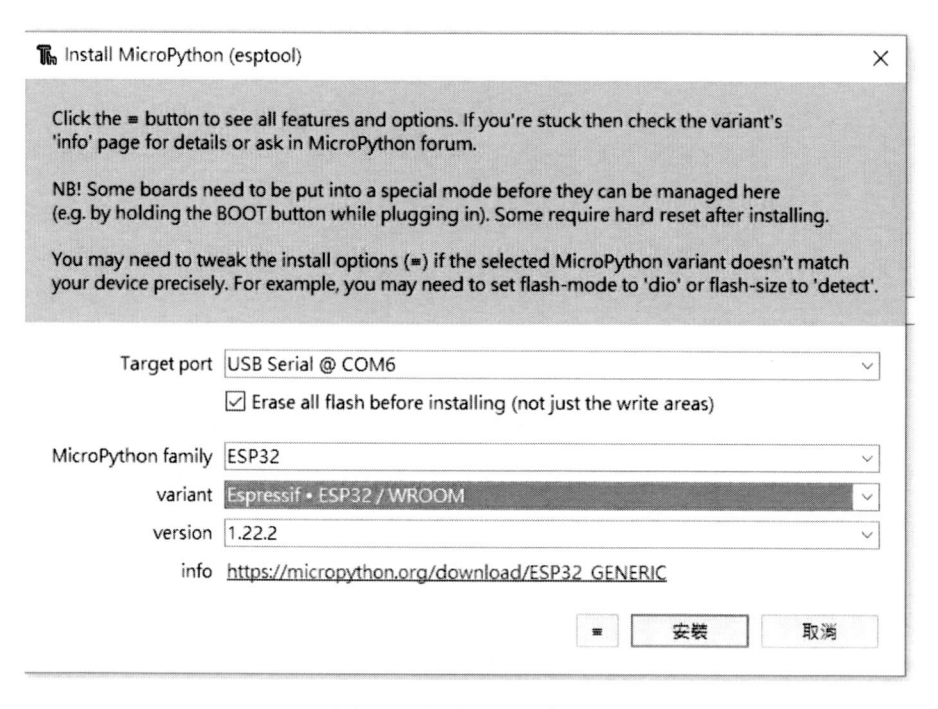

圖 123 完成 ESP32 韌體選擇

如下圖所示，請選擇紅框之 安裝 進行 ESP32 韌體燒錄。

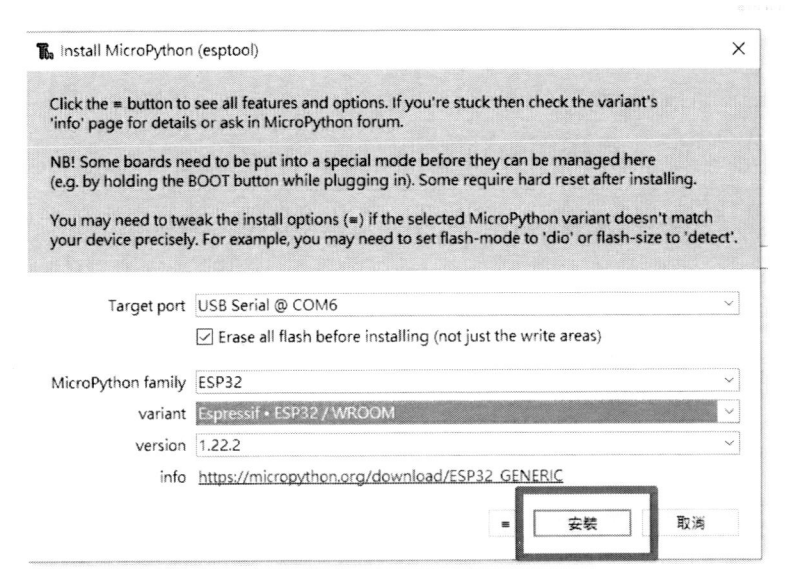

圖 124 進行 ESP32 韌體燒錄

　　如下圖紅框處所示之 Downloading... 7%，可以看到進行 ESP32 韌體燒錄的相關資訊更新中，代表進行 ESP32 韌體燒錄中。

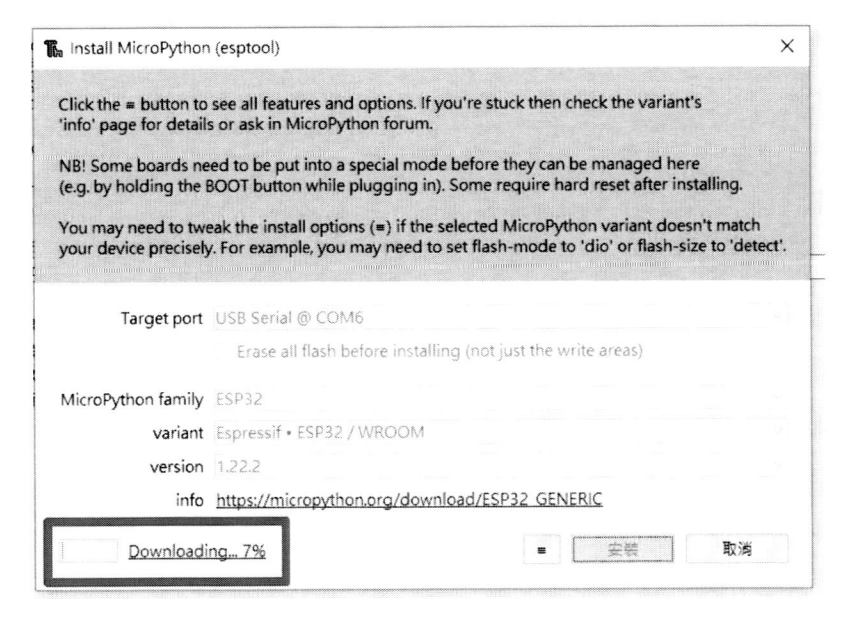

圖 125 ESP32 韌體燒錄中

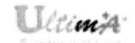

如下圖紅框處所示，如果出現『Done』等相關資訊等，代表 ESP32 韌體燒錄已完成。

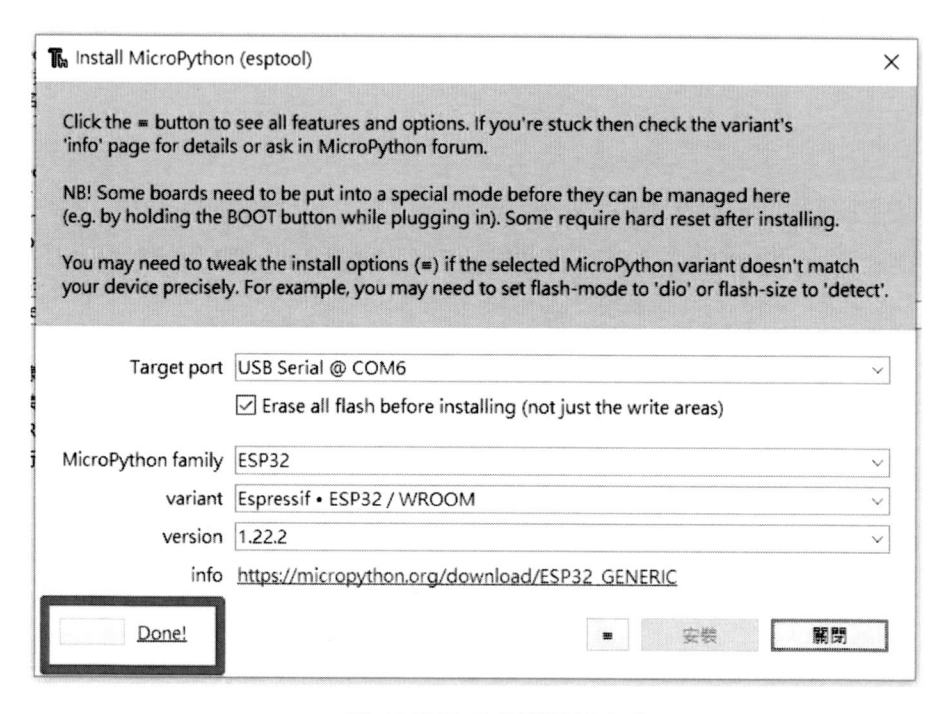

圖 126 ESP32 韌體燒錄完成

如下圖紅框處所示，按下『關閉』按鈕，可以結束 ESP32 燒錄韌體的步驟。

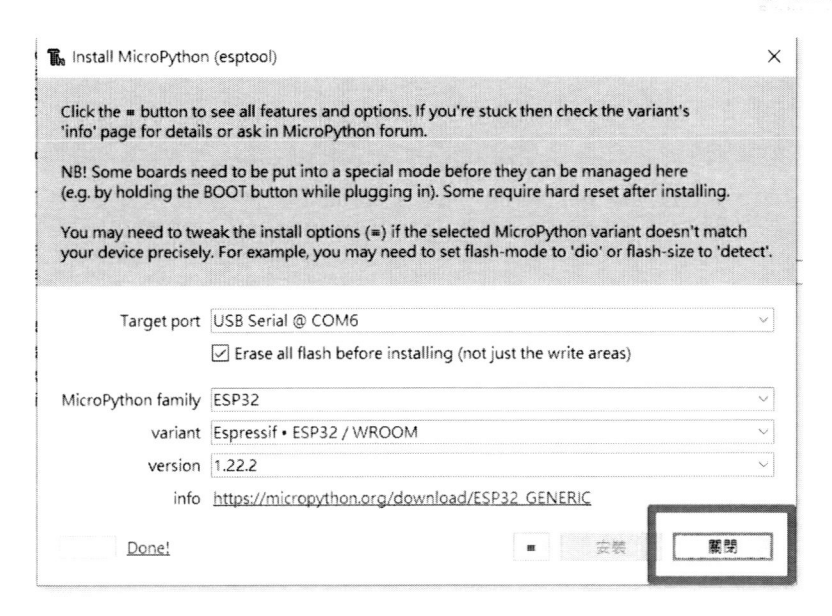

圖 127 結束燒錄韌體

如下圖所示，點選紅框處之『確認』按鈕 ，離開安裝韌體步驟。

圖 128 離開安裝韌體步驟

如下圖所示，完成 NodeMCU-32S 物聯網開發板之 MicroPython 開發軟體版本燒錄韌體後，回到開發工具主畫面。

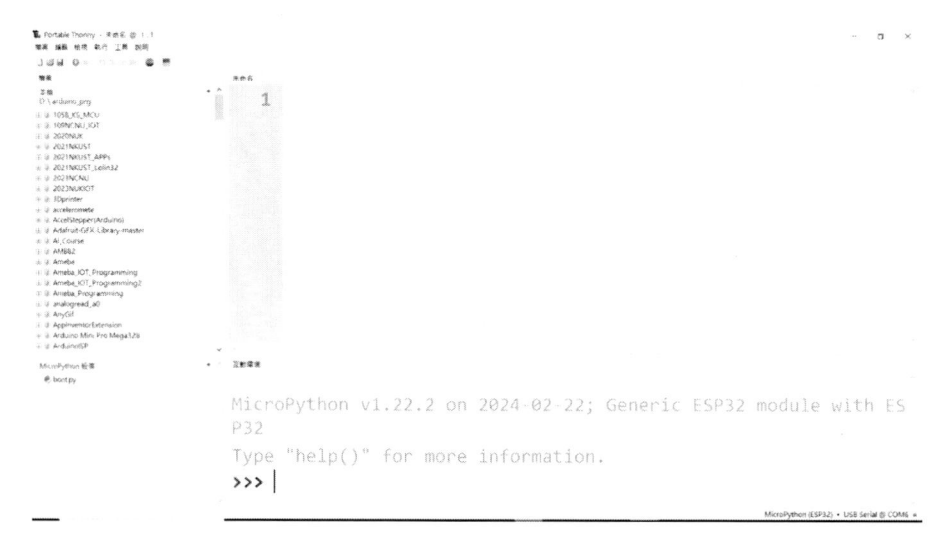

圖 129 燒錄韌體後回到開發工具主畫面

如下圖所示，如果不是第一次安裝 NodeMCU-32S 物聯網開發板之 MicroPython 開發軟體版本安裝，而是第二次與之後的"安裝 NodeMCU-32S 物聯網開發板之 MicroPython 開發軟體版本安裝"，則為更新安裝 NodeMCU-32S 物聯網開發板之 MicroPython 開發軟體版本，可以見到並不會因為安裝裝 NodeMCU-32S 物聯網開發板之 MicroPython 開發軟體，而將原有的 NodeMCU-32S 物聯網開發板裝置上的 Python 或函式庫與套件覆寫或清空。

圖 130 更新 ESP32 韌體後並不會刪除原有 python 檔案

到這個階段，筆者已經介紹完畢安裝基本的開發環境：MicroPython 直譯器於 NodeMCU-32S 物聯網開發板裝置上了，接下來就可以完全開始進行開發 NodeMCU-32S 物聯網開發板裝置。

上下傳程式與副程式

本章節接下來介紹如何從開發的電腦上傳以攥寫好的程式或新寫好的程式，上傳到 NodeMCU-32S 物聯網開發板裝置上。

上傳程式

如下圖所示，將 NodeMCU-32S 物聯網開發板透過 USB 連接線接上電腦。

~ 95 ~

圖 131 NodeMCU-32S 物聯網開發板連上 USB 線

如下圖所示，我們回到 Thonny 開發工具畫面，如果將 NodeMCU-32S 物聯網開發板已經透過 USB 連接線接上電腦，並請設定都已經設定完成，應該可以看到下圖上方紅框可以看到開發程式的檔案與目錄清單，此外，也應該可以看到下圖下方紅框可以看到 NodeMCU-32S 物聯網開發板內部的檔案與目錄清單。

如果讀者看不到如下圖所示之畫面，請回到前章節閱讀後，將問題解決後，再回到本章節繼續閱讀。

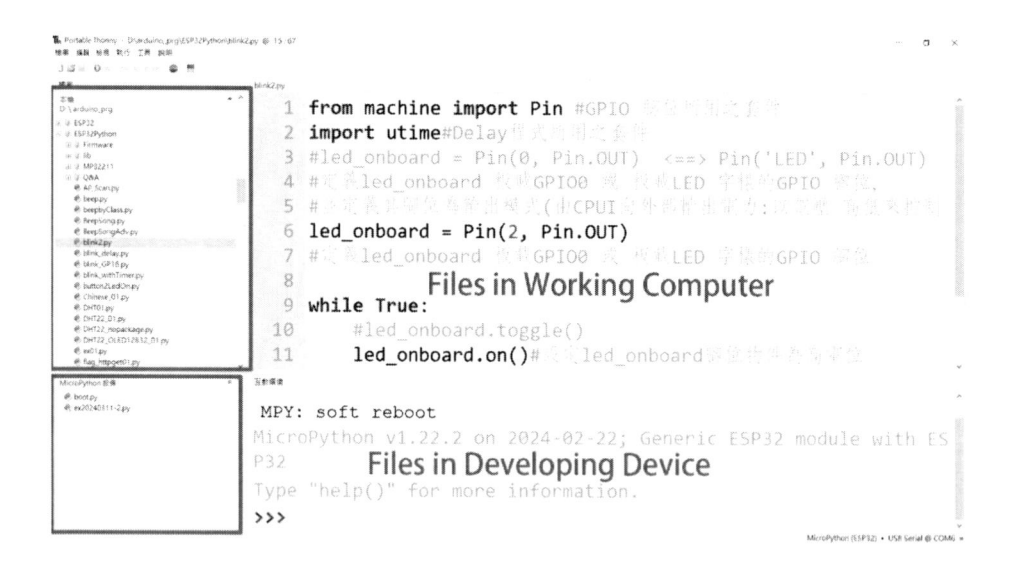

圖 132 正確檔案介面之主畫面

如下圖所示，先選擇開發程式區，一一選取要上傳的所有檔案與資料夾，並在

~ 96 ~

選取區域上，按下滑鼠的右鍵，會出現快速功能選項，請選擇 Upload to(上傳到) ▇▇上傳到 /▇▇ 的選項。

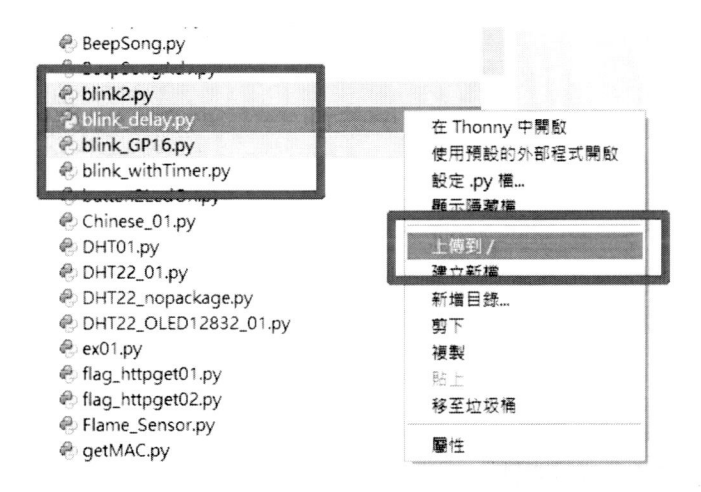

圖 133 在被選好的檔案區按下滑鼠右鍵

如下圖所示，並在選取要上傳的所有檔案與資料夾之區域上，按下滑鼠的右鍵，會出現快速功能選項，請選擇 Upload to(上傳到) ▇▇上傳到 /▇▇ 的選項。

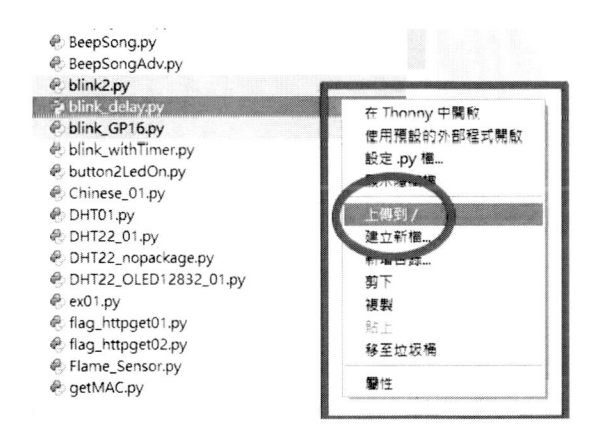

圖 134 按下滑鼠右鍵候選上傳選項

~ 97 ~

如下圖所示，Thonny 開發工具會將上圖所選的檔案與資料夾，一一上傳到 NodeMCU-32S 物聯網開發板裝置端的根目錄資料夾上。

圖 135 開始上傳程式

為了確認所選的檔案與目錄是否上傳成功，如下圖所示，可點選 NodeMCU-32S 物聯網開發板裝置端的根目錄資料夾。

圖 136 查看 Device 裝置端檔案

如下圖所示，可以查看查看 Device 裝置端檔案裝置端的根目錄資料夾，如可以在查看 Device 裝置端檔案的根目錄看到剛才所選的檔案與資料夾，則代表上傳成功。

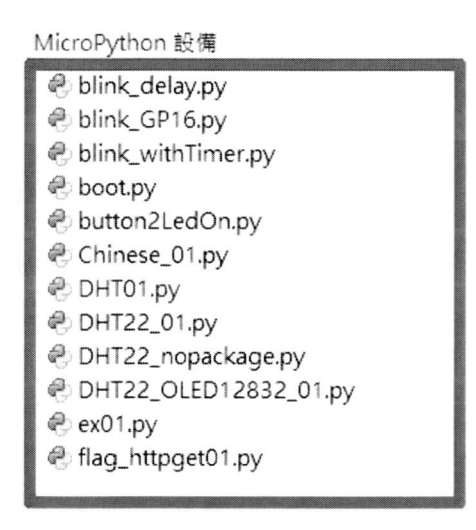

圖 137 Device 裝置已完成上傳之檔案

下載程式

如下圖所示，將 NodeMCU-32S 物聯網開發板透過 USB 連接線接上電腦。

圖 138 NodeMCU-32S 物聯網開發板連上 USB 線

如下圖所示，進到 Thonny 開發工具的畫面。

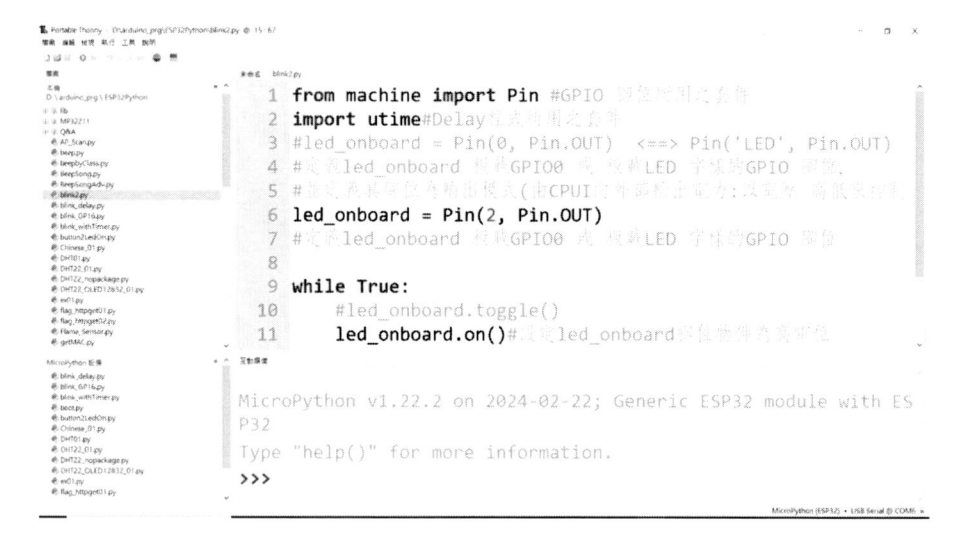

圖 139 Thonny 主畫面

如下圖所示，可以選取 NodeMCU-32S 物聯網開發板裝置端的根目錄。

圖 140 選取裝置端上的檔案

如下圖所示，在選取 NodeMCU-32S 物聯網開發板裝置端之根目錄上，選取要下載的檔案與資料夾，並在所選的檔案與目錄的選取區，按下滑鼠右鍵。

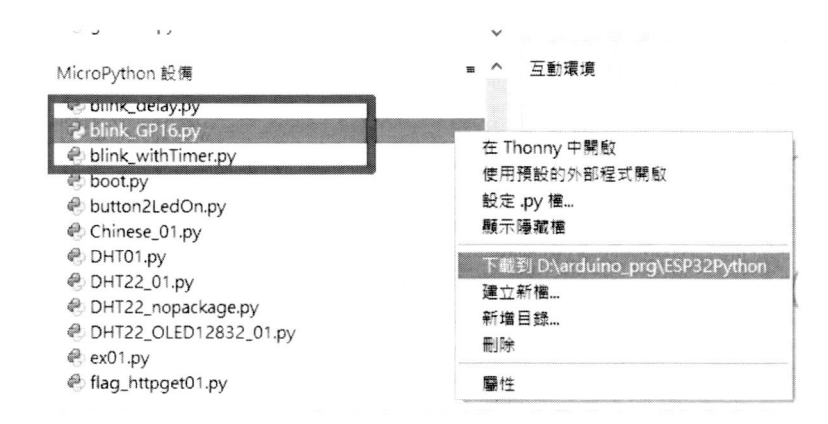

圖 141 在檔案區按下滑鼠右鍵

如下圖所示，在選取 NodeMCU-32S 物聯網開發板裝置端根目錄下之所選擇的檔案與資料夾的選取區，按下滑鼠右鍵，選擇下載到 to XXXX:表您目前開發端電腦 Thonny 的工作目錄區(下載到開發電腦的開發程式目錄區)

圖 142 進行下載所選之檔案與資料夾

如下圖所示，Thonny 工具就可以將 NodeMCU-32S 物聯網開發板裝置端的根目錄，所選擇的檔案與資料夾之所選資料檔與整個目錄，下載到將開發電腦的開發程式工作區目錄區內。

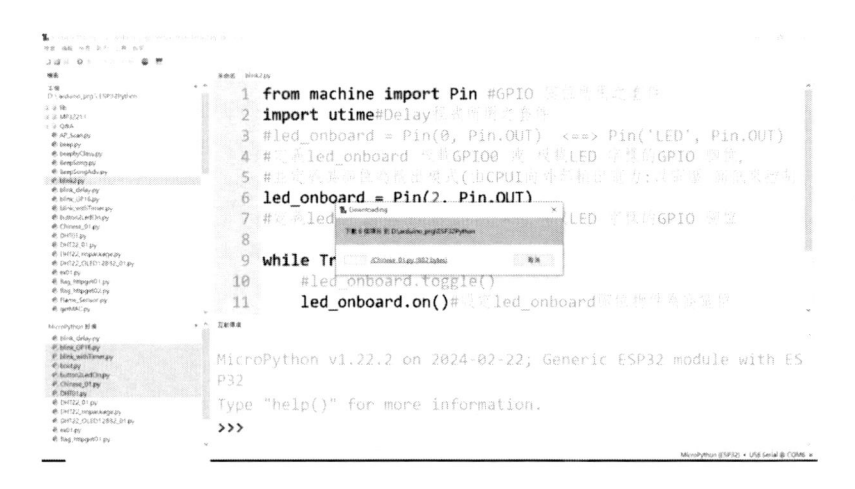

圖 143 下載裝置端程式到電腦端畫面

如下圖所示，可以看到 Thonny 開發工具正在下載檔案中。

圖 144 下載裝置端程式到電腦端畫面進行中

~ 102 ~

如下圖所示，如果下載檔案與資料夾完成後，可以在 Thonny 開發工具的開發電腦區之工作目錄區，看到在 NodeMCU-32S 物聯網開發板裝置端的根目錄，所選擇的檔案與資料夾之所選資料檔與整個目錄，已經下載開發電腦區之目錄區。

圖 145 下載到電腦的程式碼檔案

安裝套件

搭配硬體

如下圖所示,將 NodeMCU-32S 物聯網開發板透過 USB 連接線接上電腦。

圖 146 NodeMCU 32S 開發板連上 USB 線

本章節介紹,我們將 NodeMCU-32S 物聯網開發板搭配其他硬體,如 Oled 螢幕等,這些外來的硬體針對開發人員需要為它撰寫很多的副程式或函式庫,方能使用這些硬體。

如下圖所示,本書介紹 NodeMCU-32S 物聯網開發板搭配 I2C 介面的 OLED 12832 顯示模組,其電路組立圖如下圖所示。

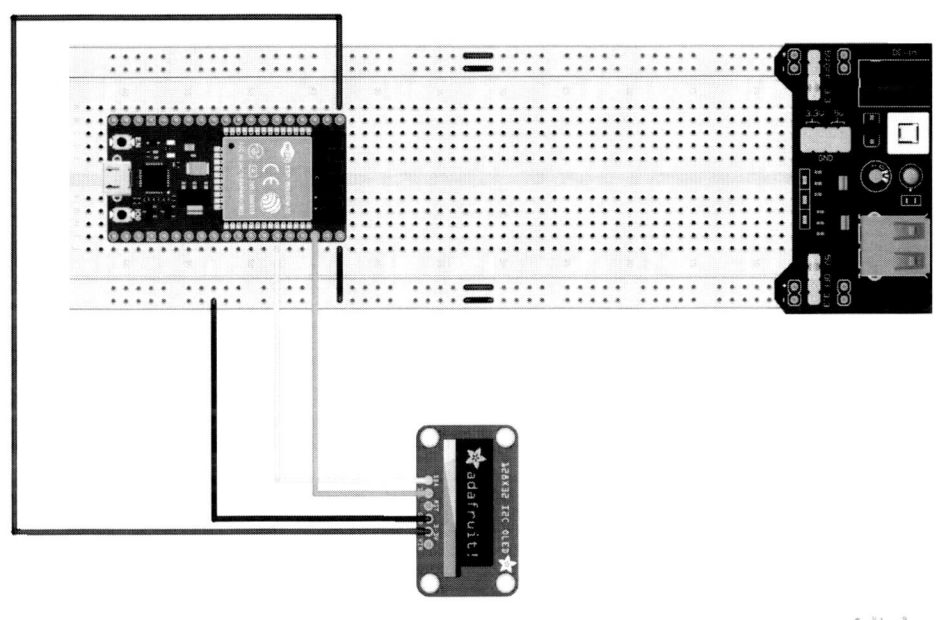

圖 147 NodeMCU-32S 物聯網開發板連接 OLED 12832 顯示模組

安裝對應硬體的韌體套件

如下圖所示,由於將 NodeMCU-32S 物聯網開發板使用 I²C 介面的 OLED 12832 顯示模組,必須要在 NodeMCU-32S 物聯網開發板裝置端,安裝 Python 對應的韌體套件,方能輕鬆使用如上圖所示之 I²C 介面的 OLED 12832 顯示模組。

接下來,筆者會教導如何在 NodeMCU 32S 物聯網開發板裝置端,安裝 Python 對應的韌體套件,如下圖所示,點選『工具』選項,點到該選項後,會出現該選項的選單,請點選『管理套件』子選項 管理套件... 。

~ 105 ~

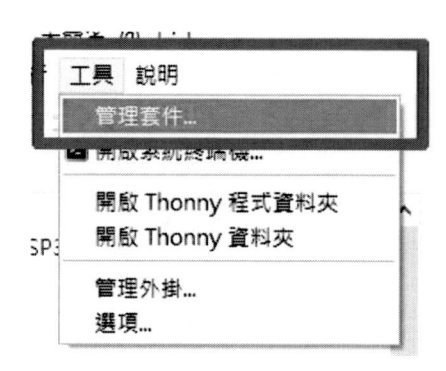

圖 148 開啟管理套件

如下圖所示，會出現 Thonny 開發工具的管理套件主畫面。

圖 149 套件管理主畫面

如下圖所示，可以看到 Thonny 開發工具的套件管理主畫面上方，在紅框處處

的文字搜尋處，輸入要尋找的套件。

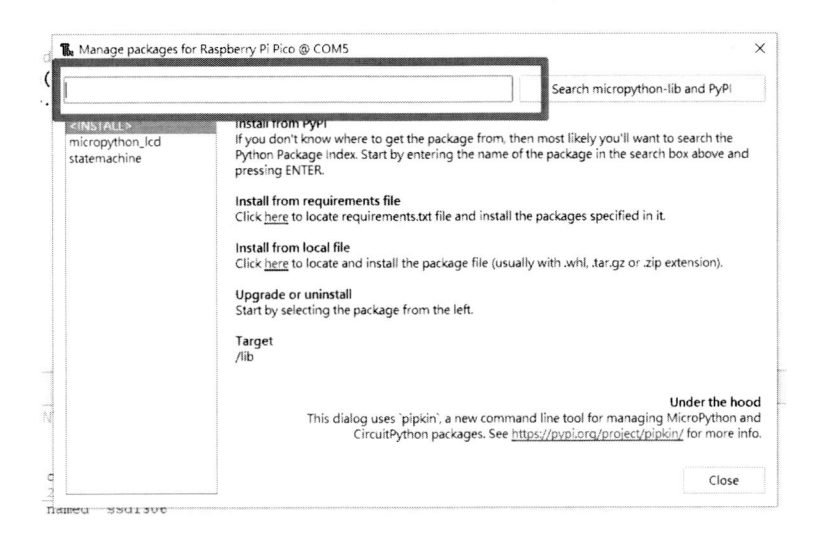

圖 150 在搜尋列輸入關鍵字

如下圖所示,可以看到 Thonny 開發工具的套件管理主畫面上方,在紅框處處的文字搜尋處,輸入『ssd1360』文字,尋找對應的套件。

由於如圖 147 所示,我們連接上 OLED 12832 顯示模組,其控制晶片為 SSD1306 晶片[4],所以輸入『SSD1306』文字,可以找到 SSD1306 控制晶片的對應的套件。

圖 151 輸入查詢 ssd1306 內容

---

[4] SSD1306 是一款帶控制器的用於 OLED 點陣圖形顯示系統的單晶片 CMOS OLED/PLED 驅動器。它由 128 個 SEG(列輸出)和 64 個 COM(行輸出)組成。該晶片專為共陰極 OLED 面板設計。SSD1306 內建對比度控制器、顯示 RAM(GDDRAM)和振盪器,以此減少了外部元件的數量和功耗。該晶片有 256 級亮度控制。資料或命令由通用微處理機通過硬體選擇的 6800/8000 系通用平行介面、I^2C 介面或序列介面傳送。該晶片適用於許多小型行動式應用,如手機副顯示屏、MP3 播放器和計算器所需要的顯示螢幕等。

如下圖所示，使用滑鼠點擊下圖紅框處 搜尋 micropython-lib 與 PyPI ，進行搜尋套件。

圖 152 按下搜尋鍵按鈕

如下圖所示，筆者輸入『SSD1306』文字，進行搜尋 SSD1306 控制晶片的對應的套件(如下圖所示)，可以發現找到一些對應的套件，但是通常會超過一個以上的套件，因為該搜尋條件較為鬆寬，並且關鍵字會有所重複所致。

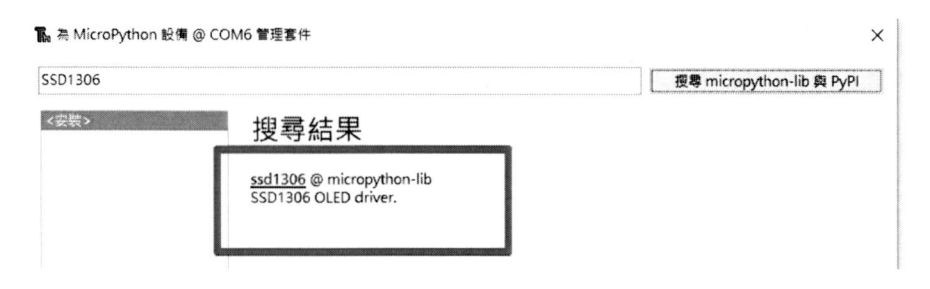

圖 153 找到函式的內容

如下圖所示，在紅框處，可以發現應該是 SSD1306 控制晶片的對應的套件(如下圖所示)，請注意，ssd1306 後方最好有@micropython 等字樣等，是較為正確的目標值。

圖 154 點選搜尋到的 SSD1306 套件

如下圖紅框處所示，可以再度確認該套件發行相關資訊後，確認是否為可以安裝的套件，此處由於是免費的協力廠商發行，無法保證選取到的套件可以合乎您選擇的韌體、硬體的要求，選取正確性大部分依靠經驗與網路上先進的建議與經驗相互配合，可以達到最大的功效。

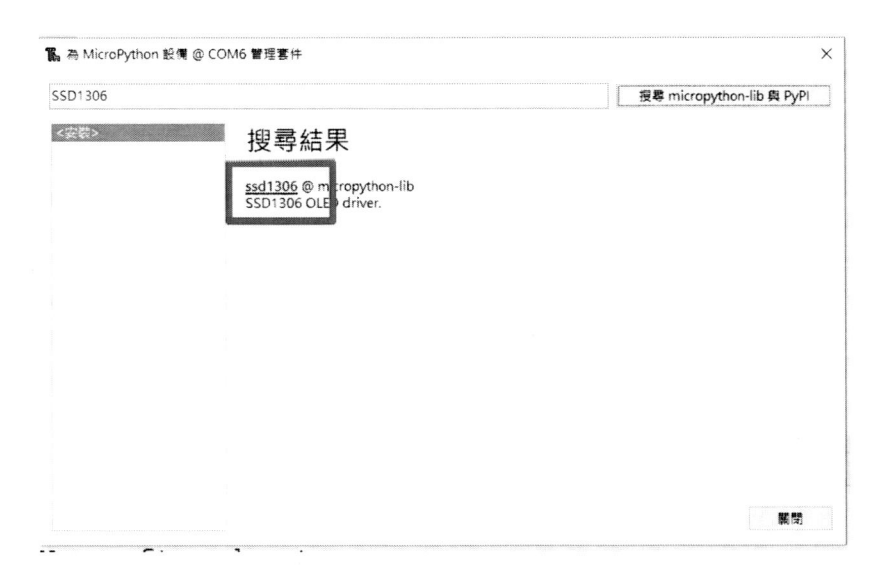

圖 155 按下安裝鍵進行安裝 SSD1306 套件

如下圖紅框所示，可以點選『安裝』 安裝 安裝該套件。

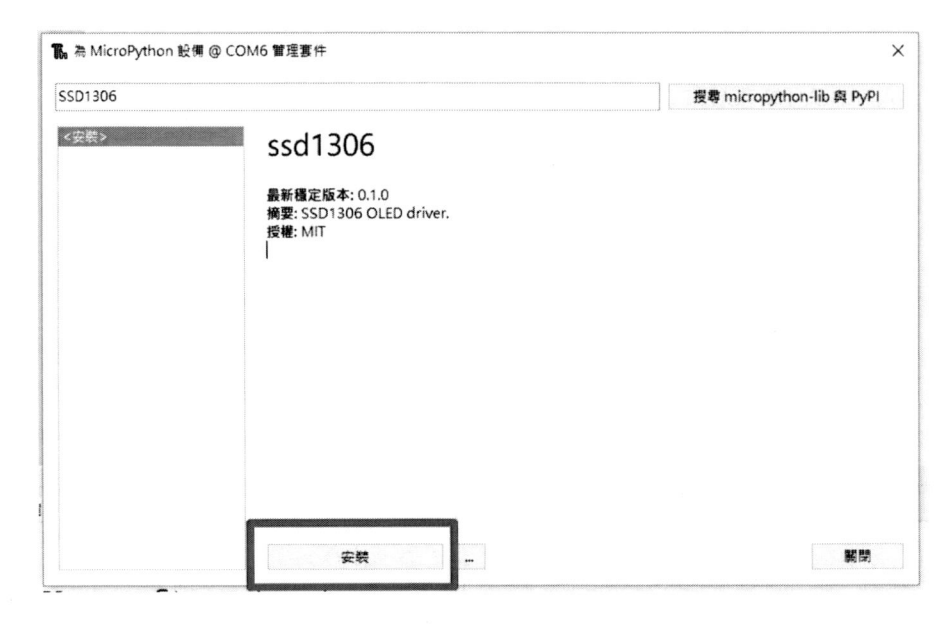

圖 156 安裝查詢到的套件

如下圖所示，可以見到該套件安裝中。

圖 157 開始安裝找到的函示套件

如下圖所示，如果看到圖下方有『解除安裝』 解除安裝 的圖示，代表已經安裝過該套件，如果『更新』 更新 的圖示亮起來，可以點選，代表該套件有新的版本，可以點選新版本更新安裝。

圖 158 安裝函式套件成功

如下圖所示，如果您要移除該套件，請點選『解除安裝』 解除安裝 的圖示後，可以移除該套件。

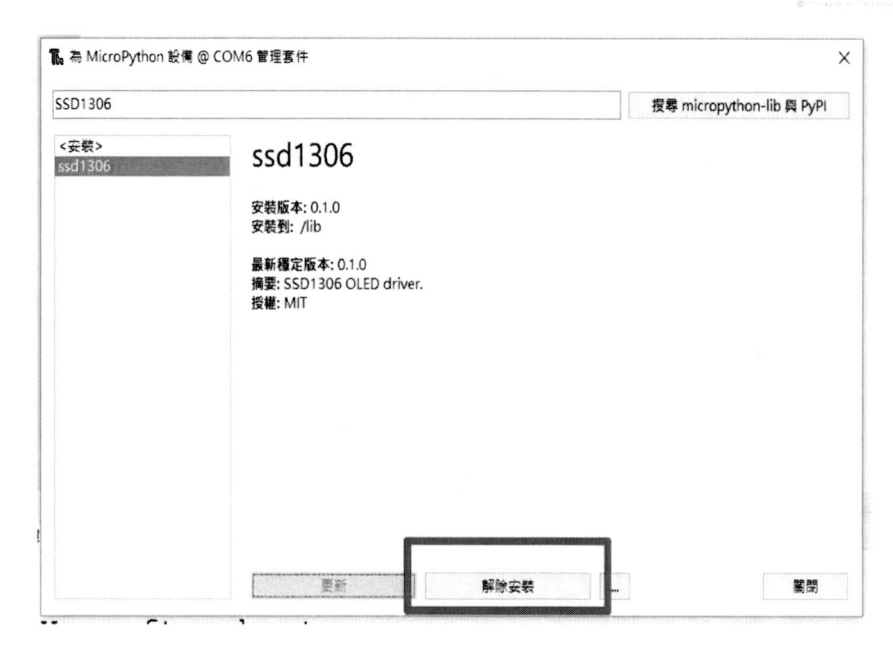

圖 159 如果要解除安裝該套件

如下圖所示,如果您要移除該套件,在『解除安裝』 解除安裝 的圖示後,可以見到移除該套件進行的畫面。

圖 160 解除套件安裝畫面

最後,如下圖所示,可以再管理套件中,看到我們目前已安裝的套件的畫面。

~ 112 ~

圖 161 已安裝套件之管理套件主畫面

最後,在本節最後告訴讀者,如果您要的開發板與連接各式各樣的硬體、周邊、網路套件、運算套件…等其他任何擴充套件,請依定要先行安裝到 NodeMCU-32S 物聯網開發板裝置端,方可以往後都正確被執行,而不是在使用 Thonny 開發工具執行時,可以執行就可以保證 NodeMCU-32S 物聯網開發板裝置端往後可以往後都正確被執行。

下載函式庫

如下圖所示,將 NodeMCU-32S 物聯網開發板透過 USB 連接線接上電腦。

圖 162 NodeMCU-32S 物聯網開發板連上 USB 線

如下圖所示，我們回到 Thonny 開發工具畫面，如果將 NodeMCU-32S 物聯網開發已經透過 USB 連接線接上電腦，並請設定都已經設定完成，應該可以看到下圖上方紅框可以看到開發程式的檔案與目錄清單，此外，如果我們點開開發端函式庫(lib 資料夾)與裝置端函式庫(lib 資料夾)後，有時候可以看到不一致的現象，因為開發端的電腦可能不一定只有開發這一個裝置端。

```
本機
D:\arduino_prg\ESP32Python\lib
    micropython_htu21df
    HTU21D.py
    myLib.py
    ssd1306.ppy
```

```
MicroPython 設備
    lib
        ssd1306-0.1.0.dist-info
            ssd1306.py
        blink_delay.py
```

圖 163 開發端函式庫與裝置端函式庫不一致

我們可以透過下載裝置端的函式庫到開發端的電腦，來同步開發端的電腦與裝置端的內容。

~ 114 ~

上傳函式庫到裝置端如下圖所示，將 NodeMCU-32S 物聯網開發透過 USB 連接線接上電腦。如下圖所示，回到 Thonny 開發軟體介面。

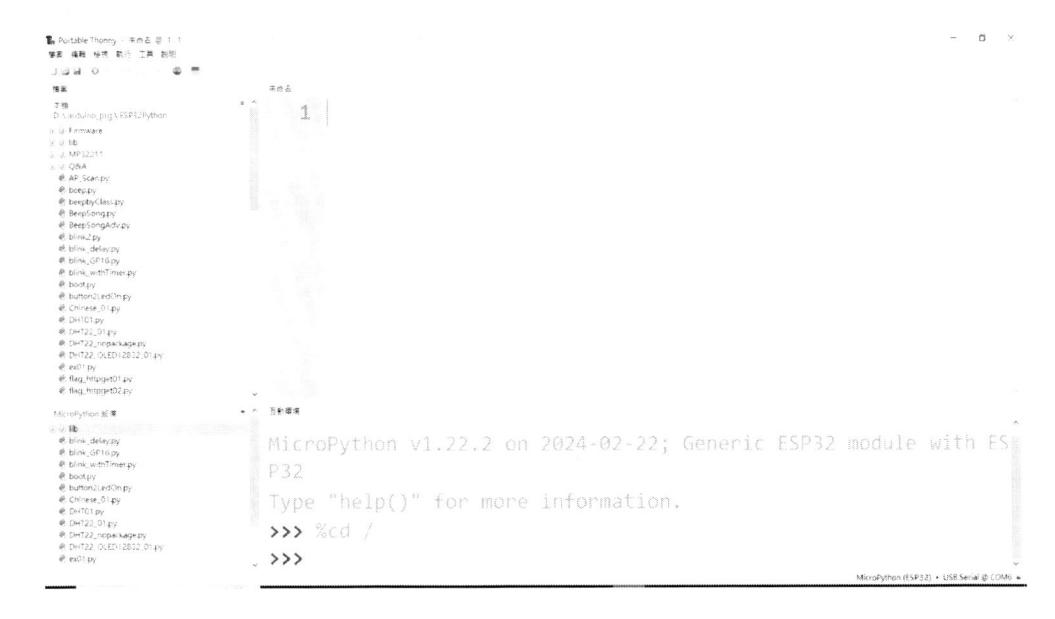

圖 164 回到 Thonny 主畫面

如下圖所示，將 NodeMCU-32S 物聯網開發板透過 USB 連接線接上電腦後，應該可以看到 Thonny 開發工具的裝置端，有許多 Python 程式檔與安裝函式庫之『lib』之目錄區。

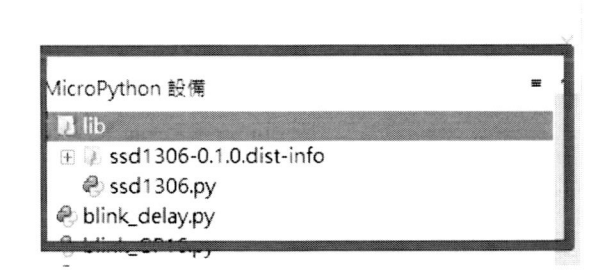

圖 165 查看裝置端內容

如下圖所示，請讀者使用檔案總管，開啟 Thonny 開發工具，選取電腦端專案程式區內，選取專案程式區內之『lib』之目錄區後。

接下來按下滑鼠右鍵。，呼叫出快捷列，叫出如下圖所示之快捷選項，選取下載到(D:\arduino_prg\ESP32Python\lib)之目錄，此『D:\arduino_prg\ESP32Python\lib』是筆者開發本書專用資料夾，讀者可能該資料夾跟筆者：D:\arduino_prg\ESP32Python 不一致，請讀者自行判斷之。

在下圖紅框區按下滑鼠右鍵後，出現下圖右邊紅框處之快捷選單，請選『上傳到』 上傳到／ 的選項，進行上傳函式庫到裝置端。

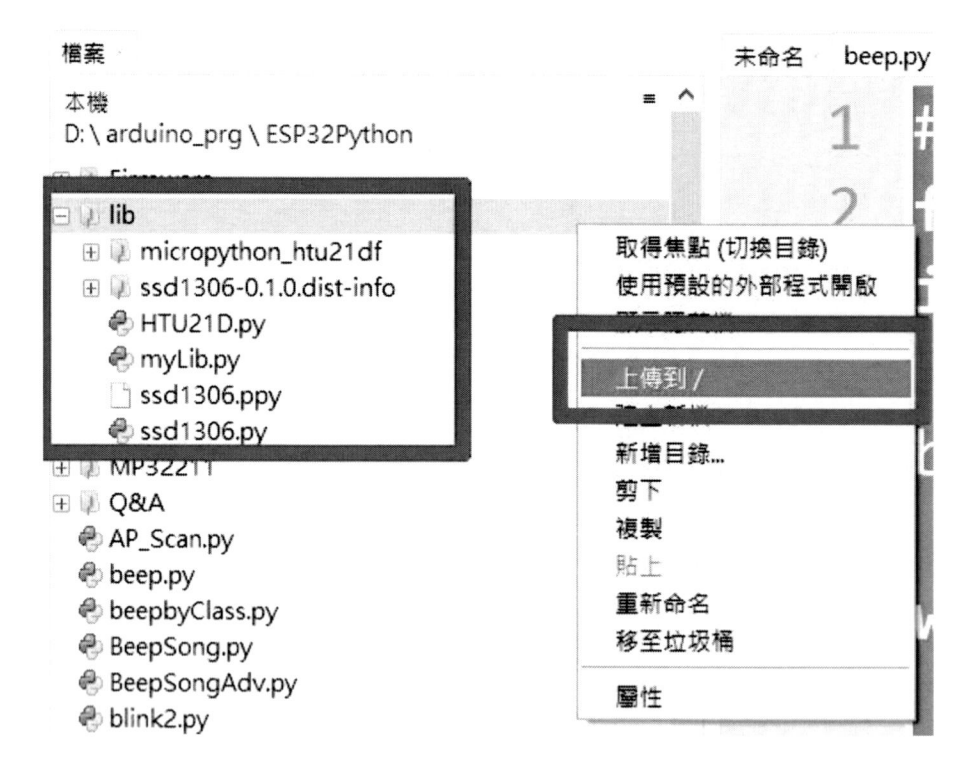

圖 166 選取電腦端 lib 資料夾按下滑鼠右鍵

~ 116 ~

如下圖所示，可以看到 Thonny 開發工具出現下載的畫面，顯示正在下載裝置端函式庫到開發端電腦資料夾。

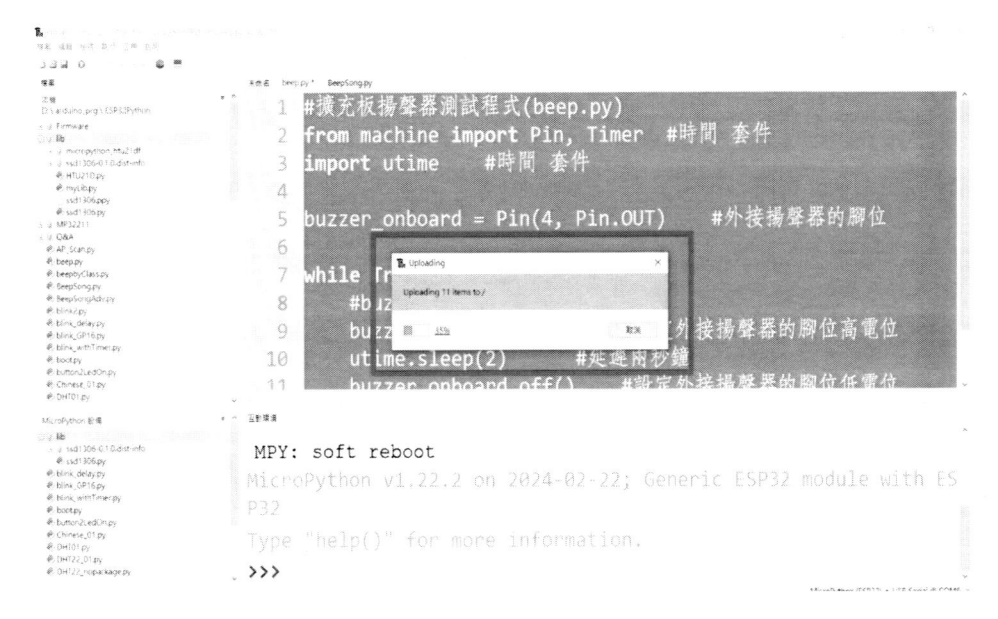

圖 167 上傳開發端函式庫到裝置端

完成上述動作後，筆者會將打開開發電腦的開發工作區內的『lib』目錄區與裝置端工作區內的『lib』目錄區，如下圖所示，已經完成下載裝置端函式庫到開發端電腦資料夾的『lib』目錄區。

檔案

本機
D:\arduino_prg\ESP32Python

- lib
  - micropython_htu21df
  - ssd1306-0.1.0.dist-info
  - HTU21D.py
  - myLib.py
  - ssd1306.ppy
  - ssd1306.py
- Q&A
- AP_Scan.py
- beep.py
- beepbyClass.py
- BeepSong.py
- BeepSongAdv.py
- blink2.py
- blink_delay.py
- blink_GP16.py
- blink_withTimer.py
- boot.py
- button2LedOn.py
- Chinese_01.py
- DHT01.py

MicroPython 設備

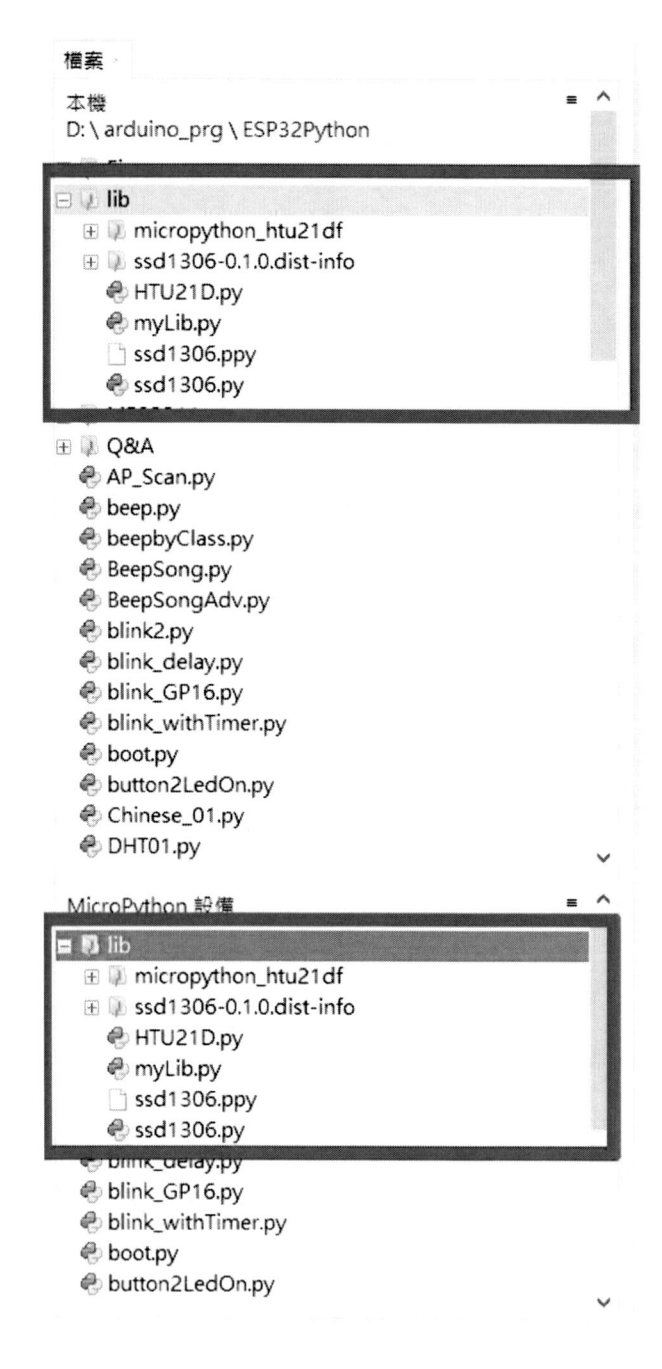

- lib
  - micropython_htu21df
  - ssd1306-0.1.0.dist-info
  - HTU21D.py
  - myLib.py
  - ssd1306.ppy
  - ssd1306.py
- blink_delay.py
- blink_GP16.py
- blink_withTimer.py
- boot.py
- button2LedOn.py

圖 168 完成下載開發端函式庫到裝置端資料夾

~ 118 ~

下載裝置端函式庫到開發端

如下圖所示,將 NodeMCU-32S 物聯網開發板透過 USB 連接線接上電腦。

圖 169 NodeMCU-32S 物聯網開發板連上 USB 線

如下圖所示,我們回到 Thonny 開發工具畫面,如果將 NodeMCU-32S 物聯網開發板已經透過 USB 連接線接上電腦,並請設定都已經設定完成,應該可以看到下圖上方紅框可以看到開發程式的檔案與目錄清單,此外,也應該可以看到下圖下方紅框可以看到 NodeMCU-32S 物聯網開發板內部的函式庫清單。

如果讀者看不到如下圖所示之畫面,請回到前章節閱讀後,將問題解決後,再回到本章節繼續閱讀。

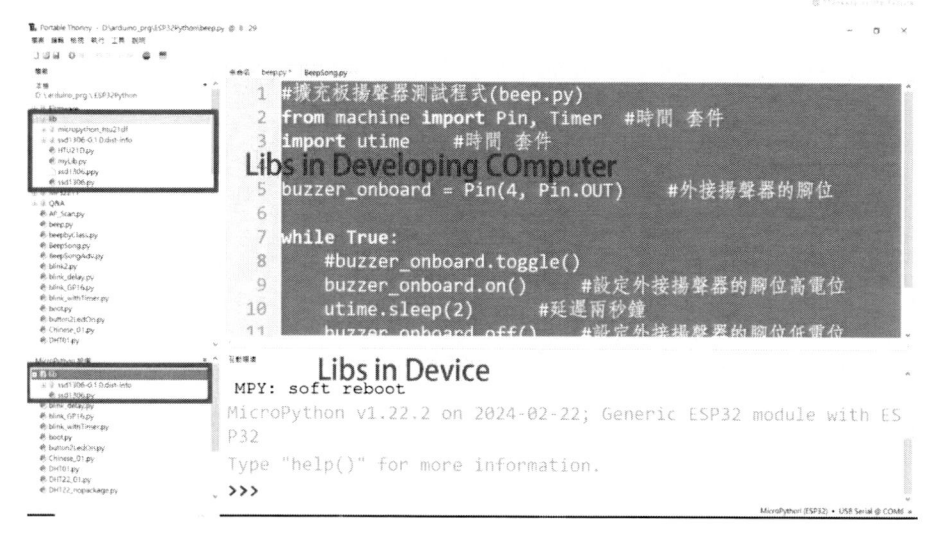

圖 170 正確函式庫檔案介面之主畫面

如下圖所示，先選擇裝置程式區，一一選取要下載的所有檔案與資料夾，並在選取區域上，按下滑鼠的右鍵，會出現快速功能選項，請 下載到 D:\arduino_prg\ESP32Python (下載到 XXXXXXXXX)的選項。

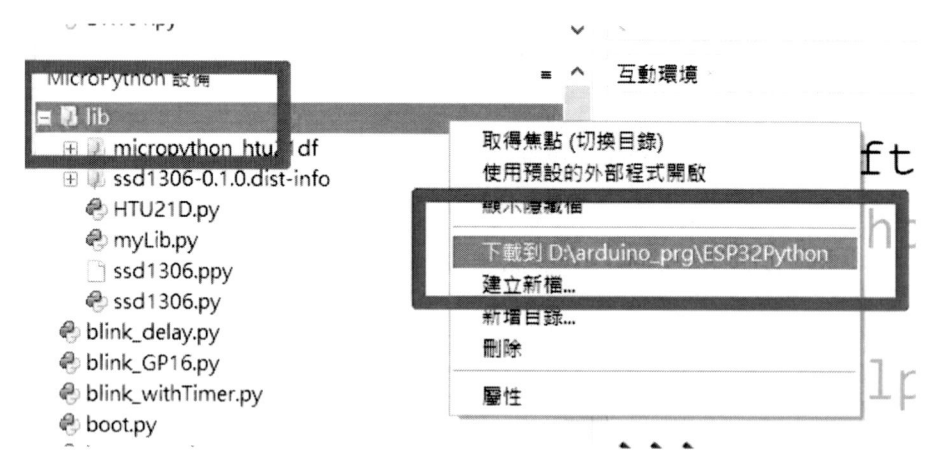

圖 171 選取裝置端函式庫準備下載到開發端電腦

~ 120 ~

如下圖所示，並在選取要下載裝置端函式庫之區域上，按下滑鼠的右鍵，會出現快速功能選項，請選擇下載到(D:\arduino_prg\ESP32Python)之開發電腦之專案資料夾的選項。

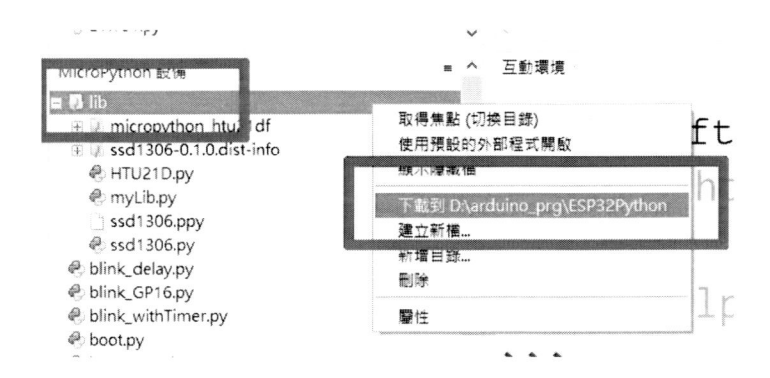

圖 172 按下滑鼠右鍵候選上傳選項

如下圖所示，Thonny 開發工具會將上圖所選的檔案與資料夾，一一下載到開發端電腦的開發專案目錄資料夾上。

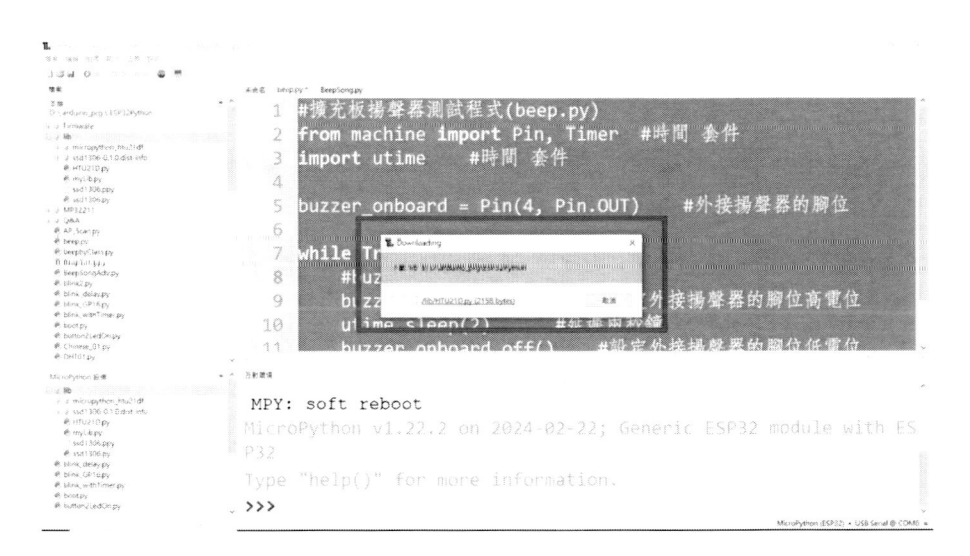

圖 173 開始下載裝置端函示庫程式

為了確認所選的檔案與目錄是否下載成功，如下圖所示，可點選開發端電腦之專案資料夾內 LIB 資料夾內的檔案與資料夾。

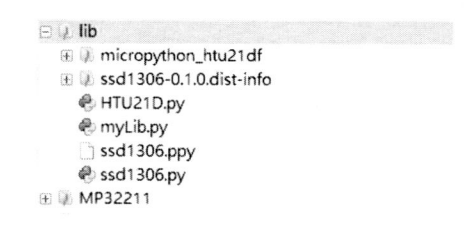

圖 174 查看開發端函式庫檔案

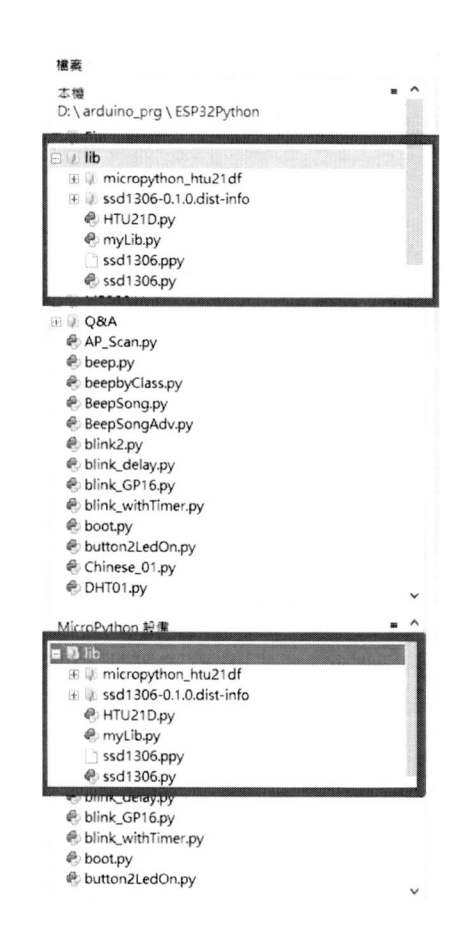

圖 175 完成下載裝置端函式庫到開發端資料夾

如上圖所示，可以查看查看 Device 裝置端檔案裝置端的根目錄資料夾，如可以在查看 Device 裝置端檔案的根目錄看到剛才所選的檔案與資料夾，則代表下載成功。

章節小結

本章主要介紹之 NodeMCU-32S 物聯網開發板介紹，至 Thonny 開發環境安裝與設定，韌體安裝/更新，上下傳輸 Python 與套件安裝/移除等，透過本章節的解說，相信讀者會對 NodeMCU-32S 物聯網開發板環境開發之安裝、設定、基本使用，有更深入的瞭解與體認。

3
CHAPTER

擴充板介紹

由於筆者在 ESP32 物聯網基礎 10 門課:The Ten Basic Courses to IoT Programming Based on ESP32 一書(曹永忠 et al., 2023a, 2023b)開發一塊『ESP32S 物聯網基礎 10 門課_ESP32S 學習用白色終極板 (38 Pin ESP32S)』(如下圖所示)，購買網址：露天賣場：https://www.ruten.com.tw/item/show?22316488920690，可以購買到這個『ESP32S 物聯網基礎 10 門課 ESP32S 學習用白色終極板 (38 Pin ESP32S)』。

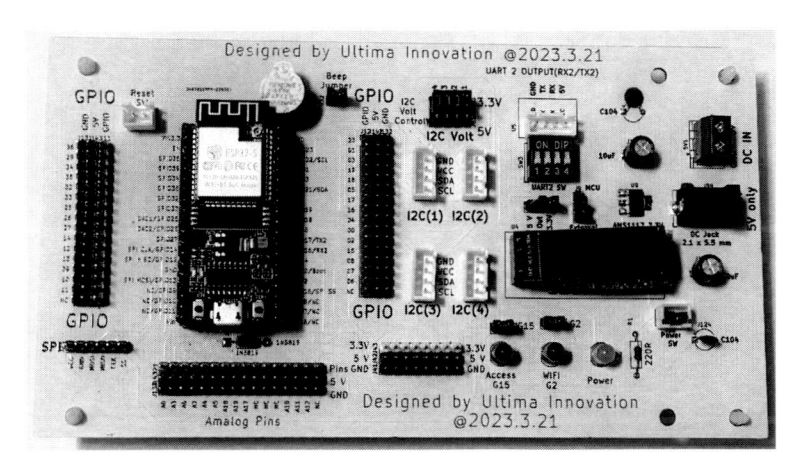

圖 176 ESP32S 學習用白色終極板(38 Pin ESP32S)一覽圖

本書會大量使用開發板，並連接其他周邊或電子零件，為了讓讀者學習方便與無痛學習，筆者使用在 ESP32 物聯網基礎 10 門課:The Ten Basic Courses to IoT Programming Based on ESP32 一書(曹永忠 et al., 2023a, 2023b)開發一塊『ESP32S 物聯網基礎 10 門課_ESP32S 學習用白色終極板 (38 Pin ESP32S)』(如下圖所示)，並在擴充板直接整合 0.96 吋 OLED 顯示螢幕(OLED 螢幕為有機發光二極體（英文：Organic Light-Emitting Diode，縮寫：OLED）又稱有機電激發光顯示（英文：Organic Electroluminescence Display，縮寫：OELD）），其顯示器搭載 SSD1306 驅動晶片。

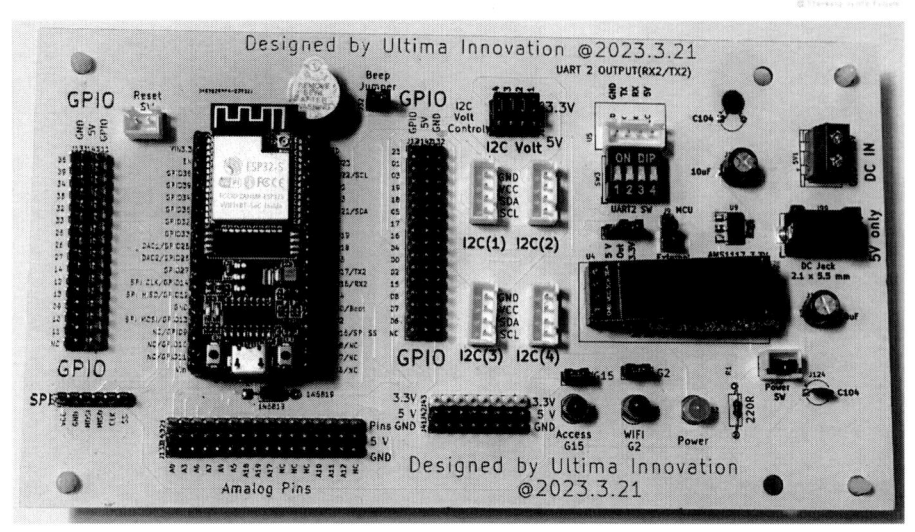

圖 177 ESP32S 開發板(NodeMCU-32S)與 ESP32S 學習用白色終極板

彩色 0.96 吋 OLED 顯示螢幕

　　ESP32S 學習用白色終極板搭配如下圖所示之板載顯示器，0.96 吋彩色 OLED 顯示屏是一種小型、低功耗、高對比度的顯示器元件，廣泛應用於嵌入式系統、穿戴式設備、物聯網（IoT）設備等領域，其規格介紹如下：

- ◆ 0.96 英寸黑白 128x32 I²C 顯示模組 驅動 SSD1302
- ◆ 顯示技術：有機發光二極體（OLED）
- ◆ 顯示模式-黑白
- ◆ 輸入數據 I²C 介面，驅動 IC SSD1302。
- ◆ 解析度 128 BWx32 點，顯示方向在 12 點鐘方向。
- ◆ 產品區域 39mm（寬）x 12mm（高）。

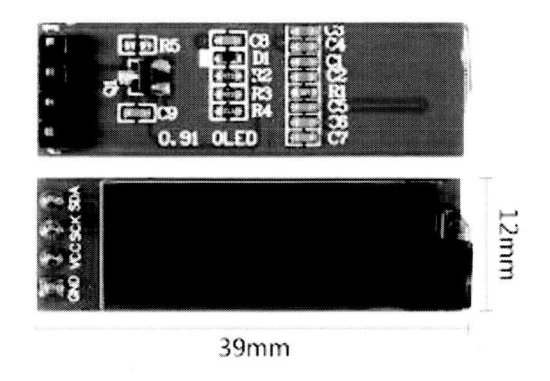

圖 178 0.96 英寸黑白 128x32 I²C OLED 顯示模組一覽圖

如下圖所示，12832 0.96" OLED 顯示樣式。

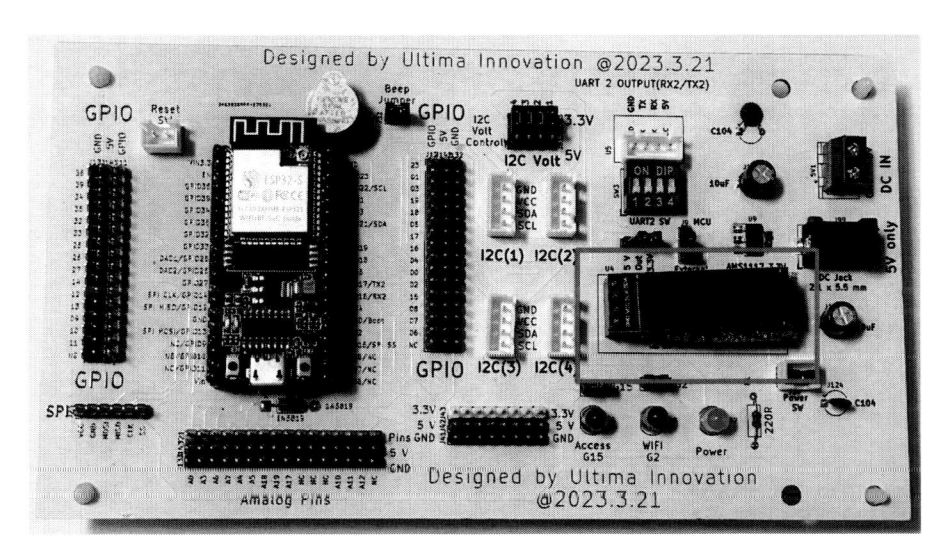

圖 179 外接 1.8 英寸黑白顯示模組

如下圖所示，由於 12832 0.96" OLED 顯示器有 5V 與 3.3V 兩種樣式，所以 ESP32S 學習用白色終極板 (38 Pin ESP32S)設計一組跳線帽，來控制接入的 12832 0.96" OLED 顯示器是有 5V 與 3.3V 那一種樣式,只要隨正確的電壓來設定跳線帽就可以了。

圖 180 OLED12832 電壓控制

外部 GPIO 腳位

如下圖所示，可以看到 NodeMCU-32S 物聯網開發板的 GPIO 腳位在外部 DIP 接腳端，由於 NodeMCU-32S 單晶片設計問題，該腳位為並非依 GPIO 腳位順序排序。

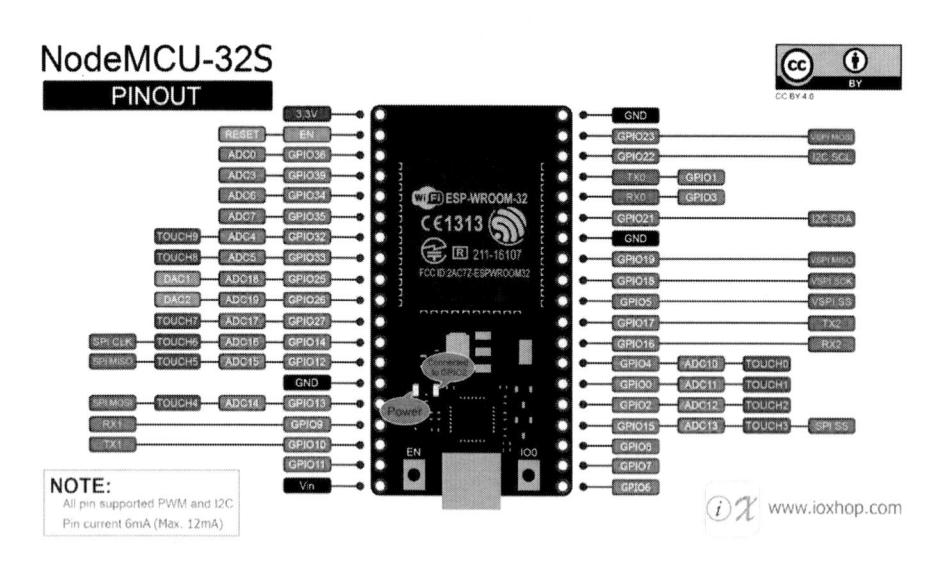

圖 181 NodeMCU-32S 物聯網開發板 GPIO 腳位

如下圖所示，當 ESP32S 開發板(NodeMCU-32S)裝載於 ESP32S 學習用白色終極板之上，由於我們需要進行一些 I/O 實驗與外接一些感測器，所以 ESP32S 學習用白色終極板特別將裝置於上的 ESP32S 開發板(NodeMCU-32S)之 GPIO 與通訊介面外接到如下圖紅框處所示之固定的位置，並且 GPIO 腳位順號碼一一排序，並搭配每一個 GPIO 點，加上一組的 5V/GND 端點的接點，可以輕鬆連接 I/O 零件或外接一些感測器進行實驗。

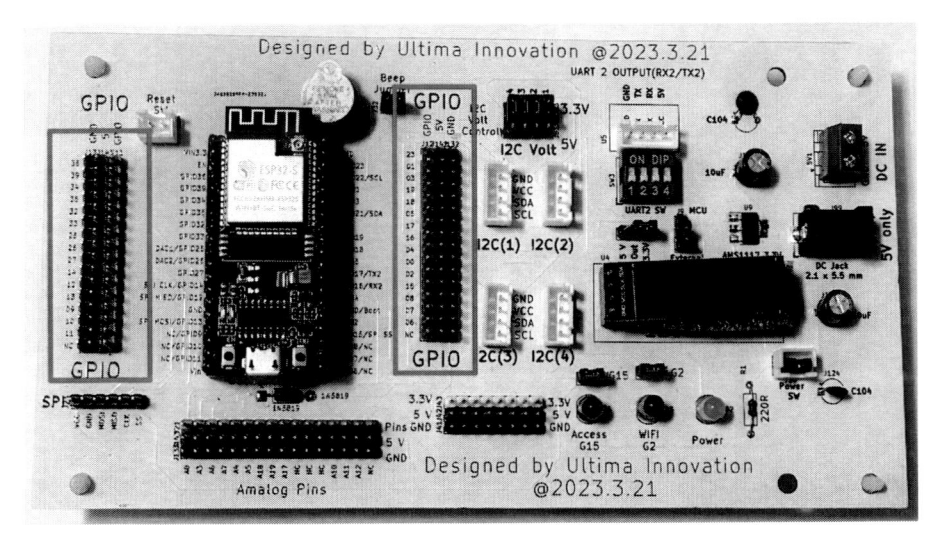

圖 182 外部 GPIO 腳位

外部串列周邊介面 SPI 腳位

如下圖所示，當 ESP32S 開發板(NodeMCU-32S)裝載於 ESP32S 學習用白色終極板之上，由於我們需要外接一些感測器，所以 NodeMCU-32S 物聯網開發板特別將裝置於上的 NodeMCU-32S 物聯網開發板之串列周邊介面(Serial Peripheral Interface,SPI[5])，特別將其 SPI 腳位，接出來到下圖紅框處所示之固定的位置，可以

---

[5] SPI 是 Serial Peripheral Interface 的縮寫，中文意思是串列周邊介面，該介面是由 Motorola 公司設計發展的高速同步串列介面，原先是應用在其 68xx 系列的 8 位元處理器上 (1985 年首次出現在 M68HC11 處理器上，並提供了完整之說明文件)，用以連接 ADC, DAC, EEPROM, 通訊傳

讓串列周邊介面(Serial Peripheral Interface,SPI)連接具有串列周邊介面的感測器，直接用排線進行連接。

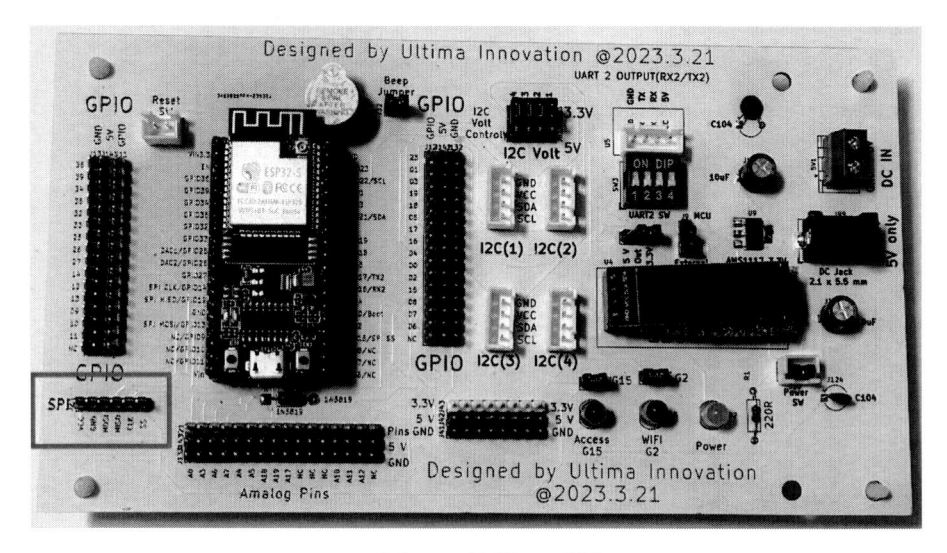

圖 183 外部 SPI 腳位

外部 I²C 腳位

如下圖所示，當 ESP32S 開發板(NodeMCU-32S)裝載於 ESP32S 學習用白色終極板之上，由於我們需要外接一些感測器，所以 ESP32S 學習用白色終極板別將裝置於上的 ESP32S 開發板(NodeMCU-32S)之積體匯流排電路(Inter-Integrated Circuit, I²C[6])，特別將其 I²C 腳位，接出來到下圖紅框處所示四組固定的位置，可以讓積體

輸 IC...等週邊晶片。由於具備有低接腳數，結構單純，傳輸速度快，簡單易用...等特性，目前已經成為業界慣用標準：不只是單晶片微控制器上有，許多新的 SoC 晶片直接就支援多組 SPI 介面，甚至普及到連模組化的產品（如：手機用的 LCD 模組（SDI 介面），相機模組）及 3C 產品（如：數位相機用的記憶卡）也都是使用 SPI 介面。

[6] I²C（Inter-Integrated Circuit）字面上的意思是積體電路之間，它其實是 I²C Bus 簡稱，所以中

~ 130 ~

匯流排電路(Inter-Integrated Circuit, I²C)介面的感測器，直接用排線進行連接。

外部 I²C 電壓控制跳線帽

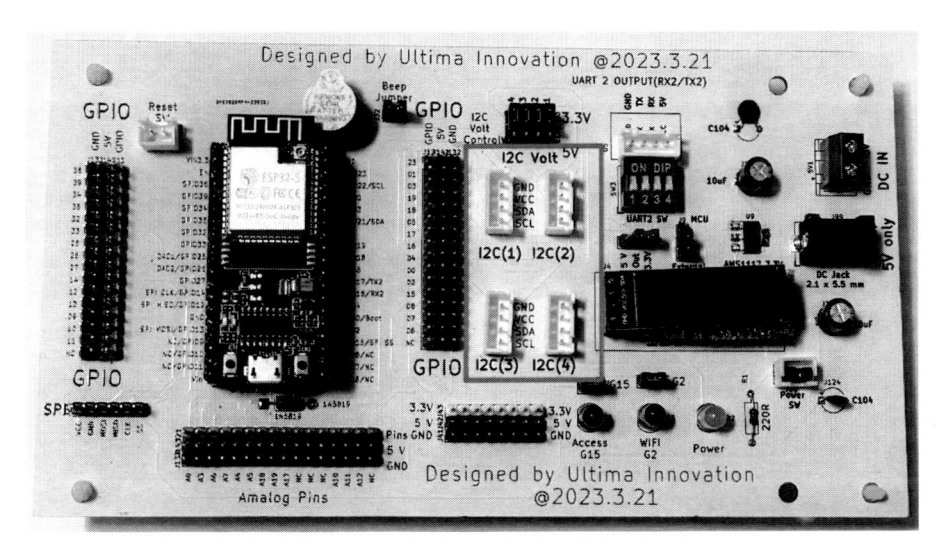

圖 184 外部 I²C 腳位

　　如下圖所示，由於 I²C 裝置有 TTL(5V)與 CMOS(3.3V)兩種電壓模組，如果都同一電壓，會無法同時使用，所以本 ESP32S 學習用白色終極板將四組 I²C 裝置，分別設計 3.3V/5V 兩種電壓獨立使用跳線帽(JUMPER)來獨立控制。

文應該叫積體匯流排電路，它是一種串列通訊匯流排，使用多主從架構，由飛利浦公司在 1980 年代為了讓主機板、嵌入式系統或手機用以連接低速週邊裝置而發展。

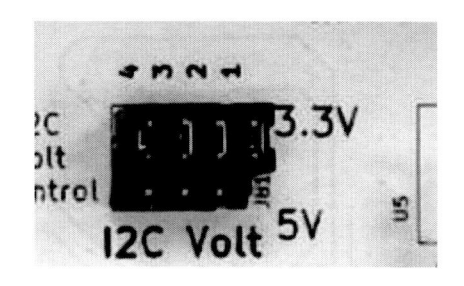

圖 185 I²C 電壓控制

　　如下圖所示，由於 I²C 裝置有 TTL(5V)與 CMOS(3.3V)兩種電壓模組，如果都同一電壓，會無法同時使用，所以本 ESP32S 學習用白色終極板將四組 I²C 裝置，分別設計 3.3V/5V 兩種電壓獨立使用跳線帽(JUMPER)來獨立控制。

I²C 感測元件直插線 I²C 腳位

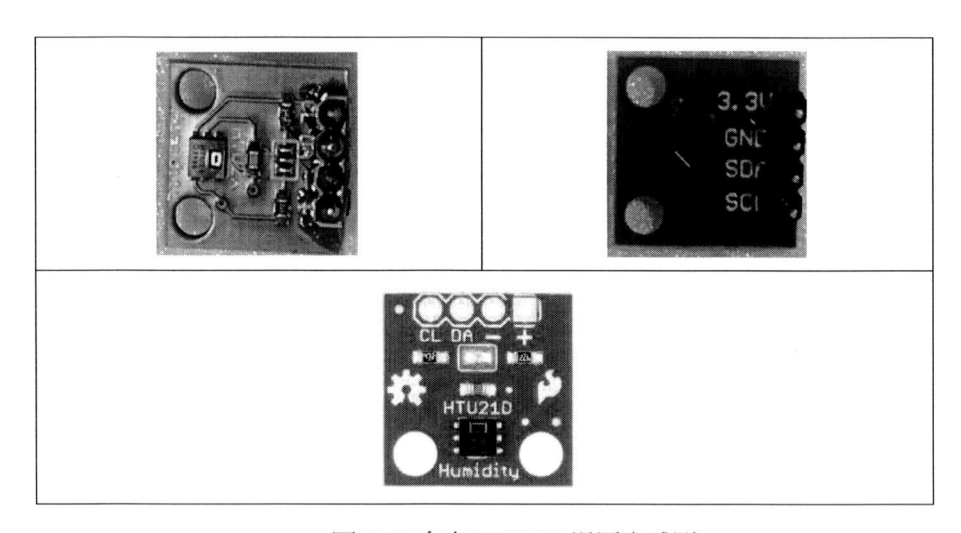

圖 186 拿出 HTU21D 溫溼度感測

　　筆者賣場有 ESP32 物聯網基礎 10 門課_學習用教育版之 I2C 專接線，網址：https://www.ruten.com.tw/item/show?222529059565502UxMDIuNTUuMC4w，可以自行製作 XH2.54　4 P 母頭接頭到杜邦 1 P 母頭接頭，也可以到筆者賣場購買之。

~ 132 ~

拿出下圖所示(a).之 ESP32 物聯網基礎 10 門課_學習用教育版之 I2C 專接線，找出下圖所示(b)或(b)，找出 XH2.54 4P 接頭端。

(a). ESP32 物聯網基礎 10 門課_學習用教育版之 I2C 專接線

(b). XH2.54 4P 接頭端(卡榫面)

(b).XH2.54 4P 接頭端(非卡榫面)

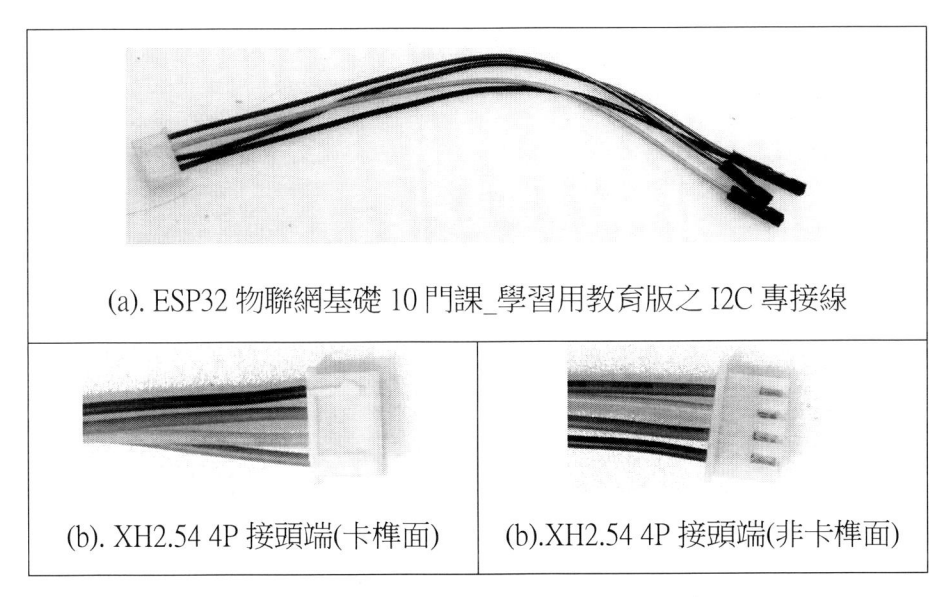

圖 187 XH2.54 轉杜邦 1P * 4 連接線

拿出上圖所示(a).之 ESP32 物聯網基礎 10 門課_學習用教育版之 I2C 專接線，找出上圖所示(b)或(b) XH2.54 4P 接頭端，放置 HTU21D 溫溼度感測於開發板旁。

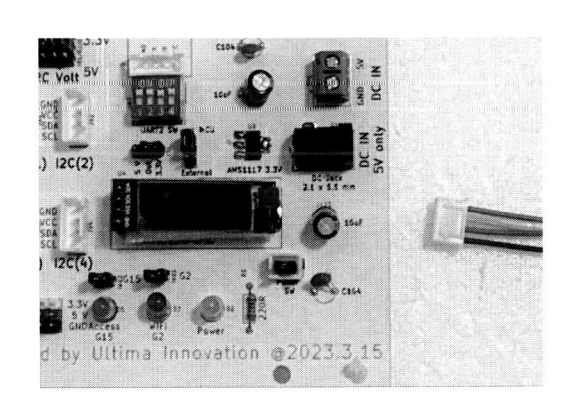

圖 188 放置 HTU21D 溫溼度感測於開發板旁

~ 133 ~

拿出上上圖所示(a).之 ESP32 物聯網基礎 10 門課_學習用教育版之 I2C 專接線，找出上上圖所示(b)或(b) XH2.54 4P 接頭端，找到 ESP32S 學習用白色終極板別之積體匯流排電路(Inter-Integrated Circuit, I²C)之四組 XH2.54 4P 公頭座，，直接上上圖所示(b)或(b) XH2.54 4P 接頭端，選任一 I²C 裝置之 XH2.54 4P 公頭座，插入即可。

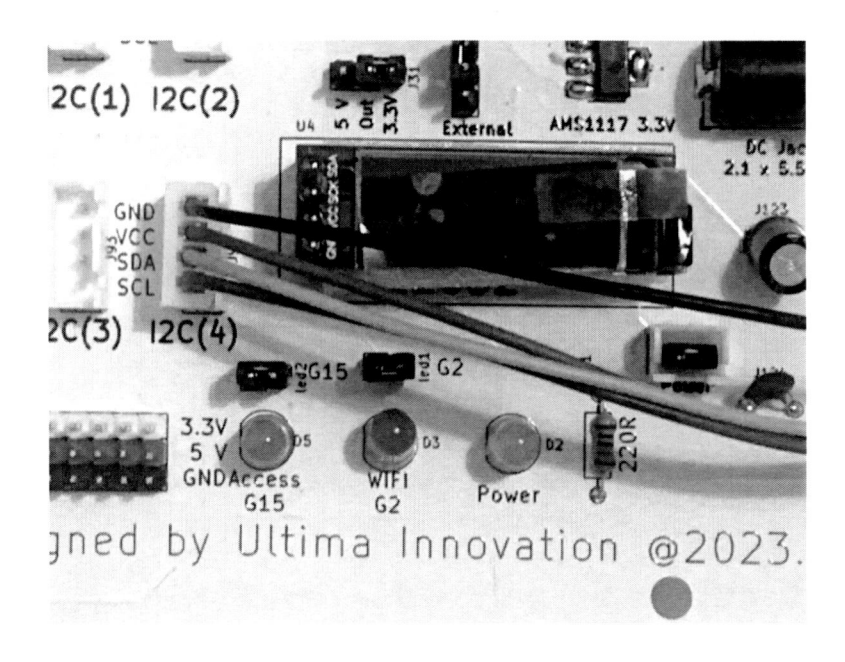

圖 189 裝上 HTU21D 溫溼度感測

如下圖所示，將裝有 HTU21D 溫溼度感測器之 ESP32 物聯網基礎 10 門課_學習用教育版之 I2C 專接線，找出 XH2.54 4P 接頭端插入四組任一之 I²C 裝置之 XH2.54 4P 公頭接頭座之中就可以了。

再根據 HTU21D 溫溼度感測器所需電壓來調整 ESP32S 學習用白色終極板之 I²C 裝置之 3.3V/5V 兩種電壓獨立使用跳線帽(JUMPER)來調整對應之電壓即可。

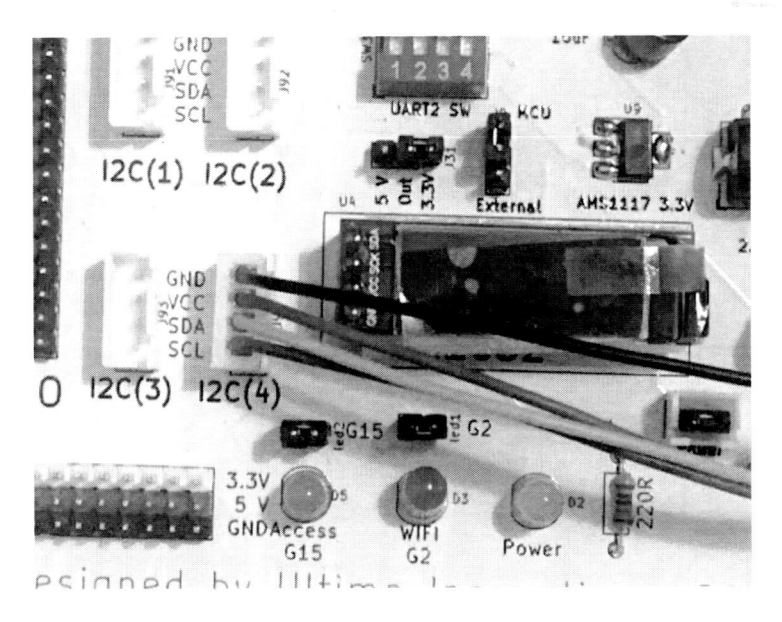

圖 190, 組立 HTU21D 溫溼度感測完成

　　如下圖所示,,將裝有 HTU21D 溫溼度感測器之 ESP32 物聯網基礎 10 門課_學習用教育版之 I2C 專接線,找出四條杜邦 1P 母頭端,插入 HTU21D 溫溼度感測器上,杜邦公頭腳座上,注意對應之 ESP32S 學習用白色終極板之 I²C 裝置隻 X2.54 4P 之對應 I²C 裝置腳位,GND、VCC、SDA、SCL 四個專用腳位之正確對應位置即可。

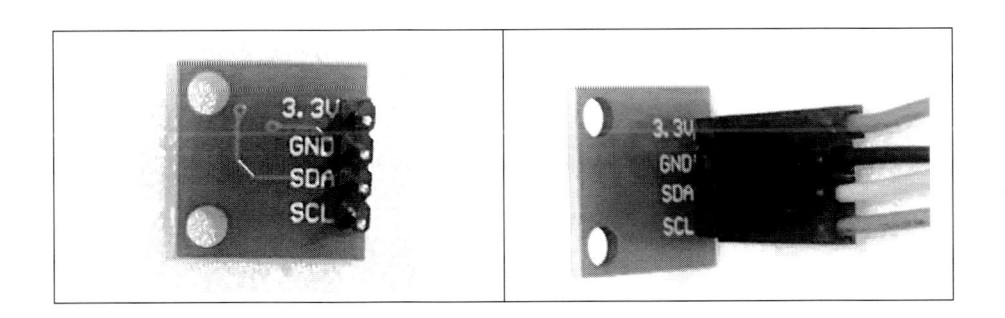

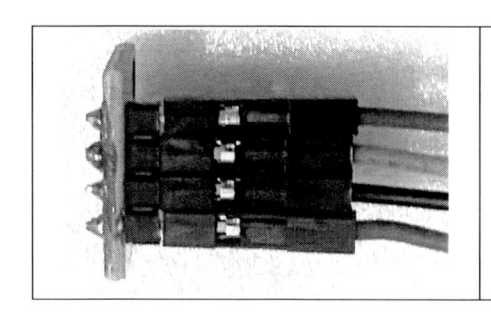

圖 191 HTU21D 溫溼度感測模組連上連接線

透過 XH2.54 轉接版連接 I²C 腳位

由於市面上缺乏 XH2.54 4P 母頭轉杜邦母投 1P x4 的專用線，所以筆者設計如下圖所示之轉接版。

圖 192 I2C 轉接板

如下圖所示，由於擴充板上面的 I²C 裝置是由 XH2.54 4P 公頭座所連接，所以筆者設計下圖所示之 XH2.54 4P 母頭反轉雙接頭，用來連接擴充板上面的 I²C 裝置與上圖所示之 I2C 轉接板。

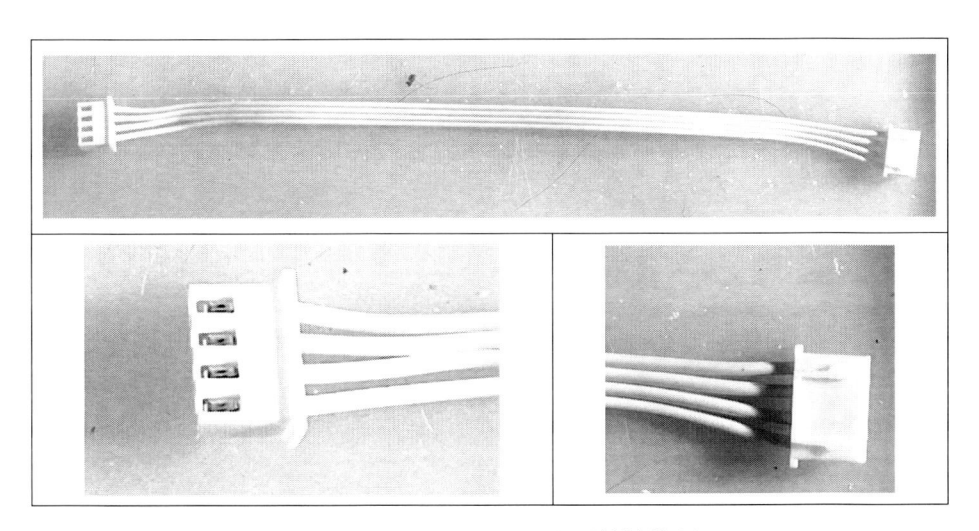

圖 193 XH2.54 4P 母頭反轉雙接頭

如下圖所示，我們使用 XH2.54 4P 母頭反轉雙接頭，一頭接在 I2C 轉接板之 XH2.54 4P 公頭座上。

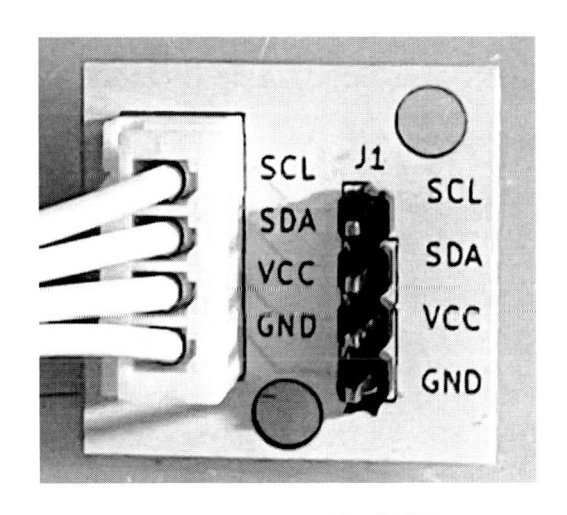

圖 194 XH254 接到轉接板

如下圖所示，市面上有許多杜邦 1P 雙母頭的延長線，我們取四條杜邦 1P 雙母頭的延長線。

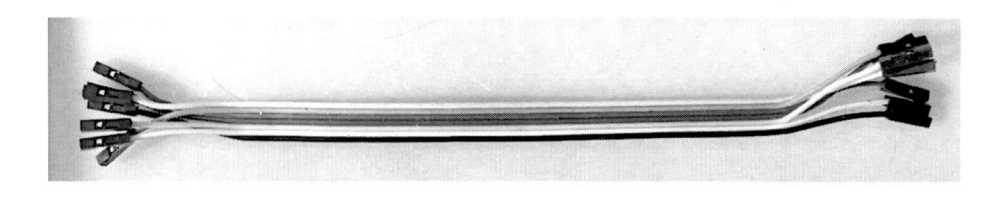

圖 195 1P 雙母頭線四條

　　如下圖所示，我們使用四條杜邦 1P 雙母頭的延長線之一端四個 1P 杜邦母頭，插在 I2C 轉接板之 4P 杜邦公頭座上，請注意對應 I^{2}C 裝置腳位，GND、VCC、SDA、SCL 四個專用腳位與其使用的線材與顏色。

圖 196 杜邦線接轉接板

　　如下圖所示，我們在使用四條杜邦 1P 雙母頭的延長線之一端四個 1P 杜邦母頭，根據插在擴充版之 I^{2}C 裝置之 XH2.54 4P 公頭座的每一條線，根據其 GND、

VCC、SDA、SCL 四的腳位之位置與對應線頭，再根據對應 I²C 裝置腳位，GND、VCC、SDA、SCL 四個專用腳位對應對應不同條線與顏色的對應關係，插在如下圖所示之 HTU21D 溫溼度感測器之接腳上。

圖 197 杜邦線插在 HTU21D

如下圖所示，我們再將 XH2.54 4P 母頭反轉雙接頭之剩下一端，接到擴充版之 I²C 裝置之 XH2.54 4P 公頭座，完成 I²C 感測器裝置與擴充版之 I²C 裝置之 XH2.54 4P 接頭之相互連接，相信其他所有 I²C 裝置與擴充版之 I²C 裝置之 XH2.54 4P 公頭座都是相同原理之連接，希望看完本節後，讀者可以瞭解往後如何連接所有 I²C 裝置與擴充版之 I²C 裝置之 XH2.54 4P 公頭座。

圖 198 XH254 轉接線接主機板

透過 XH2.54 轉杜邦母頭連接 I²C 腳位

如下圖所示，由於大部分 I²C 裝置都是用杜邦公頭座與其他裝置連接，所以筆者設計 XH2.54 2P 母頭座轉杜邦母頭 1P x4（可以參觀筆者賣場：https://www.ruten.com.tw/store/brucetsao/，其中有 ESP32 物聯網基礎 10 門課_學習用教育版之 I2C 專接線，網址：https://www.ruten.com.tw/item/show?22252905956502)用來連接擴充版之 I²C 裝置之 XH2.54 4P 公頭座與 I²C 裝置之接腳。

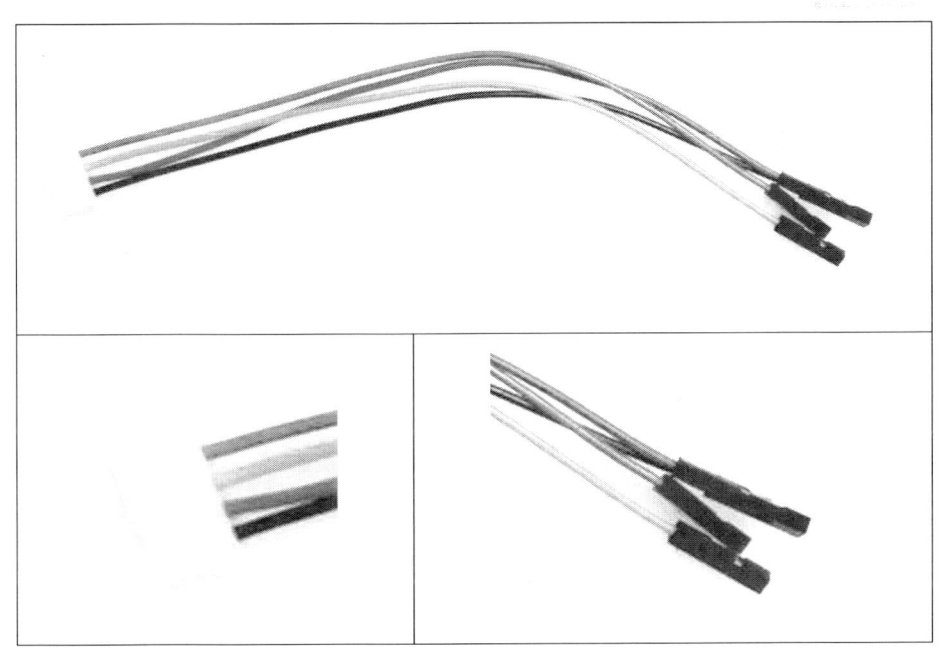

圖 199 XH2_54 轉杜邦母頭

    如下圖所示，我們在 XH2.54 2P 母頭座轉杜邦母頭 1P x4 之四條杜邦 1P 雙母頭，根據之 HTU21D 溫溼度感測器之接腳：3.3V、GND、SDA、SCL 四個接腳，對應擴充版之 I²C 裝置之 XH2.54 4P 公頭座之 GND、VCC、SDA、SCL 四個接頭，根據腳位接腳表接上 HTU21D 溫溼度感測器。

圖 200 杜邦線插在 HTU21D

如下圖所示，我們在 XH2.54 2P 母頭座轉杜邦母頭 1P x4 之 XH2.54 2P 母頭，插在擴充版之 I²C 裝置之 XH2.54 4P 公頭座，完成 HTU21D 溫溼度感測器之連接。

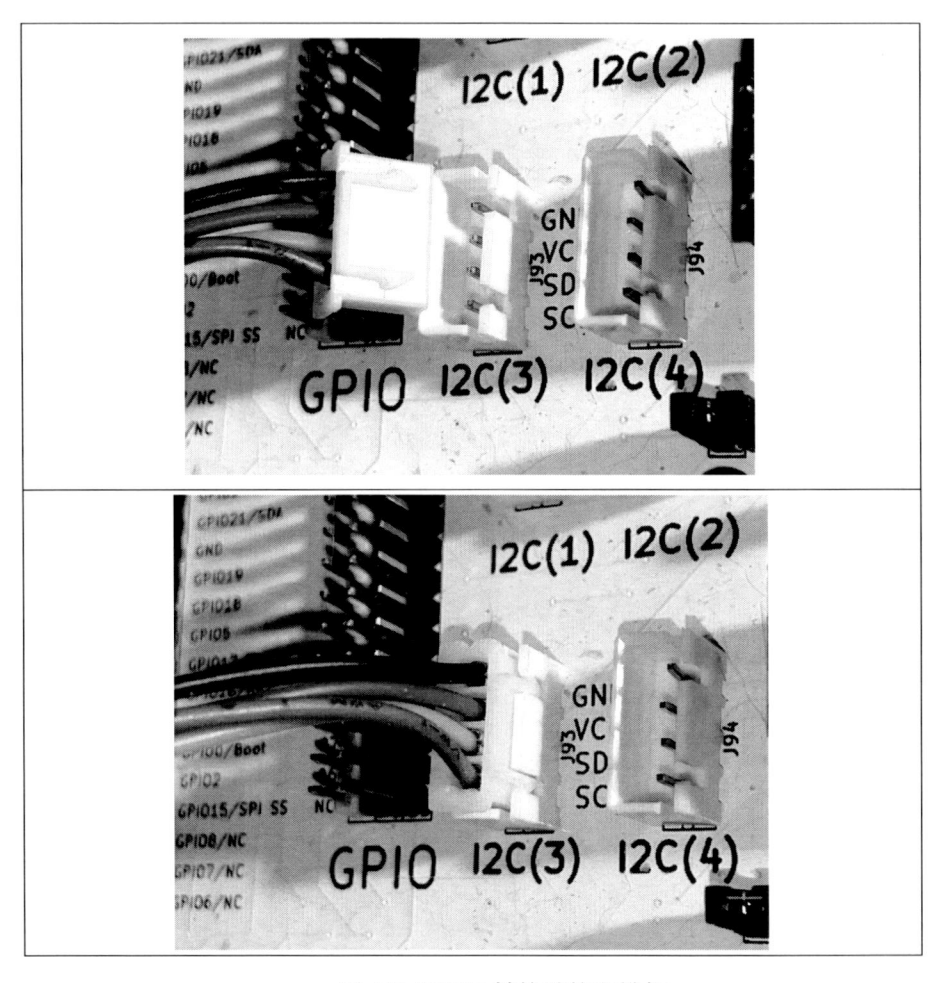

圖 201 XH254 轉接線接主機板

外部通用非同步收發傳輸器（Universal Asynchronous Receiver/Transmitter，通常稱為 UART）腳位

如下圖所示，當 ESP32S 開發板(NodeMCU-32S)裝載於 ESP32S 學習用白色終極板之上，由於我們需要外接一些感測器，所以 ESP32S 學習用白色終極板特別將裝置於上的 ESP32S 開發板(NodeMCU-32S)之通用非同步收發傳輸器（Universal Asynchronous Receiver/Transmitter,UART[7]），特別將其 UART 腳位，接出來到下圖紅框處所示二組固定的位置，可以讓通用非同步收發傳輸器（Universal Asynchronous Receiver/Transmitter,UART）介面的感測器，直接用排線進行連接。

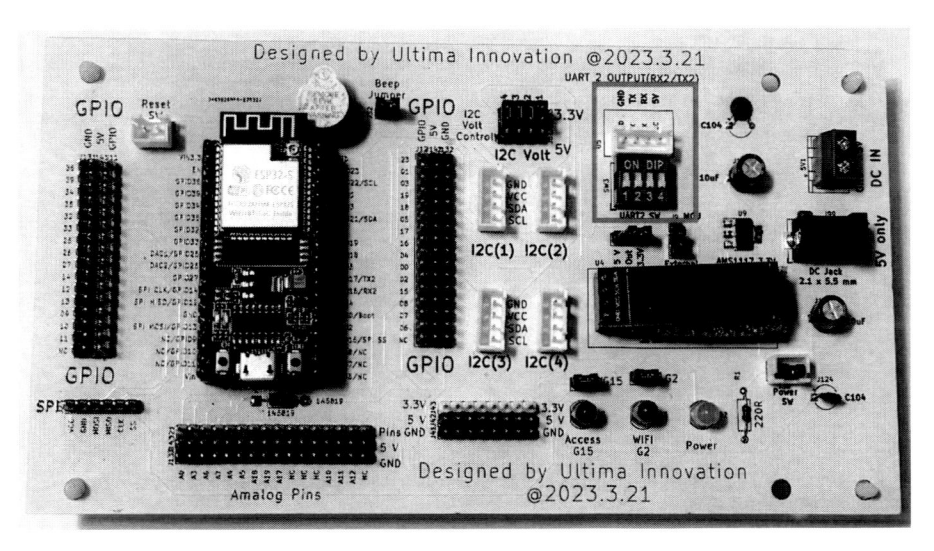

圖 202 外部 UART 腳位

---

[7] 通用非同步收發傳輸器（Universal Asynchronous Receiver/Transmitter，通常稱為 UART）是一種非同步收發傳輸器，是電腦硬體的一部分，將資料通過串列通訊進行傳輸。UART 通常用在與其他通訊介面（如 EIA RS-232）的連接上。

具體實物表現為獨立的模組化晶片，或是微處理器中的內部周邊裝置(peripheral)。一般和 RS-232C 規格的，類似 Maxim 的 MAX232 之類的標準訊號振幅變換晶片進行搭配，作為連接外部裝置的介面。在 UART 上追加同步方式的序列訊號變換電路的產品，被稱為 USART(Universal Synchronous Asynchronous Receiver Transmitter)。

透過 XH2.54 轉接版連接 UART 腳位

由於市面上缺乏 XH2.54 4P 母頭轉杜邦母投 1P x4 的專用線，所以筆者設計如下圖所示之轉接版。

圖 203 UART 轉接板

如下圖所示，由於擴充板上面的 I²C 裝置是由 XH2.54 4P 公頭座所連接，所以筆者設計下圖所示之 XH2.54 4P 母頭反轉雙接頭，用來連接擴充板上面的 UART 裝置與上圖所示之 UART 轉接板。

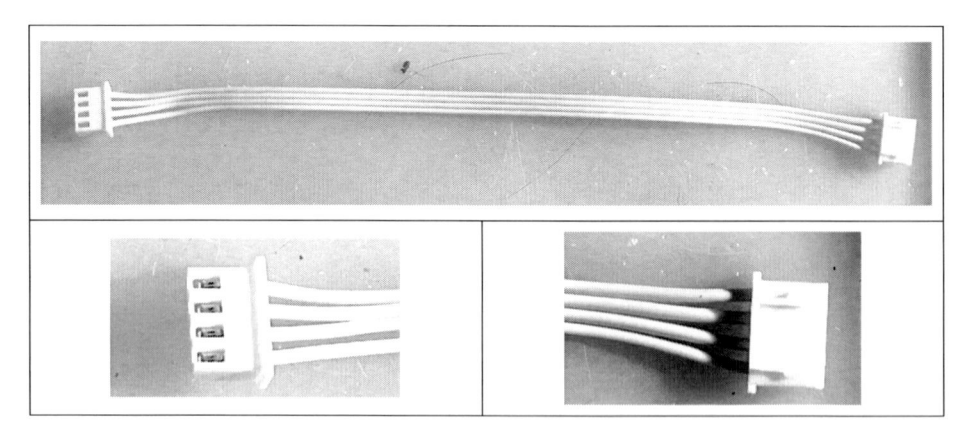

圖 204 XH2.54 4P 母頭反轉雙接頭

如下圖所示，我們使用 XH2.54 4P 母頭反轉雙接頭，一頭接在 UART 轉接板之 XH2.54 4P 公頭座上。

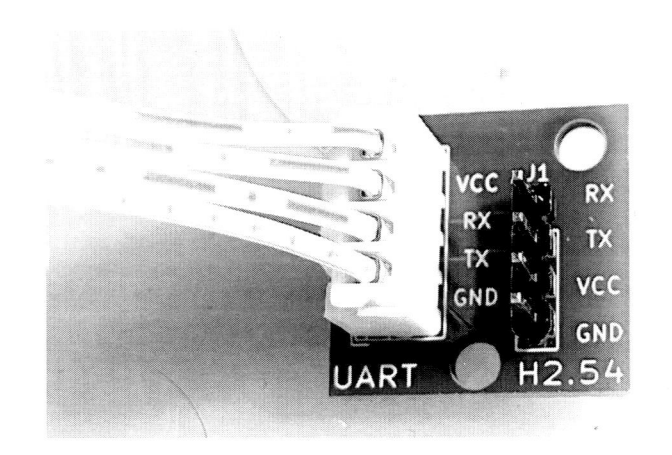

圖 205 XH254 接到轉接板

如下圖所示，市面上有許多杜邦 1P 雙母頭的延長線，我們取四條杜邦 1P 雙母頭的延長線。

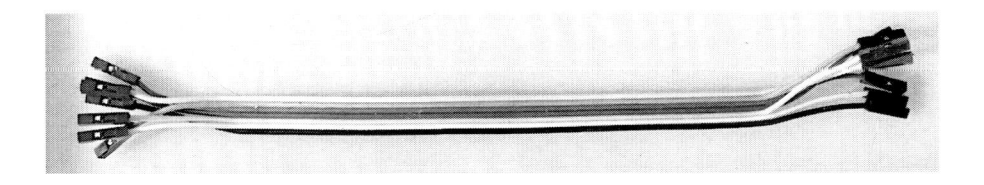

圖 206 1P 雙母頭線四條

如下圖所示，我們使用四條杜邦 1P 雙母頭的延長線之一端四個 1P 杜邦母頭，插在藍芽 HC5 之 UART 之 4P 杜邦公頭座上。

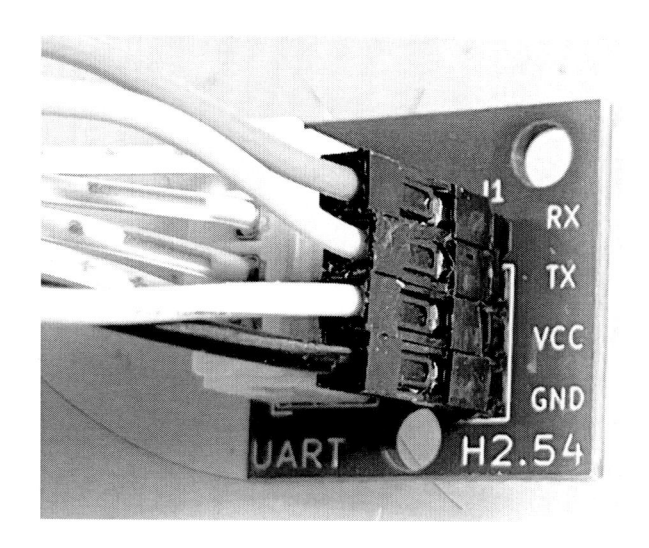

圖 207 杜邦線接轉接板

如下圖所示,我們在藍芽裝置 HC5 之裝置。

圖 208 UART 零件

如下圖所示,由於 UART 裝置,有的是裝置 RX 對 MCU 之 TX 與裝置 TX 對 MCU 之 RX,有的是裝置 RX 對 MCU 之 RX 與裝置 TX 對 MCU 之 TX 請讀這自行根據連接 UART 裝置之電路特性,進連連接對應的腳位,再透過正確對應腳位,來接四條杜邦母頭 1P x 4 的接線。

圖 209 1P 杜邦插 UART 零件

如下圖所示，我們再將 XH2.54 4P 母頭反轉雙接頭之剩下一端，接到擴充版之 UART 裝置之 XH2.54 4P 公頭座，完成 UART 感測器裝置與擴充版之 UART 裝置之 XH2.54 4P 接頭之相互連接，相信其他所有 UART 裝置與擴充版之 UART 裝置之 XH2.54 4P 公頭座都是相同原理之連接，希望看完本節後，讀者可以瞭解往後如何連接所有 UART 裝置與擴充版之 UART 裝置之 XH2.54 4P 公頭座。

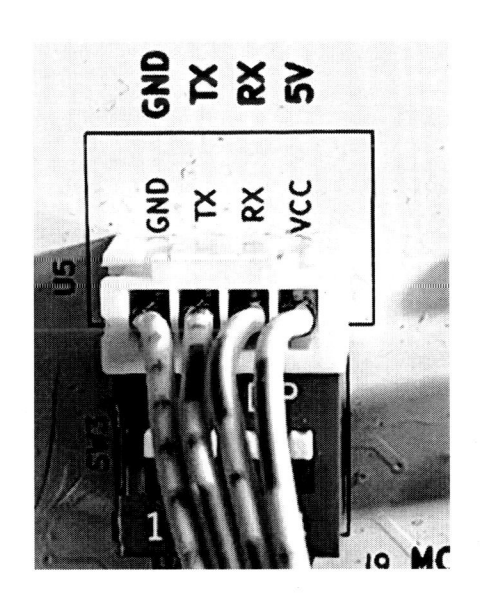

圖 210 XH254 轉接線接主機板之 UART 座

~ 147 ~

透過 XH2.54 轉杜邦母頭連接 UART 腳位

如下圖所示，由於大部分 UART 裝置都是用杜邦公頭座與其他裝置連接，所以筆者設計 XH2.54 2P 母頭座轉杜邦母頭 1P x4（可以參觀筆者賣場：https://www.ruten.com.tw/store/brucetsao/，其中有 ESP32 物聯網基礎 10 門課_學習用教育版之 UART 專接線，網址：https://www.ruten.com.tw/item/show?22252905953587)用來連接擴充版之 UART 裝置之 XH2.54 4P 公頭座與 UART 裝置之接腳。

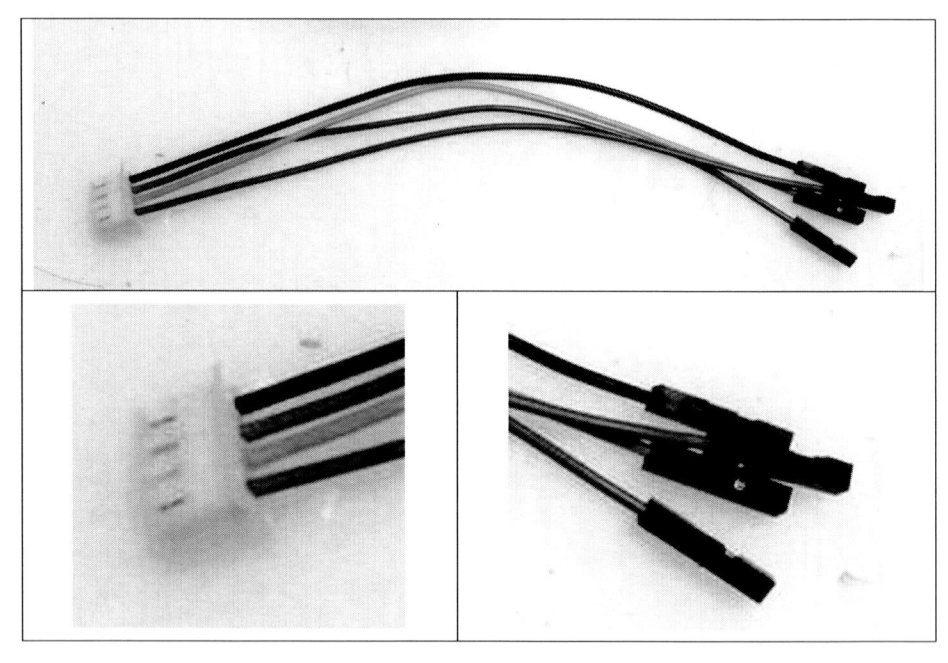

圖 211 XH2_54 轉杜邦母頭

如下圖所示，我們在 XH2.54 2P 母頭座轉杜邦母頭 1P x4 之四條杜邦 1P 雙母頭，根據之藍芽模組之接腳：VCC、GND、TX、RX 四個接腳，對應擴充版之 I²C 裝置之 XH2.54 4P 公頭座之 GND、VCC、TX、RX 四個接頭，根據腳位接腳表接上藍芽模組。

圖 212 杜邦線插在藍芽模組

如下圖所示,我們在 XH2.54 2P 母頭座轉杜邦母頭 1P x4 之 XH2.54 2P 母頭,插在擴充版之 UART 裝置之 XH2.54 4P 公頭座,完成藍芽模組之連接。

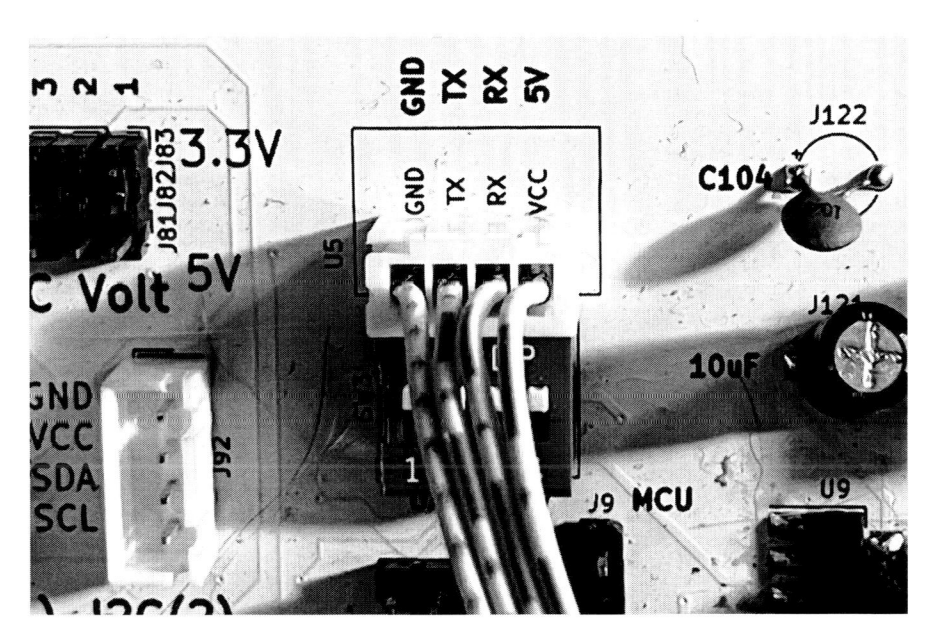

圖 213 XH254 轉接線接主機板

輸出外部電源腳位

如下圖所示，當 ESP32S 開發板(NodeMCU-32S)裝載於 ESP32S 學習用白色終極板之上，由於我們需要進行一些 I/O 實驗與外接一些感測器，所以 ESP32S 學習用白色終極板特別將外接電源外接到如下圖紅框處所示之固定的位置，可以外接一些感測器的電力輸入可以簡單測試一些 I/O 零件或測試一些感測器是否通電正常，或是其他設備需要多餘的電力輸入皂所設計的，並且提供 5V 與 3.3V 二種樣式於不同腳位，黃色接腳為 3.3V 正極、紅色接腳為 5V 正極，配合黑色接腳 GND，只要根據要的電壓選擇黃色(3.3V)或紅色(5V)，搭配黑色(GND)就可以提供外部感測器的電源供應。

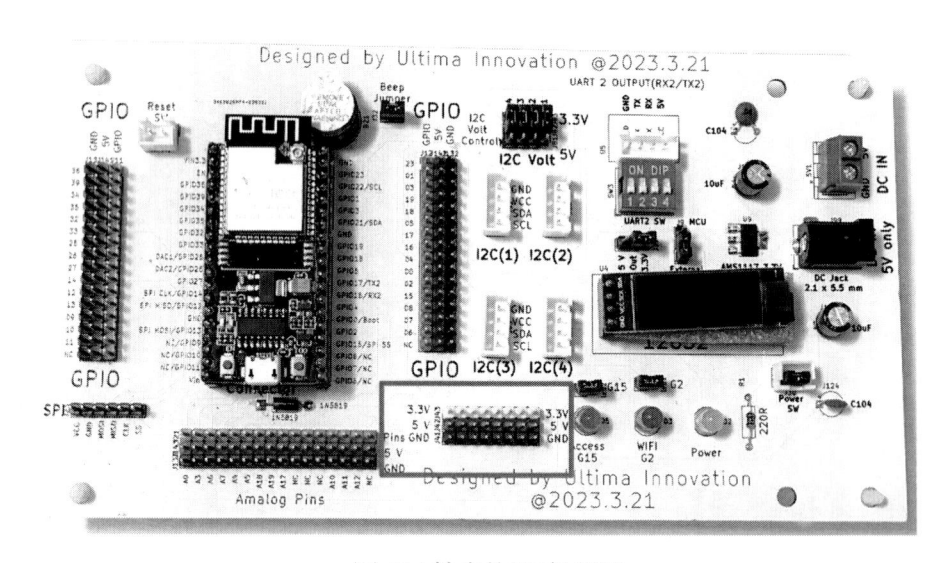

圖 214 輸出外部電源腳位

外接嗡鳴器

如下圖所示，當 ESP32S 開發板(NodeMCU-32S)裝載於 ESP32S 學習用白色終極板之上，由於我們需要進行一些 I/O 實驗與外接一些感測器，而這些感測器在某些情況下，會達到需要警示使用者的需要，所以所以 ESP32S 學習用白色終極板版特別設計一個嗡鳴器(Buzzer)，如下圖紅框處所示之固定的位置，設計者設計一個嗡鳴器(Buzzer)，並將驅動的腳位設定在 GPIO 4 的腳位上，可以在連接 I/O 零件或外接一些感測器，如果需要警示或聲音時，可以使用者個內定嗡鳴器(Buzzer)進行實驗。

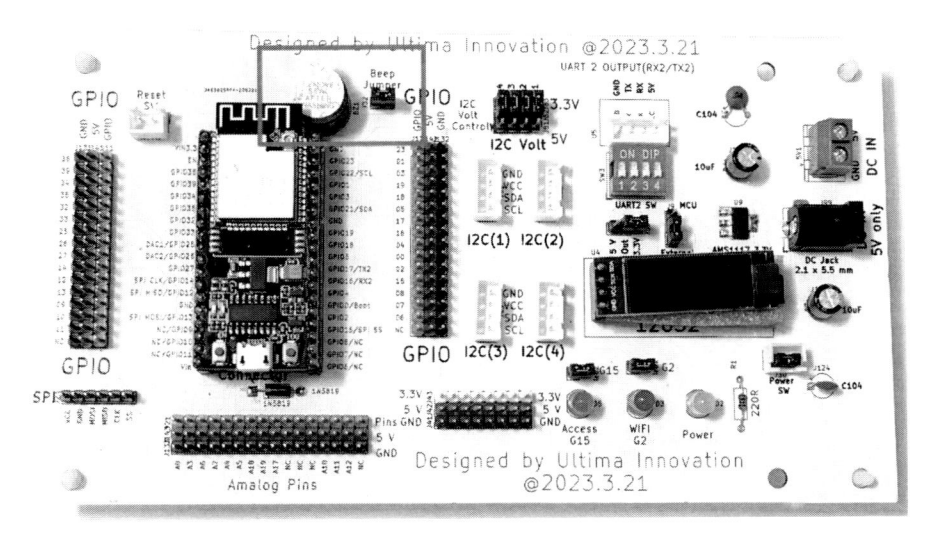

圖 215 擴充板上的嗡鳴器(Buzzer)

　　如下圖所示，當 ESP32S 開發板(NodeMCU-32S)裝載於 ESP32S 學習用白色終極板之上，由於我們需要進行一些 I/O 實驗與外接一些感測器，而這些感測器在某些情況下，會達到需要警示使用者的需要，所以所以 ESP32S 學習用白色終極板版特別設計一個嗡鳴器(Buzzer)，如下圖紅框處所示之固定的位置，設計者設計一個嗡鳴器(Buzzer)，並將驅動的腳位設定在 GPIO 4 的腳位上，可以在連接 I/O 零件或外接一些感測器，如果需要警示或聲音時，可以使用內定嗡鳴器(Buzzer)進行實驗。

　　如下圖紅框所示，如果使用者實驗所需要 GPIO 4 的腳位元，則可以拔掉如下圖紅框所示之跳線帽(Jumper)，則就可以 JumperGPIO 4 的腳位。

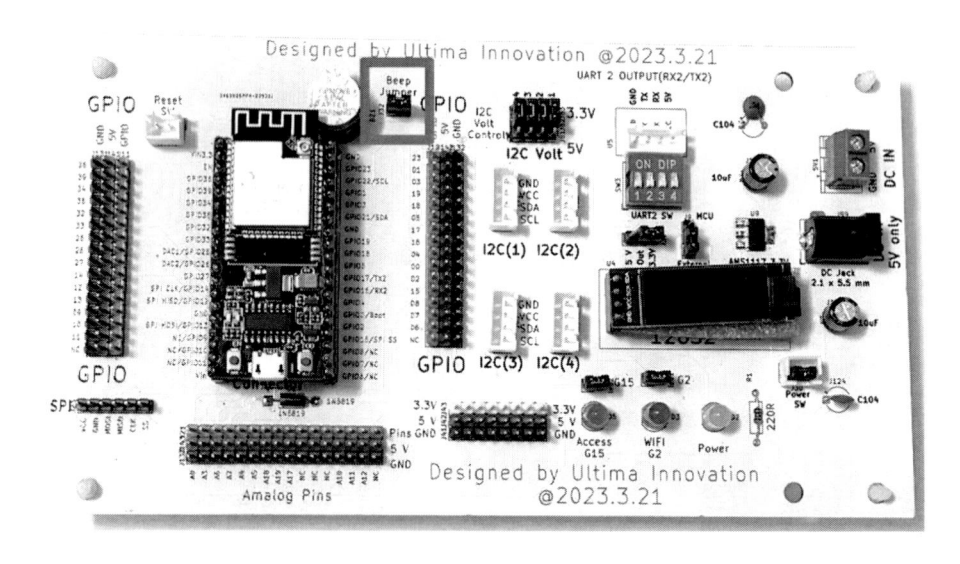

圖 216 嗡鳴器(Buzzer)JUMPER

如上圖所示的硬體電路設定後，我們遵照前幾章所述，將 ESP32S 學習用白色終極板的驅動程式安裝好之後，我們打開 Thonny 開發工具，攥寫一段程式，如下表所示之 ESP32S 學習用白色終極板嗡鳴器(Buzzer)測試程式,取得測試 ESP32S 學習用白色終極板上的嗡鳴器(Buzzer)。

表 1 擴充板嗡鳴器(Buzzer)測試程式

擴充板嗡鳴器(Buzzer)測試程式(beep.py)

#擴充板嗡鳴器(Buzzer)測試程式(beep.py)
from machine import Pin, Timer#時間 套件
import utime #時間 套件
 	
buzzer_onboard = Pin(4, Pin.OUT) #外接揚聲器的腳位
 	
while True:
    #buzzer_onboard.toggle()
    buzzer_onboard.on()　　　#設定外接揚聲器的腳位高電位
    utime.sleep(2)　　　　　#延遲兩秒鐘

```
    buzzer_onboard.off()    #設定外接揚聲器的腳位低電位
    utime.sleep(1)          #延遲兩秒鐘
# buzzer_onboard.toggle() ==> buzzer_onboard.on() and   buzz-
er_onboard.off()
```

程式下載區：https://github.com/brucetsao/ESP32Python

外接電源腳位

如下圖所示，當 ESP32S 開發板(NodeMCU-32S)裝載 ESP32S 學習用白色終極板之上，由於我們需要進行一些 I/O 實驗與外接一些感測器，所以擴充板上特別設計外接鋰電池腳位或交換式變壓器與外接電源腳位或一般 DC Jack 接頭之變壓器，可以使用一般 5V 的直流電源供應器，或是 2.1mm x 5.5mm DC Jack 直流電源變壓器(內心為正極 5V)。

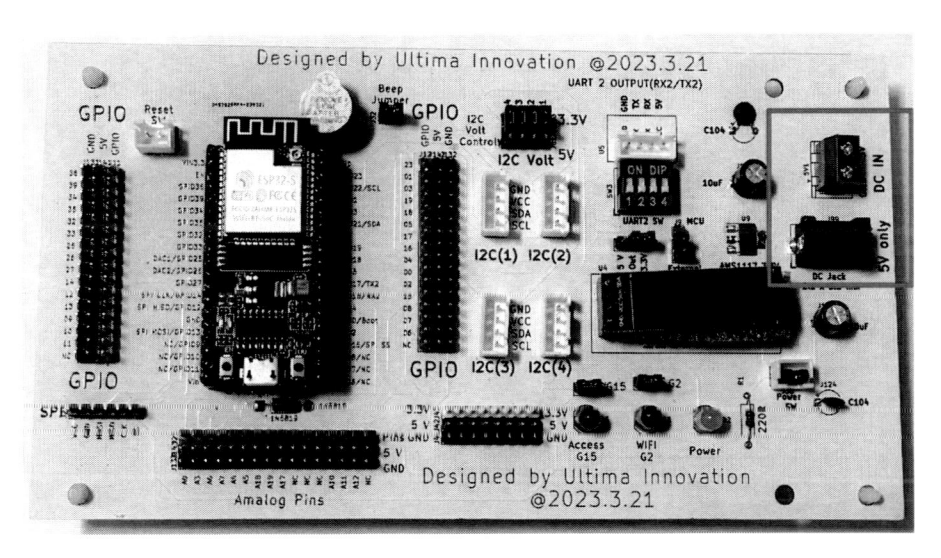

圖 217 外接直流電源供應器座

如下圖所示，為一般常見之 5V 的直流電源供應器，或是 2.1mm x 5.5mm DC Jack 直流電源供應器(內心為正極 5V)。

圖 218 DC5V 變壓器

如下圖所示，可以把 2.1mm x 5.5mm DC Jack 直流電源供應器(內心為正極 5V)，把 2.1mm x 5.5mm DC Jack 電力輸出接頭插在 ESP32S 學習用白色終極板之 DC JACK 母頭插座上，使用外接電源電力輸入，就不需要使用 MicroUSB 線，一直插著 ESP32 開發版的 USB 接頭上。

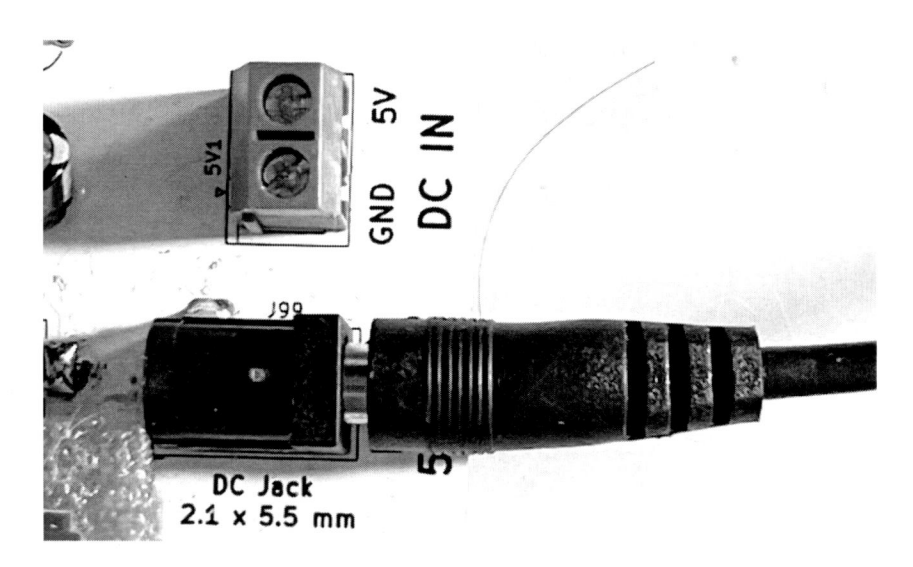

圖 219 DC5V 變壓器插入主機板外接電源插頭

如下圖所示，當 ESP32S 開發板(NodeMCU-32S)裝載 ESP32S 學習用白色終極板接上外接電源或 2.1mm x 5.5mm DC Jack 直流電源供應器(內心為正極 5V)，則可以看到 ESP32S 學習用白色終極板的綠色 LED 會亮起綠燈，代表外部電力輸入接連

~ 154 ~

接，反之，沒有外部電源輸入連接，光憑 MicroUSB 線插著 ESP32 開發版的 USB 接頭上，雖然 ESP32 開發版會運作，但 ESP32S 學習用白色終極板的綠色 LED 並不會亮起綠燈。

圖 220 插入外接電源_Power 燈會亮

外接開關腳位

　　如下圖所示，ESP32S 學習用白色終極板之上，設計一個外部電源開關的插座，可以讓 ESP32S 學習用白色終極板放置於任何的盒子或裝置中，可以外接一個外部的電源開關來控制整體地 ESP32S 學習用白色終極板與 ESP32 開發版的供電與否，進而開啟與關閉整體的運作。

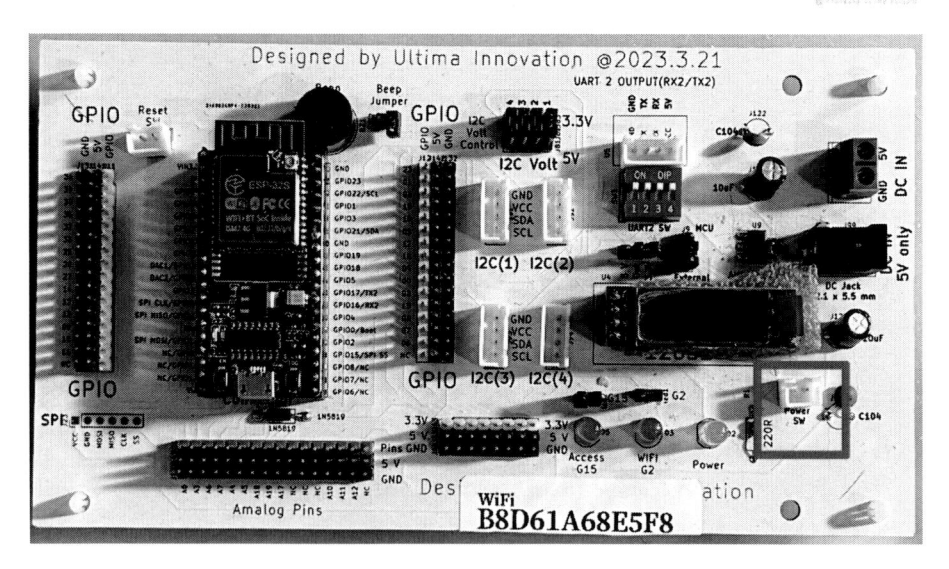

圖 221 外部電源開關腳位

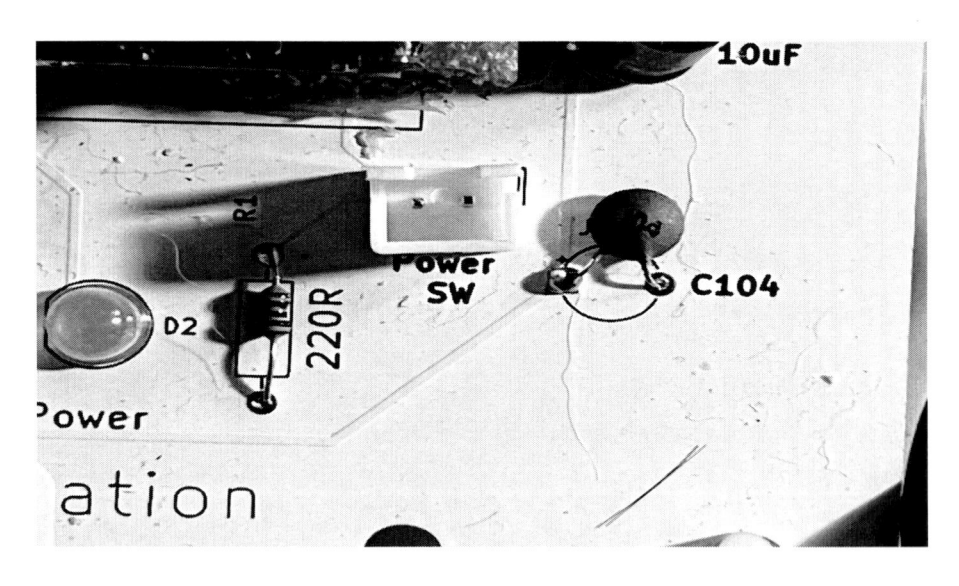

圖 222 外部電源開關腳位放大版

　　如下圖所示，為了可以讓 ESP32S 學習用白色終極板放置於任何的盒子或裝置中，可以外接一個外部的電源開關來控制整體的 ESP32S 學習用白色終極板與

~ 156 ~

ESP32 開發版的供電與否，作者設計一個如下圖所示之外部電源開關之元件，在筆者賣場：ESP32 物聯網基礎 10 門課_學習用教育版之外部開關線，網址：https://www.ruten.com.tw/item/show?22431238546314，需要讀者可以到賣場購買或自行買各自零件，自行製作之。

圖 223 外部開關線

如上圖所示之外部開關線，將 XH2.54 2P 母頭端，接到如下圖所示之 ESP32S 學習用白色終極板之 Power SW 之 XH2.54 2P 公頭座上。

圖 224 放置開關於開發版旁

如上上圖所示之外部開關線，將 XH2.54 2P 母頭端，接到如上圖所示之 ESP32S 學習用白色終極板之 Power SW 之 XH2.54 2P 公頭座上，完成下圖與下下圖所示之

~ 157 ~

外部開關線之連接。

圖 225 外部開關線插入外部開關座

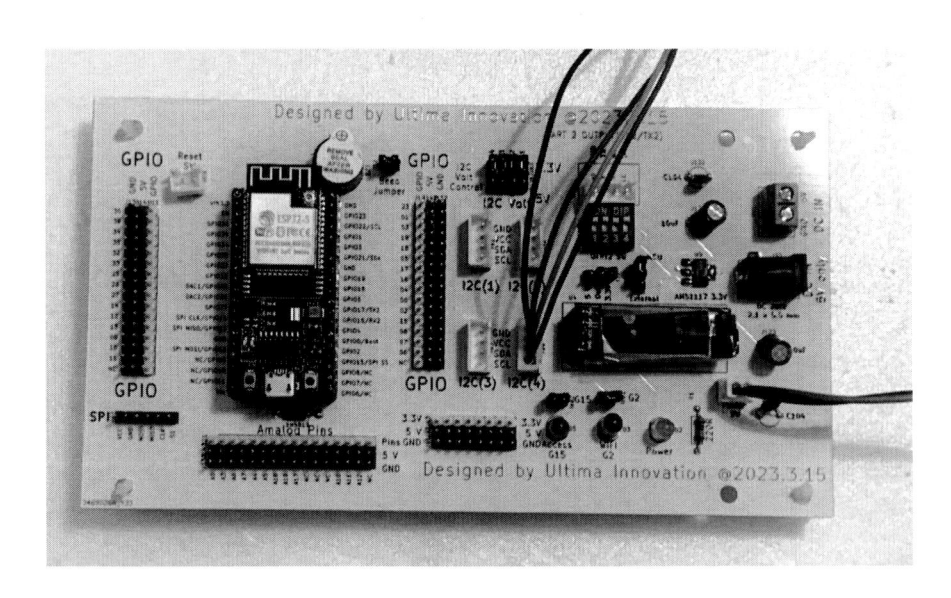

圖 226 插上開關於開發版

如下圖所示，讀者可以將另外一端自鎖式開關，可以是讀者所需，鎖在所需要

的外殼電源開關的孔洞之中,固定之

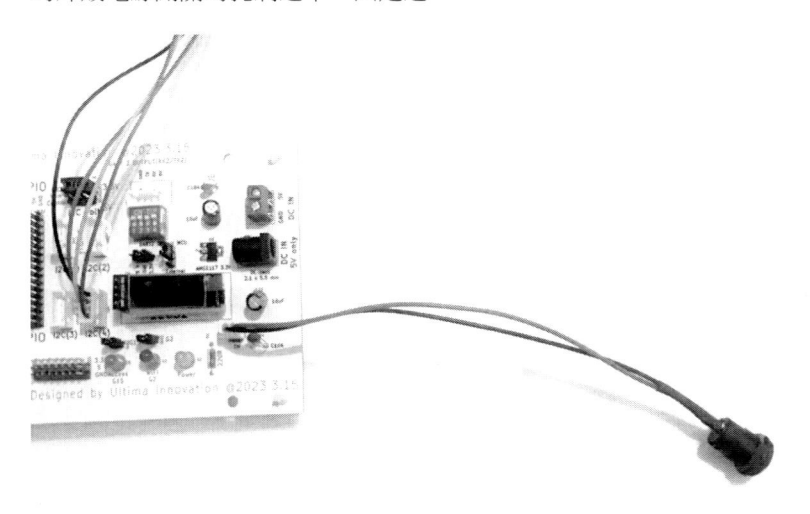

圖 227 插上開關於開發版

ESP32S 開發板(NodeMCU-32S)插座

如下圖所示,ESP32S 學習用白色終極板是專為 NodeMCU-32S 物聯網開發板設計的擴充板,由於未來可能會出現不同容量、速度、微處理機…等等版本的 ESP32S 開發板(NodeMCU-32S)會被裝載於之上,所以如下圖上方紅框處所是,特別設計對應 ESP32S 開發板(NodeMCU-32S)等系列的腳座,可以用於目前 ESP32S 開發板(NodeMCU-32S)與未來相容腳位的新版本,裝置後如下圖下方紅框處所示,可以真正運作 ESP32S 開發板(NodeMCU-32S)的所有實驗。

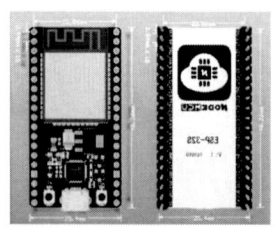

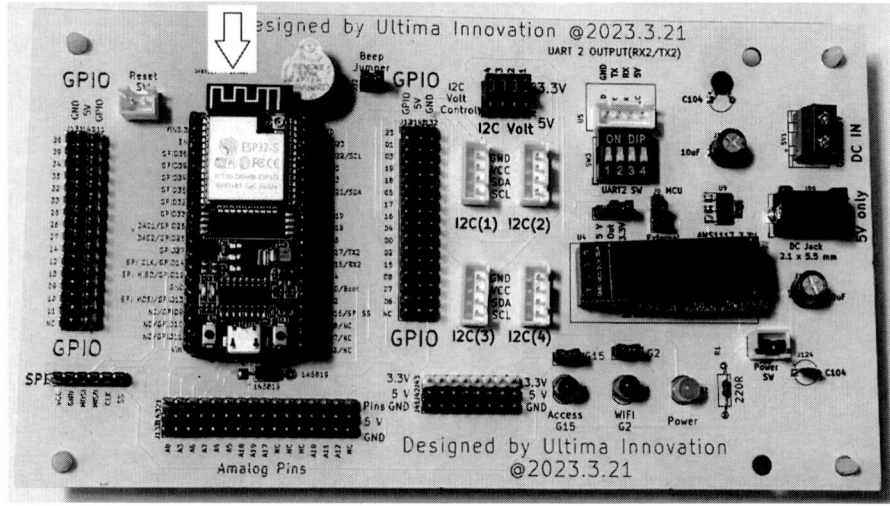

圖 228 NodeMCU-32S 物聯網開發板插座

ESP32S 學習用白色終極板銅柱螺絲孔

如下圖所示，當 ESP32S 開發板(NodeMCU-32S)裝載於 ESP32S 學習用白色終極板 (38 Pin ESP32S)之上後，由於我們需要進行一些 I/O 實驗與外接一些感測器，所以 ESP32S 學習用白色終極板 (38 Pin ESP32S)特別設計下圖所示之四邊紅框處所示支螺絲孔。

~ 160 ~

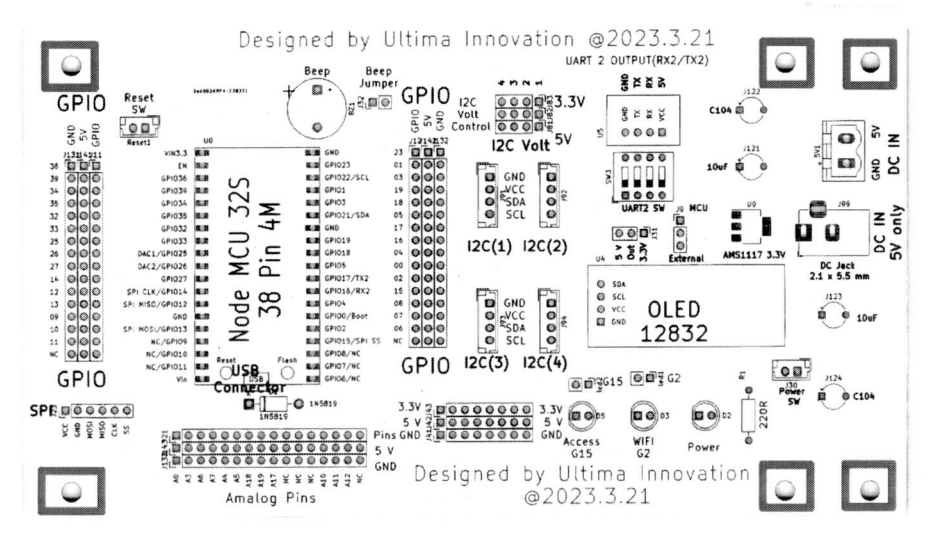

圖 229 ESP32S 學習用白色終極板空白板銅柱螺絲孔

　　由於 ESP32S 學習用白色終極板 (38 Pin ESP32S)特別設計上圖所示之四邊紅框處所示支螺絲孔，如下圖所示，將這些 M3 的銅柱與螺絲裝置於上，在往後的實驗中，就不會受到 ESP32S 學習用白色終極板 (38 Pin ESP32S)底面接觸到金屬桌面或底下有可導電的金屬等接觸後，導致 ESP32S 學習用白色終極板 (38 Pin ESP32S) 與 NodeMCU-32S 物聯網開發板等零件導致電路短路而損壞。

　　如下圖所示，如果要將 ESP32S 學習用白色終極板鎖在金屬的外殼內，可以使用下圖所示之銅柱螺絲柱與螺絲，透過銅柱螺絲柱與螺絲固定與鎖上螺絲在上圖所示之 ESP32S 學習用白色終極板。

圖 230 銅柱螺絲

　　如下圖所示，如果要將一般使用 ESP32S 學習用白色終極板或固定在塑膠或壓克力的外殼內，可以使用下圖所示之尼龍支撐柱，透過尼龍支撐柱固定在上圖所示之 ESP32S 學習用白色終極板。

圖 231 四個尼龍支撐柱

如下圖所示,可以拿起一個尼龍支撐柱。

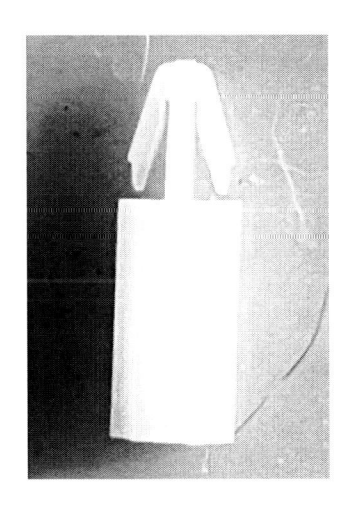

圖 232 拿起尼龍支撐柱

讀者可以拿起上圖所示之尼龍支撐柱，安裝在下圖所示之 ESP32S 學習用白色終極板空白板銅柱螺絲孔上。

圖 233 尼龍支撐柱插入螺孔

圖 234 四隻尼龍支撐柱插入螺孔

如上圖所示，依上述步驟，可以安裝四支或六支尼龍支撐柱於上圖之 ESP32S 學習用白色終極板空白板銅柱螺絲孔。

重置按鈕(Reset Button)

如下圖所示，當 ESP32S 開發板(NodeMCU-32S)裝載於 ESP32S 學習用白色終極板之上，由於我們需要進行一些 I/O 實驗與外接一些感測器，因為許多開發過程常需要重置系統，所以 ESP32S 學習用白色終極板特別將重置系統的重置紐(Reset Button)接出來，容易讓開發者可以將 ESP32S 開發板(NodeMCU-32S)的重置鍵外接到外部的盒子或系統盒上。

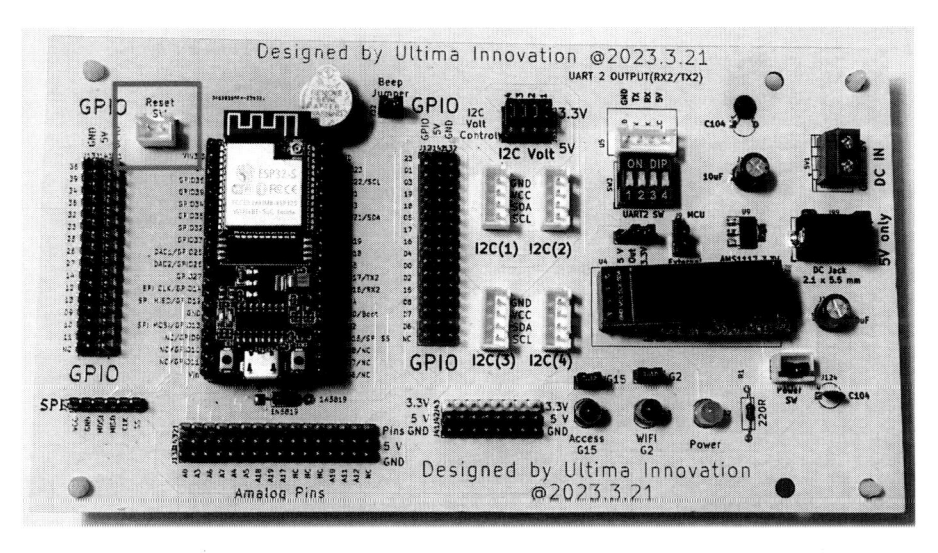

圖 235 外接重置按鈕之接腳(Externam Reset Pin)

如下圖所示，為了可以讓 ESP32S 學習用白色終極板放置於任何的盒子或裝置中，可以外接一個外部的重置按鈕來控制整體的 ESP32S 學習用白色終極板與 ESP32S 開發板(NodeMCU-32S)的系統重置，作者設計一個如下圖所示之外部系統重置開關之元件，在筆者賣場：ESP32 物聯網基礎 10 門課_學習用教育版之外部重置開關線，網址：https://www.ruten.com.tw/item/show?22431238623860，需要讀者可以到

賣場購買或自行買各自零件，自行製作之

(a). 重置開關線

(b).XH2.54 2P 母頭插頭　　　　　(c).按鈕

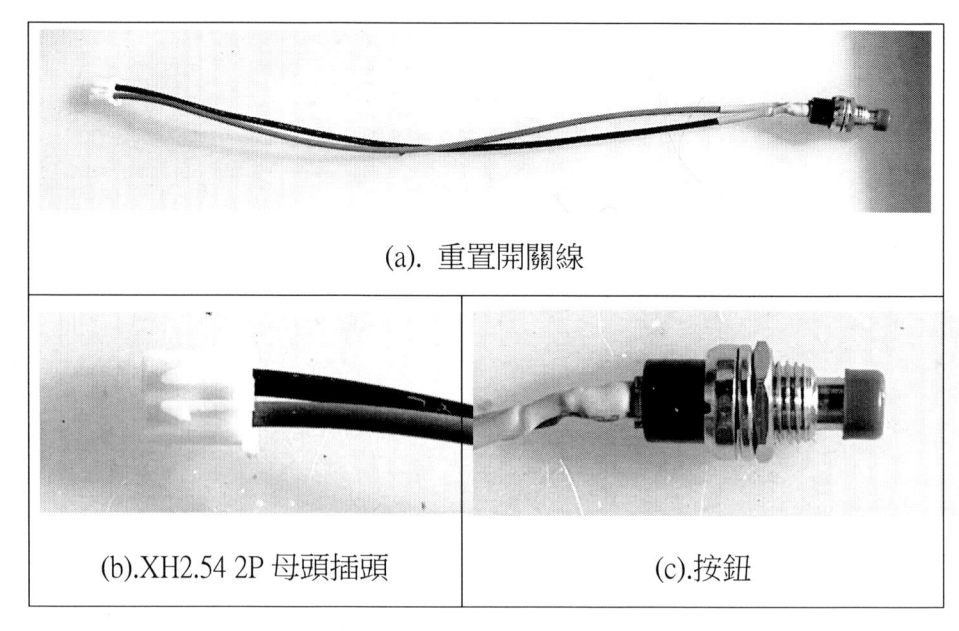

圖 236 外接重置開關線(External RESET Button Line)

　　如上圖所示之外部重置開關線，將 XH2.54 2P 母頭端，接到如下圖所示之 ESP32S 學習用白色終極板之 Reset SW 之 XH2.54 2P 公頭座上。

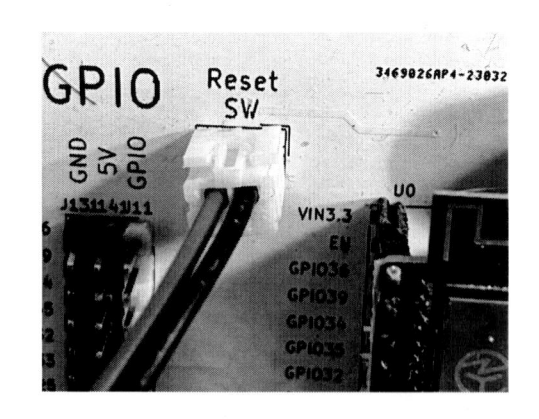

圖 237 外接按鈕線插入主機板

~ 166 ~

如下圖所示，讀者可以將另外一端按鈕開關，可以是讀者所需，鎖在所需要的外殼系統重置開關的孔洞之中，固定之

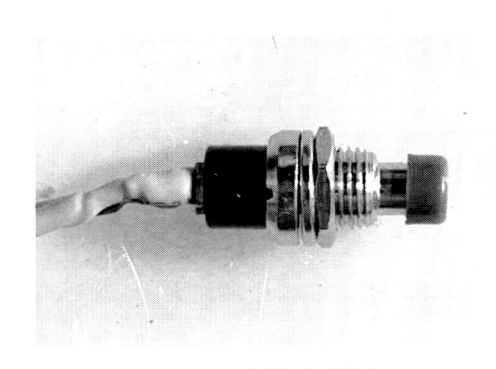

圖 238 外接重置按鈕

章節小結

本章主要介紹專為 ESP32S 開發板(NodeMCU-32S)系列設計開發的 ESP32S 學習用白色終極板 (38 Pin ESP32S)之介紹，從基本開發環境介紹，到基本擴充腳位元與內定基本零件等，到整個 ESP32S 學習用白色終極板 (38 Pin ESP32S)的基本元件介紹，透過本章節的解說，相信讀者會對 ESP32S 學習用白色終極板 (ESP32S 38 Pin)的強大功能與方便性，有更深入的瞭解與體認。

4
CHAPTER

基礎元件與 GPIO 控制介紹

GPIO（General Purpose Input/Output，通用輸入/輸出）是單晶片(MCU)、微處理機中的一種重要功能，允許這些設備與外部世界進行數位信號的交互作用。GPIO 腳位既可以設定為輸入，也可以設定為輸出，並且在許多應用中用於控制和監測不同的外部硬體。以下是 GPIO 的詳細介紹：

GPIO 基本概念

- 輸入模式：在輸入模式下，GPIO 腳位元用於接收外部信號，例如按鈕、開關、傳感器輸出等。可以設定為數位輸入（接收高電位或低電位）或類比輸入（讀取類比信號，需額外的類比數位轉換器）。
- 輸出模式：在輸出模式下，GPIO 腳位元用於輸出信號，例如驅動 LED、控制繼電器、提供信號給其他設備等。可以設置為數位輸出（輸出高電位或低電位）或脈衝寬度調變（PWM）輸出（模擬類比信號）。
- 配置選項：
  1. 數位元模式：僅能處理數位信號（高/低）。
  2. 模擬模式：可以讀取類比信號（如電壓），通常需要 ADC（類比數位轉換器）。
- 上拉和下拉電阻：
  1. 上拉電阻（Pull-Up Resistor）：將腳位在無外部信號時拉至高電位。
  2. 下拉電阻（Pull-Down Resistor）：將腳位在無外部信號時拉至低電位。
- 中斷功能：某些 GPIO 腳位支援中斷功能，可以在信號變化時觸發中斷，實現即時回應處理。

GPIO 的主要功能

- 數位輸入：讀取外部設備的數位信號，如按鈕的狀態、開關的開關情況等。

- 數位輸出：控制外部設備的開關，如點亮 LED、驅動繼電器等。

- PWM 輸出：輸出脈衝寬度調變信號，控制設備的功率或亮度，如調節 LED 亮度或電機速度。

- 模擬輸入：讀取類比信號（需要 ADC），例如從傳感器獲取連續的電壓值。

- 中斷輸入：設置中斷以回應外部突發事件，如按鈕被按下，提供即時處理。

GPIO 的應用範例

- 控制 LED：透過 GPIO 輸出模式控制 LED 的開啟與關閉，實現簡單的狀態指示。

- 讀取按鈕狀態：透過 GPIO 輸入模式檢測按鈕是否被按下，用於觸發相應操作。

- PWM 控制：透過 GPIO 的 PWM 輸出模式控制電機速度或 LED 亮度。

- 感測器數據讀取：透過 GPIO 的類比輸入模式讀取傳感器數據資料，實現數據收集和處理。

- 中斷回應：配置 GPIO 腳位元為中斷模式，實現對外部事件的快速回應。

本章節主要介紹 NodeMCU-32S 物聯網開發板的 GPIO 數位腳位的基本用法：

板載預設 LED 之 GPIO 腳位

由於 NodeMCU-32S 物聯網開發板在主機板上裝置一個紅色 LED 燈號，如下圖所示 Power 圖框處，提供使用者瞭解 NodeMCU-32S 物聯網開發板是否已經被供電。

在下圖所示亮燈處旁邊，另外也裝置一個藍色 LED 燈號供出廠與開發者基本測試之 LED 燈，連接在 GPIO2 的腳位上。

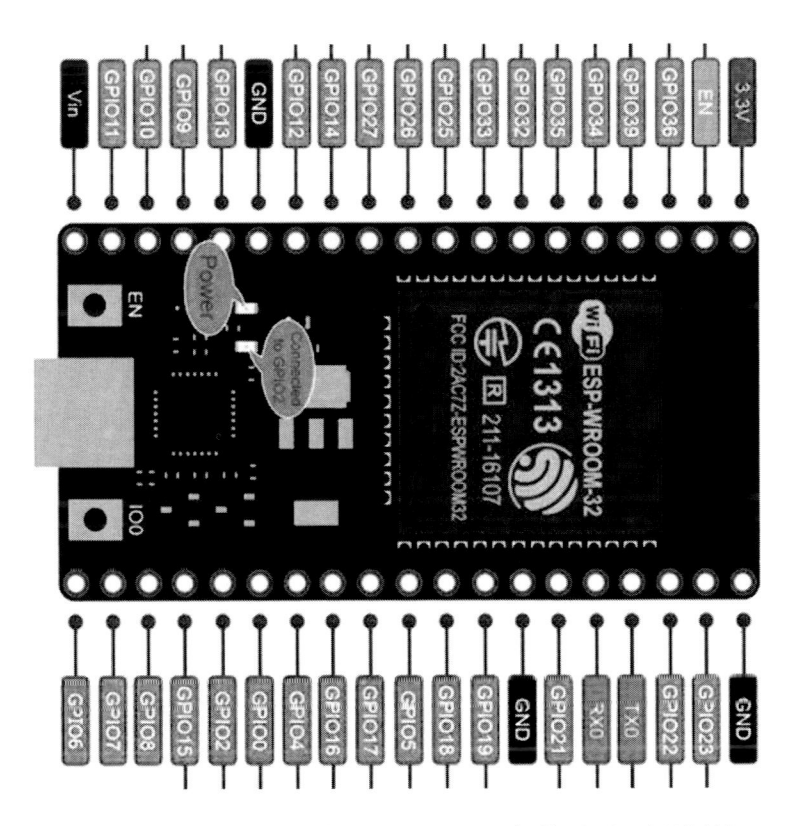

圖 239 ESP32S 開發板(NodeMCU-32S)板載電源燈與測試燈

如下圖所示，當 ESP32S 開發板(NodeMCU-32S)裝載於 ESP32S 學習用白色終極板 (38 Pin ESP32S)之上，由於我們需要進行一些 I/O 實驗與外接一些感測器，所以 ESP32S 學習用白色終極板 (38 Pin ESP32S)特別將裝置於上的 NodeMCU-32S 物聯

~ 171 ~

網開發板之 GPIO 與通訊介面外接到如下圖紅框處所示之固定的位置，並搭配每一個 GPIO 點，加上一組的 5V/GND 端點的接點，可以輕鬆連接 I/O 零件或外接一些感測器進行實驗。

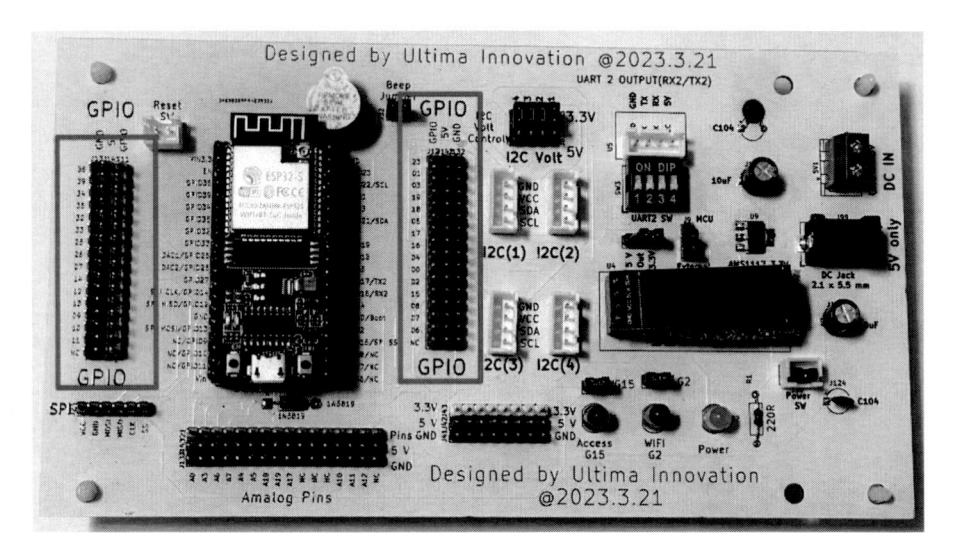

圖 240 外部 GPIO 腳位

硬體組立

由於 NodeMCU-32S 物聯網開發板在主機板上裝置一個 LED 燈號供出廠與開發者基本測試，請上上圖中可以看到正面 PCB 板上有兩個 LED，該 LED 是 SMD 之 LED 燈泡，再參考附錄章節中 NodeMCU 32S 腳位圖，可以知道該 SMD 之 LED 燈泡是連接到 GPIO2 的腳位上。

如下圖所示，這個實驗我們需要用到的實驗硬體有下圖.(a)的 ESP32S 開發板 (NodeMCU-32S)、下圖.(b) MicroUSB 下載線、(z). ESP32S 學習用白色終極板 (38 Pin ESP32S)：

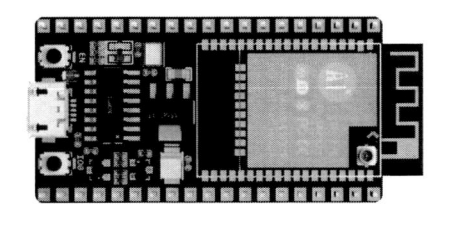

(a). ESP32S 開發板(NodeMCU-32S) 　　　(b). MicroUSB 下載線

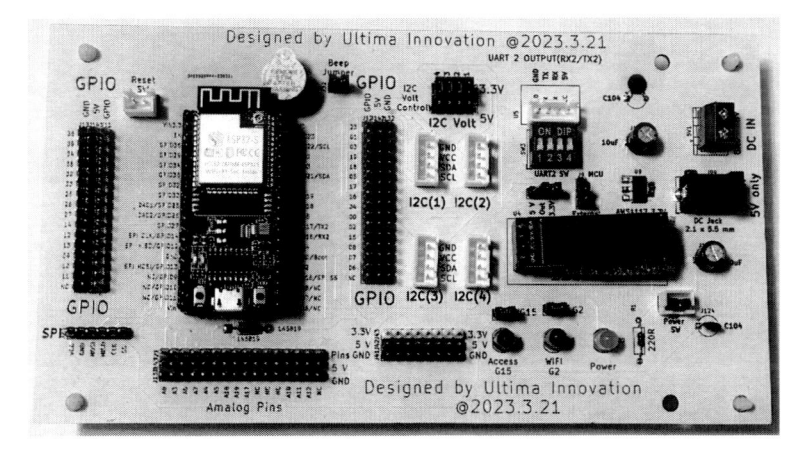

(z). ESP32S 學習用白色終極板

圖 241 ESP32S 開發板(NodeMCU-32S)與 ESP32S 學習用白色終極板

預設 LED 之 GPIO 腳位程式

　　本章節主要介紹如何使用 ESP32S 開發板(NodeMCU-32S)之主機板的 GPIO 腳位，透過這個腳位上裝置一個藍色 LED 燈號(有的板子不一定是這個顏色)，而這個藍色 LED 燈號(有的板子不一定是這個顏色)是供出廠與開發者基本測試之 LED 燈，連接在 GPIO2 的腳位上，筆者主要要透過驅動這個藍色 LED 燈號(有的板子不一定是這個顏色)，透過程式來控制這個藍色 LED 燈號(有的板子不一定是這個顏色)點亮或不亮，就是將這個燈號之 GPIO2 輸出高電位或低電位來控制藍色 LED 燈號(有的板子不一定是這個顏色) 點亮或不亮。

我們遵照前幾章所述，將 MicroPython 開發工具安裝好之後，我們打開 MicroPython 開發工具安裝：Thonny MicroPython 編譯整合開發軟體，攥寫一段程式，攥寫一段程式，如下表所示之顯示預設板載 Led 燈明滅測試程式。

表 2 顯示預設板載 Led 燈明滅測試程式

顯示預設板載 Led 燈明滅測試程式(blink2.py)
from machine import Pin #GPIO 腳位所用之套件
import utime#Delay 程式所用之套件
#led_onboard = Pin(2, Pin.OUT)   <==> Pin('LED', Pin.OUT)
#定義 led_onboard 板載 GPIO2 或 板載 LED 字樣的 GPIO 腳位，
#並定義其腳位元為輸出模式(由 CPUI 向外部輸出電力:以電壓 高低來控制
led_onboard = Pin(2, Pin.OUT)
#定義 led_onboard 板載 GPIO0 或 板載 LED 字樣的 GPIO 腳位
while True:
#led_onboard.toggle()
led_onboard.on()#設定 led_onboard 腳位物件為高電位
utime.sleep(2)#休息兩秒鐘
led_onboard.off()#設定 led_onboard 腳位物件為低電位
utime.sleep(1)#休息兩秒鐘
led_onboard.toggle() ==> led_onboard.on() and   led_onboard.off()

程式下載區：https://github.com/brucetsao/ESP32Python

程式結果畫面

如下圖所示，我們可以看到顯示預設板載 Led 燈明滅測試程式結果畫面。

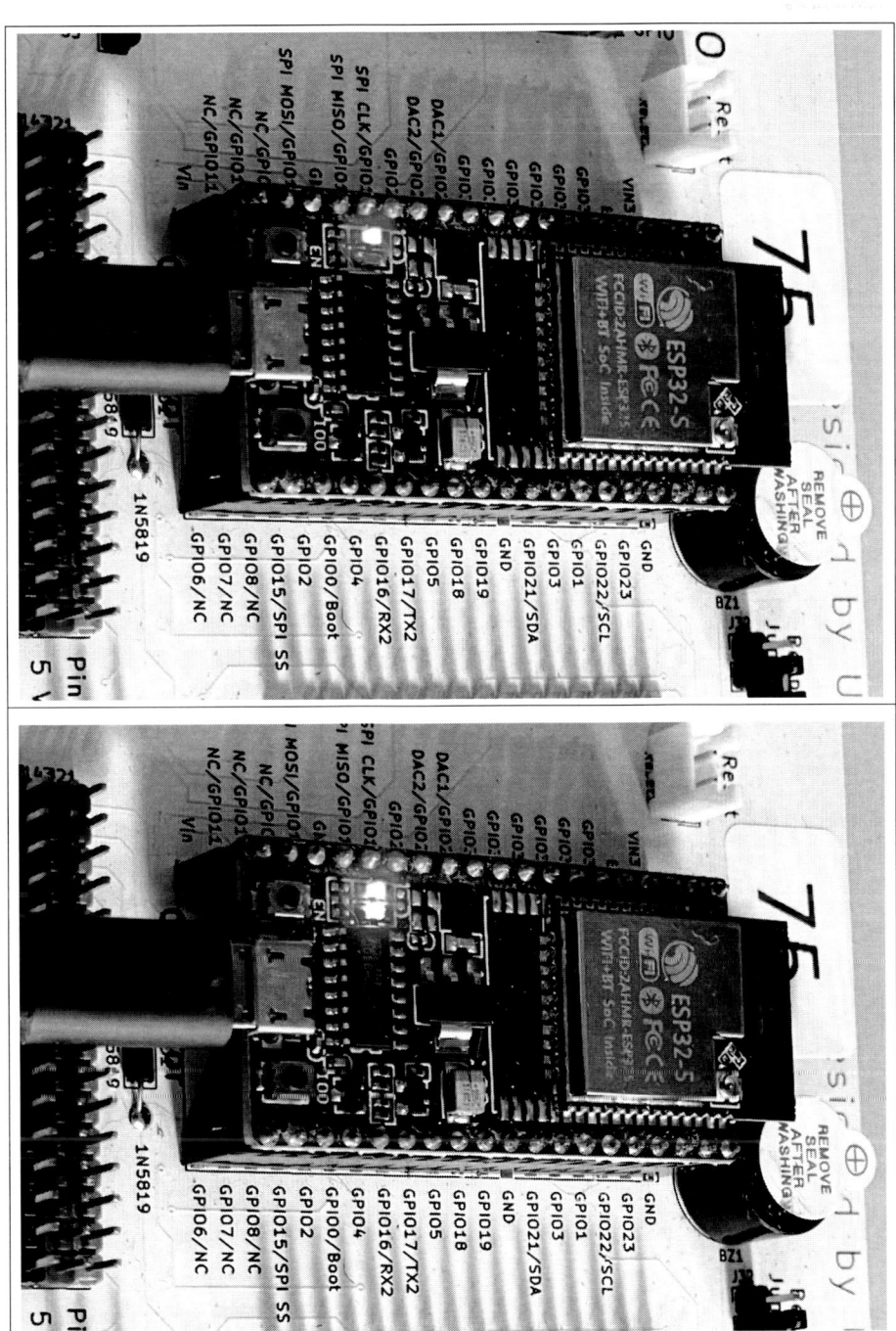

圖 242 顯示預設板載 Led 燈明滅測試程式結果畫面

顯示連接任一 GPIO 腳位之 Led 燈明滅

本章節主要要透過 ESP32S 開發板(NodeMCU-32S)之主機板，使用一個 GPIO 的腳位，本文使用 GPIO5 的腳位，透過這個 GPIO5 的腳位連接上裝置一個 LED 燈號，筆者主要要透過驅動這個綠色 LED 燈號(讀者可以使用其他顏色的 LED)，透過程式來控制這個藍色 LED 燈號(有的板子不一定是這個顏色)點亮或不亮，就是將這個燈號之 GPIO5 輸出高電位或低電位來控制藍色 LED 燈號(有的板子不一定是這個顏色) 點亮或不亮。

硬體組立

如下圖所示，這個實驗我們需要用到的實驗硬體有下圖.(a)的 ESP32S 開發板(NodeMCU-32S)、下圖.(b) MicroUSB 下載線、.(c) 5mm LED 燈泡(z). ESP32S 學習用白色終極板 (38 Pin ESP32S)等硬體：

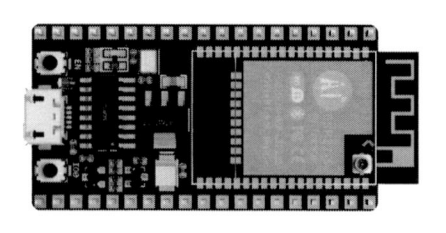

(a). ESP32S 開發板(NodeMCU-32S)

(b). MicroUSB 下載線

(c). 5mm LED燈泡

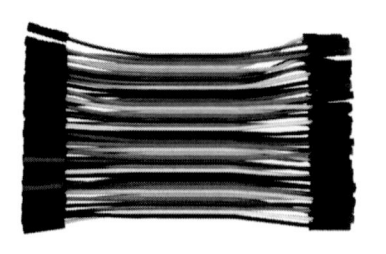

(d). 雙母杜邦線

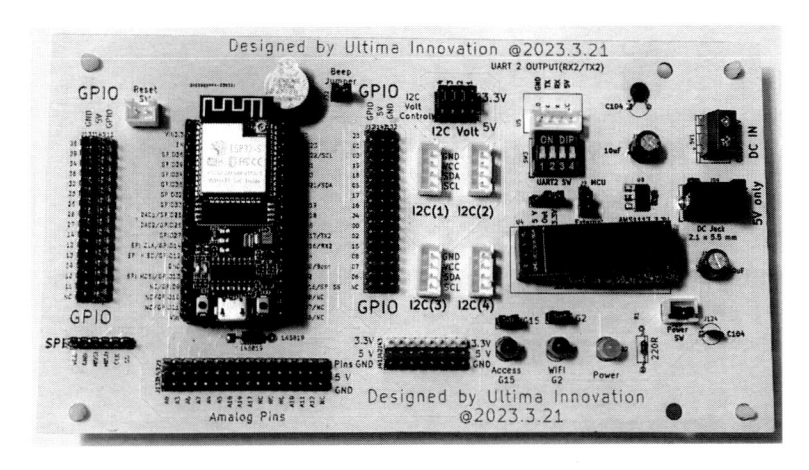

(z). ESP32S 學習用白色終極板

圖 243 ESP32S 開發板(NodeMCU-32S)與 ESP32S 學習用白色終極板

如下圖所示，這個實驗我們使用上圖零件，根據下面電路圖需要用到的實驗硬體有 如上上圖.(a)的 ESP32S 開發板(NodeMCU-32S)、下圖.(b) MicroUSB 下載線、.(c) 5mm LED 燈泡(z). ESP32S 學習用白色終極板 (38 Pin ESP32S)等硬體

[GPIO 5 Pin]

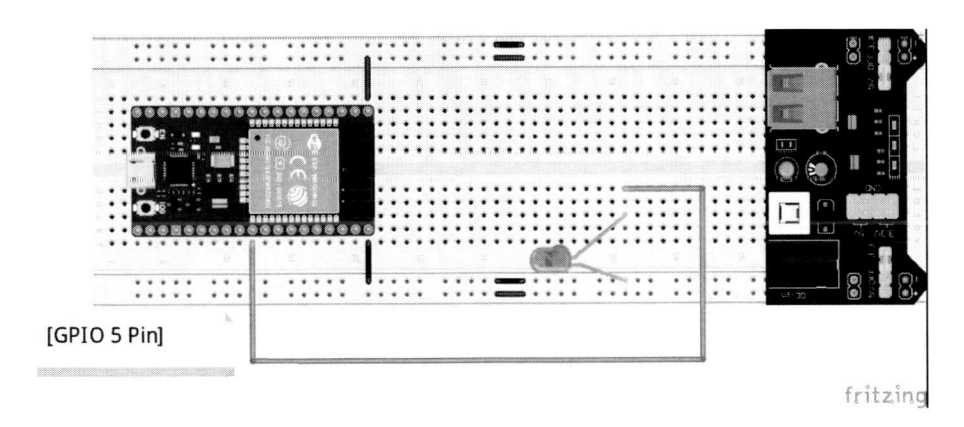

圖 244 外接 GPIO5 的 LED 電路圖

~ 177 ~

LED 之 GPIO5 腳位程式

我們遵照前幾章所述，將 MicroPython 開發工具安裝好之後，我們打開 MicroPython 開發工具安裝：Thonny MicroPython 編譯整合開發軟體，攥寫一段程式，如下表所示之顯示 GPIO5 之 Led 燈明滅測試程式。

表 3 顯示 GPIO5 之 Led 燈明滅測試程式

顯示 GPIO5 之 Led 燈明滅測試程式(blinkGPIO5.py)

from machine import Pin #GPIO 腳位所用之套件
import utime#Delay 程式所用之套件
#led_onboard = Pin(2, Pin.OUT)   <==> Pin('LED', Pin.OUT)
#定義 led_onboard 板載 GPIO2 或 板載 LED 字樣的 GPIO 腳位，
#並定義其腳位元為輸出模式(由 CPU1 向外部輸出電力:以電壓 高低來控制
led_onboard = Pin(5, Pin.OUT)
#定義 led_onboard 板載 GPIO0 或 板載 LED 字樣的 GPIO 腳位
 	
while True:
    #led_onboard.toggle()
    led_onboard.on()#設定 led_onboard 腳位物件為高電位
    utime.sleep(2)#休息兩秒鐘
    led_onboard.off()#設定 led_onboard 腳位物件為低電位
    utime.sleep(1)#休息兩秒鐘
# led_onboard.toggle() ==> led_onboard.on() and led_onboard.off() 	

程式下載區：https://github.com/brucetsao/ESP32Python

程式結果畫面

如下圖所示，我們可以看到顯示 GPIO5 之 Led 燈明滅測試程式結果畫面。

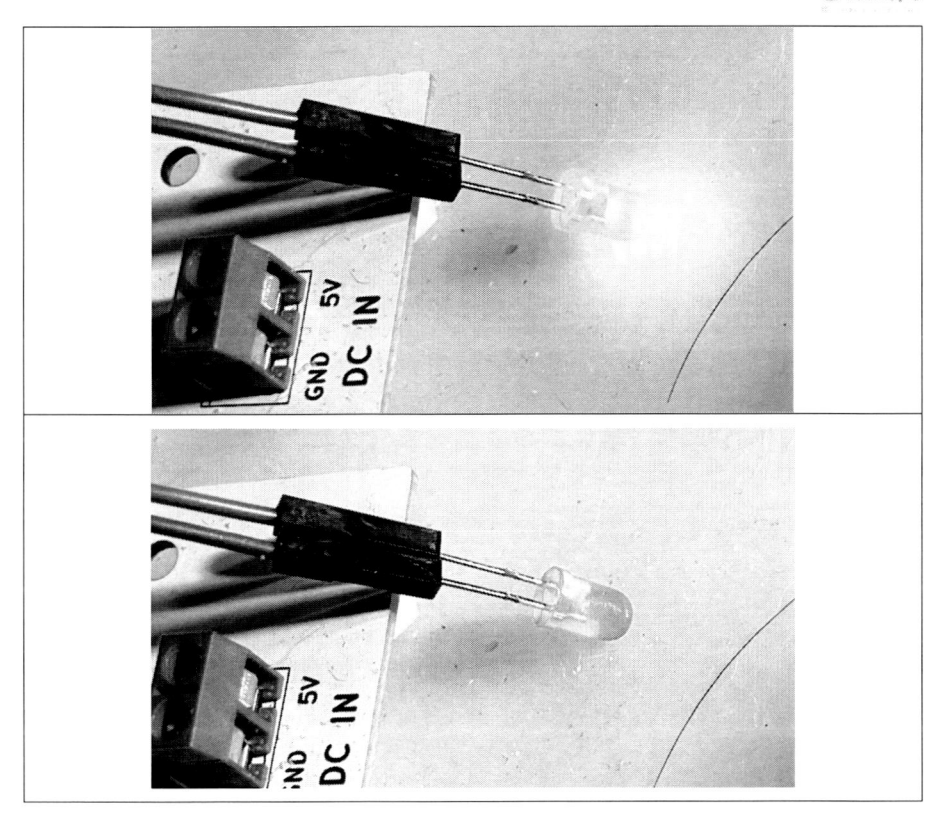

圖 245 顯示 GPIO5 之 Led 燈明滅測試程式結果畫面

透過 GPIO 腳位讀取按鈕之數位訊號

本章節主要要透過 ESP32S 開發板(NodeMCU-32S)之主機板，使用二個 GPIO 的腳位，第一個使用 GPIO5 的腳位，透過這個 GPIO5 的腳位連接上裝置一個 LED 燈號，筆者主要要透過驅動這個綠色 LED 燈號(讀者可以使用其他顏色的 LED)，透過程式來控制這個藍色 LED 燈號(有的板子不一定是這個顏色)點亮或不亮，就是將這個燈號之 GPIO5 輸出高電位或低電位來控制藍色 LED 燈號(有的板子不一定是這個顏色) 點亮或不亮。

第二個使用 GPIO4 的腳位，透過這個 GPIO4 的腳位連接上裝置按鈕模組，筆者主要要透過按鈕模組，讀取這個按鈕模組的輸出值，該按鈕模組被使用者按下按鈕時，該按鈕模組輸出高電位。反之，該按鈕模組沒有被使用者按下按鈕時，該按鈕模組輸出低電位，透過這個按鈕模組輸出高電位時，將這個燈號之 GPIO5 輸出高電位，反之透過這個按鈕模組輸出低電位時，將這個燈號之 GPIO5 輸出低電位來控制藍色 LED 燈號(有的板子不一定是這個顏色) 點亮或不亮。

硬體組立

下圖所示，這個實驗我們需要用到的實驗硬體有下圖.(a)的 ESP32S 開發板(NodeMCU-32S)、下圖.(b) MicroUSB 下載線、(z). ESP32S 學習用白色終極板 (38 Pin ESP32S)：

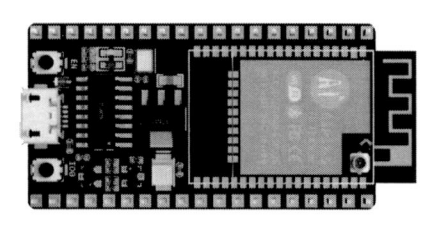

(a). ESP32S 開發板(NodeMCU-32S)　　　　(b). MicroUSB 下載線

(c). 5mm LED燈泡　　　　(d). 雙母杜邦線

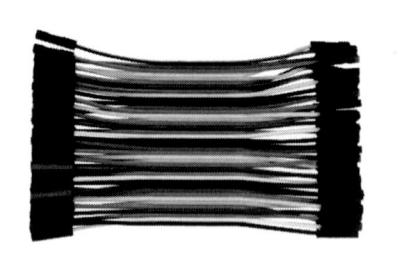

(e).按鈕

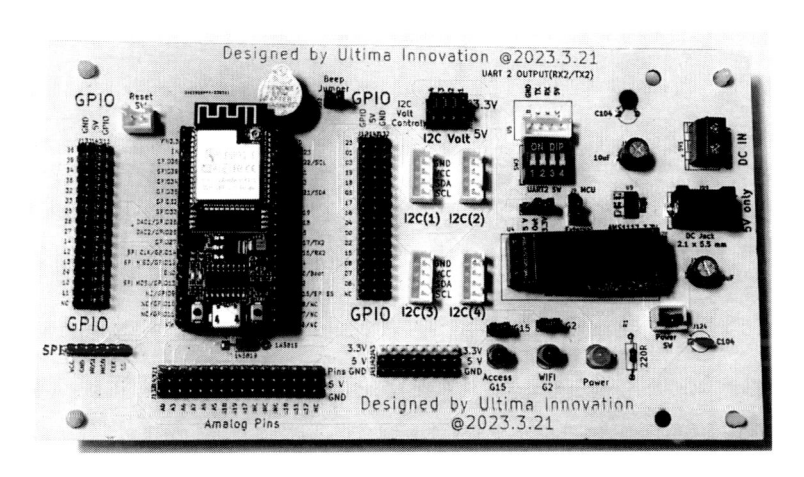

(z). ESP32S 學習用白色終極板

圖 246 NodeMCU-32S 物聯網開發板與 ESP32S 學習用白色終極板

  如下圖所示，這個實驗我們使用上圖零件，根據下面電路圖需要用到的實驗硬體有 如上上圖.(a)的 ESP32S 開發板(NodeMCU-32S)、下圖.(b) MicroUSB 下載線、下圖.(c) 5mm LED 燈泡、下圖.(d) 雙母杜邦線、下圖.(e) 按鈕、(z). ESP32S 學習用白色終極板 (38 Pin ESP32S)等硬體

  如下圖所示，筆者將 LED 接在 GPIO5 的腳位上，並將按鈕模組接在 GPIO4

~ 181 ~

的腳位上，完成電路組立。

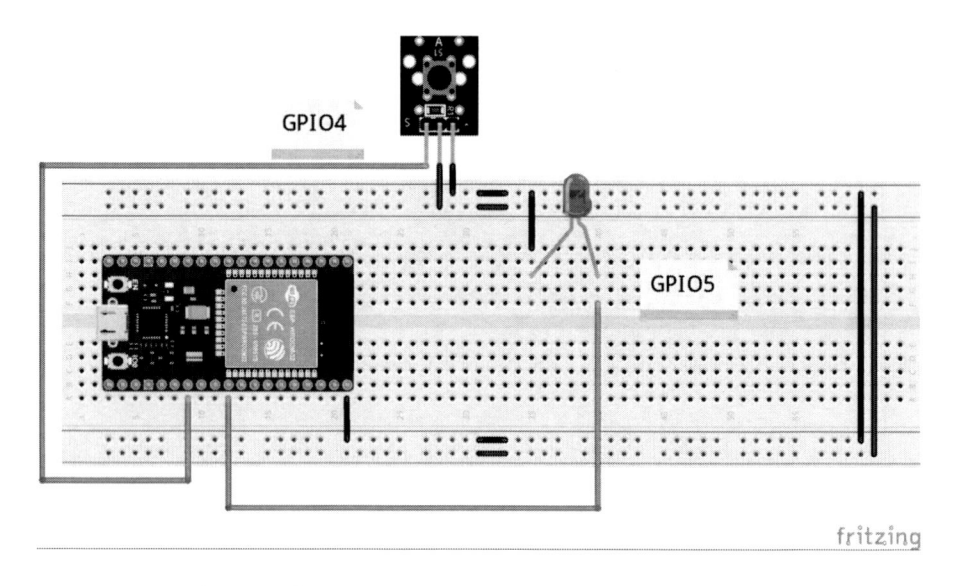

圖 247 外接 GPIO5 的 LED 與 GPIO4 之按鈕電路圖

筆者要使用按鈕模組(GPIO4)來控制 LED(GPIO5)明滅的控制，當使用者按下按鈕模組之按鈕，則驅動 LED 燈亮起來，當使用者不按下按鈕模組之按鈕，則驅動 LED 燈滅掉。

按鈕控制 Led 燈明滅程式

我們遵照前幾章所述，將 MicroPython 開發工具安裝好之後，我們打開 MicroPython 開發工具安裝：Thonny MicroPython 編譯整合開發軟體，攥寫一段程式，如下表所示之按鈕控制 Led 燈明滅測試程式。

表 4 按鈕控制 Led 燈明滅測試程式

按鈕控制 Led 燈明滅測試程式(LedGPIO5_ButtonGPIO4.py)
from machine import Pin #GPIO 腳位所用之套件 import utime#Delay 程式所用之套件 led_GPIO5 = Pin(5, Pin.OUT) #定義 led_GPIO5 連接 GPIO5 腳位

```
button_GPIO4 = Pin(4, Pin.IN)
#定義 button_GPIO4 連接 GPIO4 腳位

while True:
    print(button_GPIO4.value())
    #led_onboard.toggle()
    if (button_GPIO4.value()):
        print("button is pressed")
        led_GPIO5.on()#設定 led_GPIO5 腳位物件為高電位

    else:
        print("button is not pressed")
        led_GPIO5.off()#設定 led_GPIO5 腳位物件為低電位
```

程式下載區：https://github.com/brucetsao/ESP32Python

程式結果畫面

如下圖所示，我們可以看到按鈕控制 Led 燈明滅測試程式結果畫面。

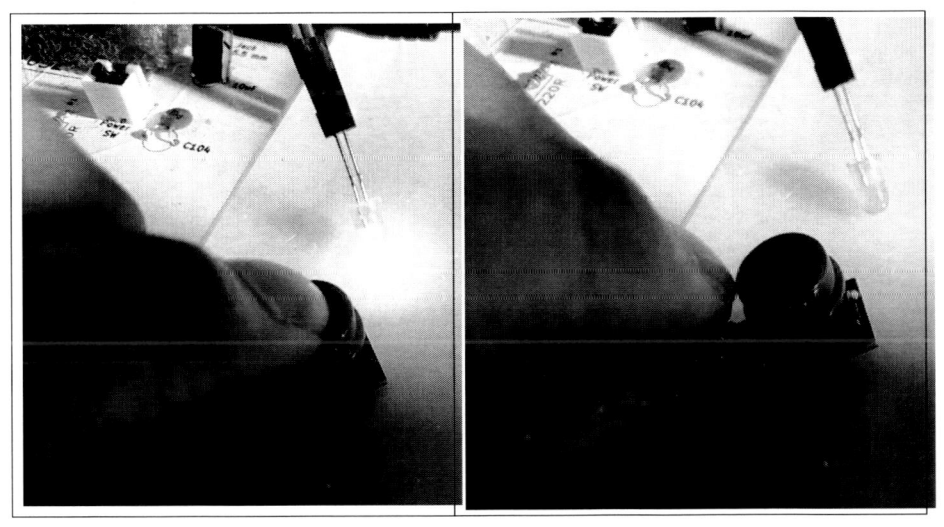

圖 248 按鈕控制 Led 燈明滅測試程式結果畫面

透過按鈕控制繼電器模組開啟與關閉

本章節主要要透過 ESP32S 開發板(NodeMCU-32S)之主機板，使用二個 GPIO 的腳位，第一個使用 GPIO5 的腳位，透過這個 GPIO5 的腳位連接上繼電器模組裝置，筆者主要要透過驅動這個繼電器模組，透過程式來控制輸出這個繼電器模組高電位，則就是將這個繼電器模組開啟繼電器模組，讓 NO 與 COM 腳位接通，可以讓高電壓與高電流的電器通路得以通電後開啟此高電壓與高電流的電器。

反之透過程式來控制輸出這個繼電器模組低電位，則就是將這個繼電器模組關閉繼電器模組，讓 NC 與 COM 腳位接通(NO 與 COM 腳位不接通)，可以讓高電壓與高電流的電器通路得以不通電後關閉此高電壓與高電流的電器。

第二個使用 GPIO4 的腳位，透過這個 GPIO4 的腳位連接上裝置按鈕模組，筆者主要要透過按鈕模組，讀取這個按鈕模組的輸出值，該按鈕模組被使用者按下按鈕時，該按鈕模組輸出高電位。反之，該按鈕模組沒有被使用者按下按鈕時，該按鈕模組輸出低電位，透過這個按鈕模組輸出高電位時，將這個 GPIO5 之繼電器模組輸出高電位，反之透過這個按鈕模組輸出低電位時，將這個 GPIO5 之繼電器模組輸出低電位，來控制讓 NO 與 COM 腳位接通，可以讓高電壓與高電流的電器通路得以通電後開啟此高電壓與高電流的電器或讓 NC 與 COM 腳位不接通(NO 與 COM 腳位接通)，可以讓高電壓與高電流的電器通路得以不通電後關閉此高電壓與高電流的電器。

硬體組立

如下圖所示，這個實驗我們需要用到的實驗硬體有下圖.(a)的 ESP32S 開發板(NodeMCU-32S)、下圖.(b) MicroUSB 下載線、下圖.(c) 繼電器模組、下圖.(d) 雙母杜邦線、下圖.(e) 按鈕、(z). ESP32S 學習用白色終極板 (38 Pin ESP32S)等硬體：

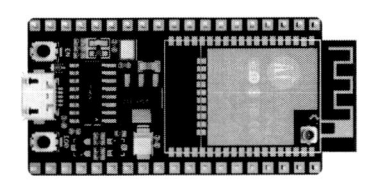

(a). ESP32S 開發板(NodeMCU-32S)

(b). MicroUSB 下載線

(c). 繼電器模組

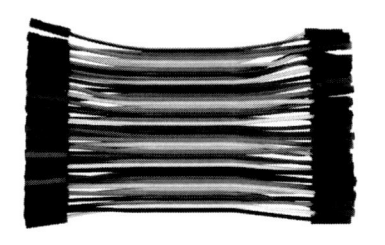

(d). 雙母杜邦線

(e). 按鈕

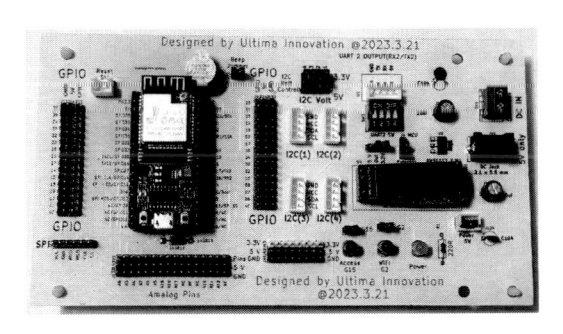

(z). ESP32S 學習用白色終極板

圖 249 ESP32S 開發板(NodeMCU-32S)與 ESP32S 學習用白色終極板

如下圖所示,這個實驗我們使用上圖零件,根據下面電路圖需要用到的實驗硬體有 如上上圖.(a)的 ESP32S 開發板(NodeMCU-32S)、下圖.(b) MicroUSB 下載線、下圖.(c) 繼電器模組、下圖.(d) 雙母杜邦線、下圖.(e) 按鈕、(z). ESP32S 學習用白色終極板 (38 Pin ESP32S)等硬體。

如下圖所示,筆者將繼電器模組接在 GPIO5 的腳位上,並將按鈕模組接在 GPIO4 的腳位上,完成電路組立。

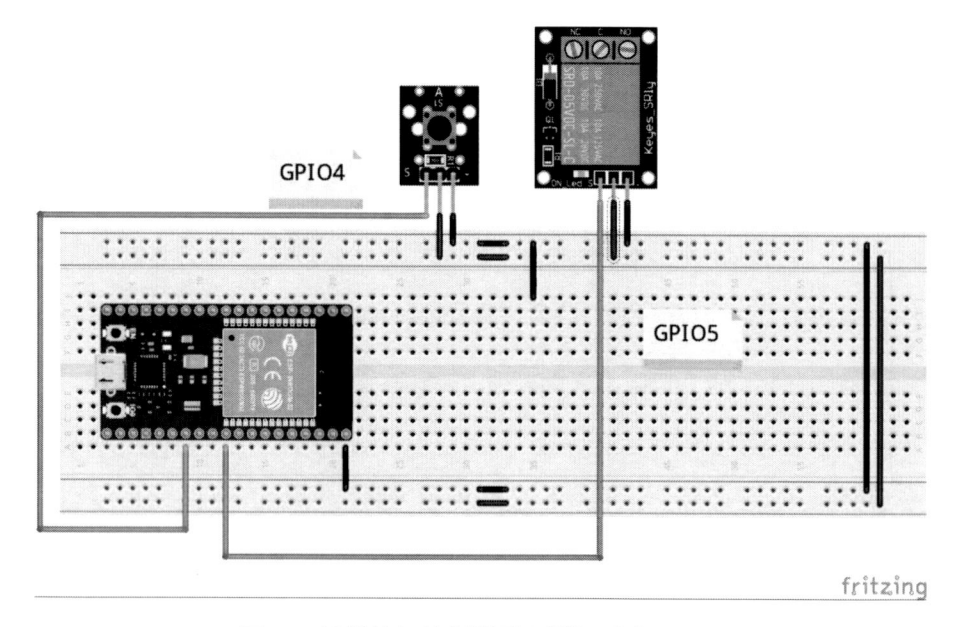

圖 250 透過按鈕控制繼電器模組電路圖

筆者要使用按鈕模組來控制繼電器模組開啟與關閉之控制,當使用者按下按鈕模組之按鈕,則驅動繼電器模組開啟,當使用者不按下按鈕模組之按鈕,則驅動繼電器模組關閉。

按鈕控制繼電器模組開啟與關閉程式

我們遵照前幾章所述,將 MicroPython 開發工具安裝好之後,我們打開 MicroPython 開發工具安裝:Thonny MicroPython 編譯整合開發軟體,攥寫一段程式,如下表所示之按鈕控制繼電器模組開啟關閉測試程式。

表 5 按鈕控制繼電器模組開啟關閉測試程式

按鈕控制繼電器模組開啟關閉測試程式(RelayGPIO5_ButtonGPIO4.py)

```python
from machine import Pin #GPIO 腳位所用之套件
import utime#Delay 程式所用之套件
relay_GPIO5 = Pin(5, Pin.OUT)
#定義 relay_GPIO5(Relay 模組) 連接 GPIO5 腳位
button_GPIO4 = Pin(4, Pin.IN)
#定義 button_GPIO4 連接 GPIO4 腳位

while True:
    print(button_GPIO4.value())
    #led_onboard.toggle()
    if (button_GPIO4.value()):
        print("Relay is activated")
        relay_GPIO5.on()#設定繼電器模組觸發腳位為高電位

    else:
        print("Relay is not activated")
        relay_GPIO5.off()#設定繼電器模組觸發腳位為低電位
```

程式下載區：https://github.com/brucetsao/ESP32Python

程式結果畫面

如下圖所示，我們可以看到按鈕繼電器模組開啟與關閉測試程式結果畫面。

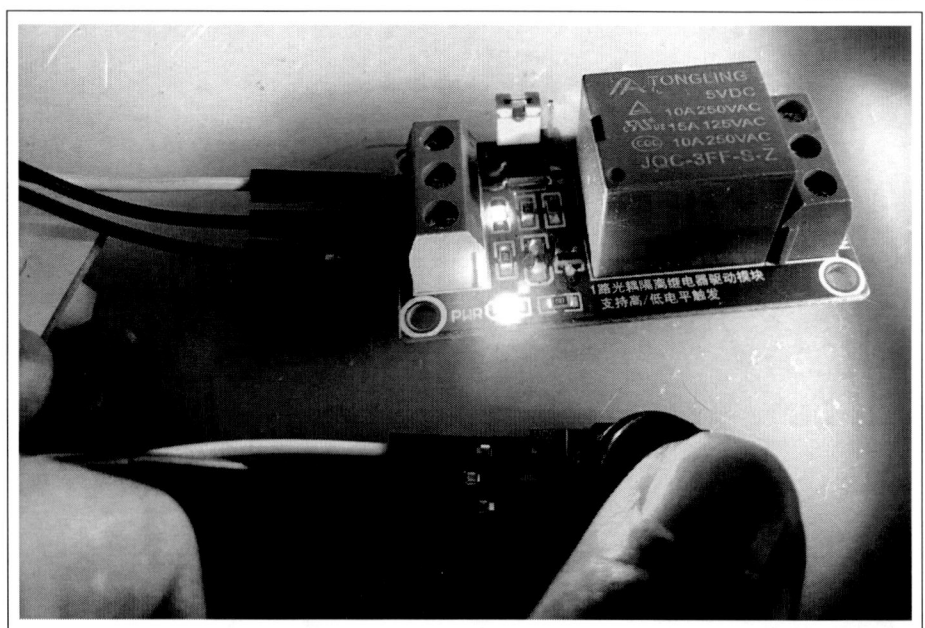

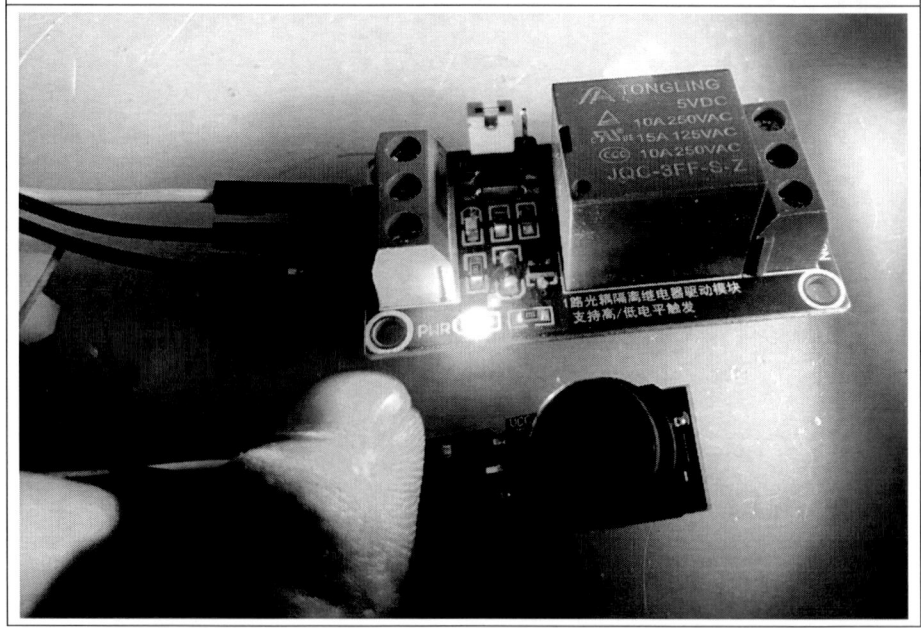

圖 251 按鈕繼電器模組開啟與關閉測試程式結果畫面

透過類比輸出控制 LED 漸亮與漸滅

本章節主要要透過 ESP32S 開發板(NodeMCU-32S)之主機板，使用一個 GPIO5

的腳位，透過脈波寬度調變（英語：Pulse-width modulation, PWM），技術用語就是脈寬調變，就是透過短時間輸出不同頻率的脈波(Pulse)來達模擬輸出類比訊號的一種技術，脈波寬度調變（英語：Pulse-width modulation，縮寫：PWM），簡稱脈寬調變，是用脈波來輸出類比訊號的一種技術。

脈波寬度調變（Pulse Width Modulation，PWM）是一種調變技術，通過改變訊號脈衝(Pulse)的寬度(波長)來傳輸資訊，轉成電器訊號就是一段時間輸出不同數量的高低電位，如此一來，在該時間內，該腳位輸出的電力總和就不是高電為與低電位而已，而是可以模擬出不同數量等級的電力輸出，通常可以用來控制因不同電力輸入的裝置：如 LED 燈泡、馬達、溫度加熱器…等等裝置。

PWM 在許多應用中被廣泛使用，例如控制電機速度、調節 LED 亮度，以及作為模擬訊號生成的一部分。以下是 PWM 的一些主要特點和應用：

基本原理
- 固定頻率，變化寬度：脈波寬度調變（Pulse Width Modulation，PWM）信號具有固定的頻率，但脈衝的寬度會根據需要進行調整。這個寬度可以表示為一個週期內脈衝的持續時間，通常用佔空比（Duty Cycle）來表示。
- 佔空比：佔空比是指脈衝寬度(高電位)與整個週期的比值。比如，一個週期中有 25% 的時間是高電平，則佔空比為 25%。
- 訊號平均值：通過改變佔空比，可以改變 脈波寬度調變（Pulse Width Modulation，PWM）訊號的平均值。例如，增加高電平的時間會增加平均電壓，反之亦然。

優點
- 高效率：脈波寬度調變（Pulse Width Modulation，PWM）調變非常高效，特別是在功率轉換應用中，例如開關電源和電機控制。
- 精確控制：能夠提供精確的功率調節和速度控制。
- 低熱損耗：相比於線性調節方法，脈波寬度調變（Pulse Width Modulation，

PWM）產生的熱損耗較少。

應用

- 電機控制：脈波寬度調變（Pulse Width Modulation，PWM）被用來調節直流電機的速度。通過改變電機兩端的平均電壓來控制轉速。
- LED 調光：脈波寬度調變（Pulse Width Modulation，PWM）可用於調節 LED 的亮度。通過快速打開和關閉電流，使 LED 的亮度可以從全亮到全暗之間平滑變化。
- 音訊合成：在音訊電子中，脈波寬度調變（Pulse Width Modulation，PWM）可用於數位音訊合成，將數位訊號轉換為類比音訊輸出。
- 電源轉換：用於開關模式電源中，以提高能效和降低損耗。

脈波寬度調變（Pulse Width Modulation，PWM）是一種非常靈活且高效的技術，其廣泛應用於各種電子零件類比輸出和類比電氣系統中使用。

筆者使用 GPIO5 的腳位，透過這個 GPIO5 的腳位，使用脈波寬度調變（Pulse Width Modulation，PWM）的技術，產生不同訊號(電力)的輸出，讓 GPIO5 的腳位連接上 LED 燈泡，而 LED 燈泡輸入不同的電力輸入值，則 LED 燈泡會產生不同亮度的呈現。

本實驗將實作常見的呼吸燈，就是讓 LED 燈泡慢慢變亮後，到 LED 燈泡最大亮度後滿滿降低亮度，直到 LED 燈泡熄滅，然後正個 LED 燈泡漸亮與漸暗重複執行。

硬體組立

如下圖所示，這個實驗我們需要用到的實驗硬體有下圖.(a)的 ESP32S 開發板(NodeMCU-32S)、下圖.(b) MicroUSB 下載線、.(c) 5mm LED 燈泡(z). ESP32S 學習用

白色終極板 (38 Pin ESP32S)等硬體：

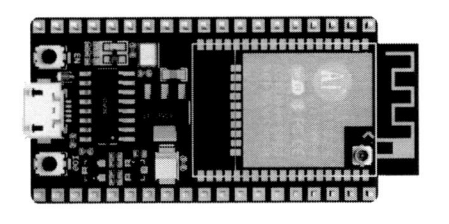

(a). ESP32S 開發板(NodeMCU-32S)

(b). MicroUSB 下載線

(c). 5mm LED燈泡

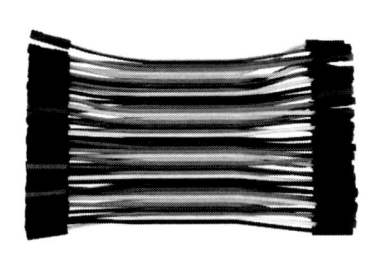

(d). 雙母杜邦線

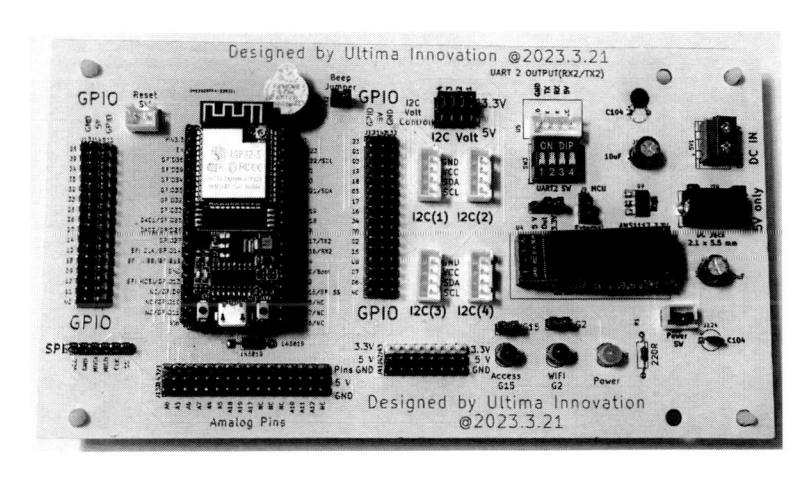

(z). ESP32S 學習用白色終極板

圖 252 ESP32S 開發板(NodeMCU-32S)與 ESP32S 學習用白色終極板

如下圖所示，這個實驗我們使用上圖零件，根據下面電路圖需要用到的實驗硬體有 如上上圖.(a)的 ESP32S 開發板(NodeMCU-32S)、下圖.(b) MicroUSB 下載線、.(c) 5mm LED 燈泡(z). ESP32S 學習用白色終極板 (38 Pin ESP32S)等硬體

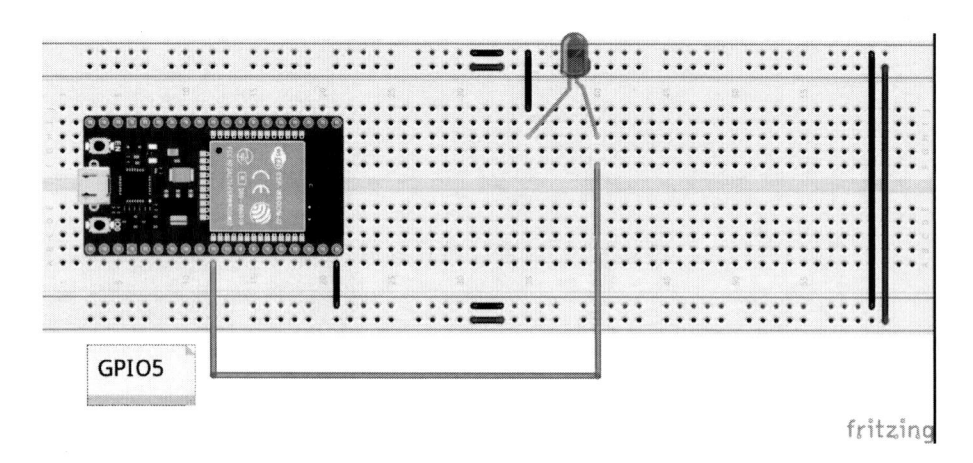

圖 253 外接 GPIO5 的 LED 電路圖

透過類比輸出控制 LED 漸亮與漸滅程式

我們遵照前幾章所述，將 MicroPython 開發工具安裝好之後，我們打開 MicroPython 開發工具安裝：Thonny MicroPython 編譯整合開發軟體，攥寫一段程式，如下表所示之透過類比輸出控制 LED 漸亮與漸滅測試程式。

表 6 透過類比輸出控制 LED 漸亮與漸滅滅測試程式

透過類比輸出控制 LED 漸亮與漸滅測試程式(PWN2LEDfade.py)
from machine import Pin,PWM #GPIO 腳位所用之套件
import time#Delay 程式所用之套件
Led_PWN = PWM(Pin(5))
#Led_PWN(LED 模組) 使用 PW 連接 GPIO5 腳位

```
Led_PWN.freq(1000)#設定 PWM 寬度為 1000
while True:
    for x in range(1,1000,3):#從 1 到 1000 開始 loop
        Led_PWN.duty(x)#以迴圈值 X 來設定 PWM 的輸出(Duty)
        time.sleep_ms(3)#延遲 3 ms
    #time.sleep(2)
    for x in range(1000,1,-3):#從 1000 到 1 開始 loop
        Led_PWN.duty(x)#以迴圈值 X 來設定 PWM 的輸出(Duty)
        time.sleep_ms(3)#延遲 3 ms
    time.sleep(2)#延遲 2 秒
```

程式下載區：https://github.com/brucetsao/ESP32Python

程式結果畫面

如下圖所示，我們可以看到透過類比輸出控制 LED 漸亮與漸滅測試程式結果畫面。

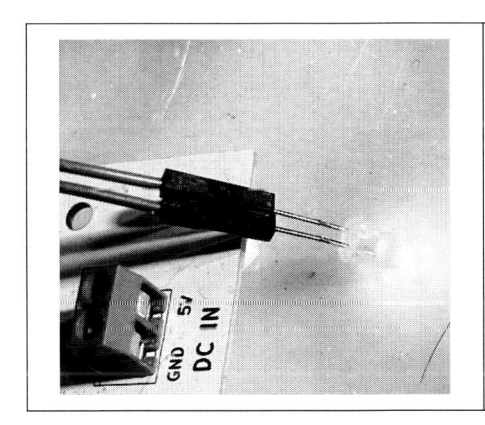

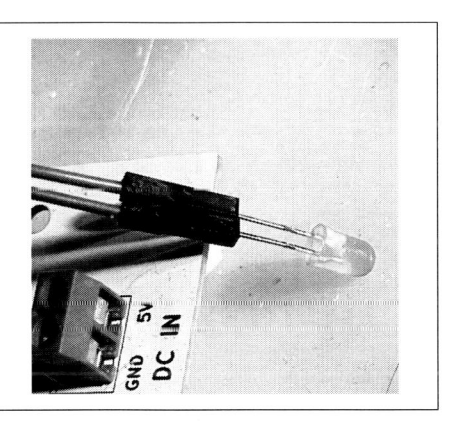

圖 254 透過類比輸出控制 LED 漸亮與漸滅結果畫面

章節小結

本章主要介紹之 ESP32S 開發板(NodeMCU-32S)如何控制 GPIO 輸入與輸出，進而連接到 LED 燈泡、繼電器模組來控制大電流的外部電器控制，一般常見數位按鈕輸入到整體組合控制，最後介紹 GPIO 的 PWM 輸出等等，相信透過本章節的解說，相信讀者會對 ESP32S 開發板(NodeMCU-32S)的 GPIO 的使用與運用，有更深入的瞭解與體認。

5
CHAPTER

I²C 元件基本控制介紹

積體匯流排（Inter-Integrated Circuit, I²C）是一種串列通訊協定，用於連接單晶片、微處理機和各種周邊裝置，如感測器、顯示器和記憶體。I²C 設計簡單，僅需兩條線（串列資料線 SDA(Serial Data Line) 和系統時鐘線 SCL(Serial Clock Line)），且支持多主控端與多從屬端裝置的連接，非常適合在單一電路板上單晶片、微處理機和各種周邊裝置的短距離的設備之間傳輸數據。

積體匯流排（Inter-Integrated Circuit, I²C）的優點：由於只需要兩條線路，I2C 非常適合在匯流排上連接許多裝置的電路板，隨著系統增加額外的裝置，這有助於降低電路的成本和複雜性。

積體匯流排（Inter-Integrated Circuit, I²C）缺點：由於只有兩條線路，需要借助位元址來作基本通訊與通訊兩端的確認，如此一來會產生額外通訊成本且會增加電路與軟體之複雜度，如果只需要簡單的點對點通訊、或單一裝置的操作，直接連接介面（Direct-link Interface, 如 SPI (Serial Peripheral Interface)）可能更加直接和高效，因為它不需要額外的位元址和確認機制。

I²C 的基本特性

- **雙向通訊**：I²C 是一個半雙工協定[8]，允許主控裝置和從屬裝置之間進行雙向通訊。

---

[8] 半雙工（half-duplex）的系統允許二台裝置之間的雙向資料傳輸，但不能同時進行。因此同一時間只允許一裝置傳送資料，若另一裝置要傳送資料，需等原來傳送資料的裝置傳送完成後再處理。

- **多主控和多從屬**：I²C 線上可以有多個主控裝置和多個從屬裝置，通過唯一的裝置地址(Address)來識別各個從屬裝置。
- **時鐘同步**：主控裝置產生統一的系統時鐘訊號(System Clock)，與從屬裝置透過系統時鐘訊號(System Clock)同步接受資料。
- **簡單的連接**：僅需兩條信號線（SDA(Serial Data Line) 和 SCL(Serial Clock Line)），以及兩個上拉電阻[9]。

I²C 與感測器的關係

- **多樣化感測器**：許多感測器，如溫度、濕度、加速度計和氣壓計等，內建 I²C 通訊介面，方便將其連接到單晶片、微處理機和各種周邊裝置上。
- **易於擴展**：I²C 匯流排允許連接多個感測器到同一條匯流排上，通過不同的位址區分，便於系統擴展。
- **隨插即用**：由於其簡單的接線和標準化的通訊協定，I²C 感測器模組通常支援隨插即用，開發者可以快速整合到系統中。

I²C 在感測器應用中的優勢

- **簡化電路設計**：使用 I²C 通訊時，僅需兩條數據線，簡化了單晶片、微處理機和各種周邊裝置之間的連接。
- **降低成本**：由於線路數量少，印刷電路板（PCB）佈線和生產成本降低。
- **靈活性**：允許開發者輕鬆添加或移除感測器，不需大幅改變硬體設計。
- **資料完整性**：I²C 協定內建錯誤檢測和處理機制，提高資料傳輸的可靠性。

典型應用

- **環境監測系統**：使用 I²C 連接多種環境感測器，如溫度、濕度、氣壓和

---

[9] 在數位電路中，上拉電阻（英語：Pull-up resistors）是當某輸入埠未連接設備或處於高阻抗的情況下，一種用於保證輸入訊號為預期邏輯電平的電阻元件。他們通常在不同的邏輯裝置之間工作，提供一定的電壓訊號

光強度感測器，實現對環境條件的實時監測。

- 工業自動化：在工業自動化系統中，I²C 用於連接各種感測器以實時監控生產參數，提高生產效率和產品質量。
- 消費電子：在智慧家庭裝置中，I²C 用於連接不同的感測器以實現對設備的控制，例如溫控器和安全系統。
- 健康監測設備：如智慧手環或健身追蹤器，使用 I²C 連接心率、血氧和運動感測器。

I²C 提供了一種簡便而高效的方式來連接單晶片、微處理機和各種周邊裝置與各種感測器，使得在各類應用中進行資料收集和控制變得更為容易。

I²C 通訊協定細節

地址分配

- **7 位元地址與 10 位元地址**：I²C 支援 7 位元或 10 位元地址編碼。7 位元位址是最常用的，可以支援多達 127 個裝置（其中部分保留作特殊用途）。
- **從屬裝置地址設定**：每個從屬裝置都需要有一個唯一的位址，通常由製造商設定。有些感測器提供可供開發者調整的地址接腳來選擇不同的位址，允許開發者自行設定位址，以避免在同一電路之中使用相同周邊裝置與感測器而產生相同位址的衝突。

數據傳輸

- **起始與停止條件**：I²C 通訊以起始條件（START）和停止條件（STOP）來定義一次完整的通訊。
- **讀取與寫入操作**：主控裝置可以發起對從屬裝置的讀取或寫入操作，這通常包括一個或多個數據字節，並伴隨確認（Acknowledgment, ACK）或不確認（Negative-Acknowledgment, NACK）信號。

時鐘速度

- 標準模式（Standard Mode）：速度可達 100 kHz。
- 快速模式（Fast Mode）：速度可達 400 kHz。
- 快速模式+（Fast Mode Plus）：速度可達 1 MHz。
- 高速模式（High-speed Mode）：速度可達 3.4 MHz。

I²C 在感測器中的應用實例

顯示模組(Display Module)

Oled 12832：OLED 128x32 顯示模組是一種基於有機發光二極管（Organic Light-Emitting Diode, OLED）技術的小型顯示屏，具有 128 個圖元寬和 32 個圖元高的解析度。這種顯示模組以其高對比度、低功耗和廣視角等特點，廣泛應用於各種電子產品和嵌入式系統中。以下是 OLED 128x32 顯示模組的詳細介紹：

主要特點

- 高對比度：OLED 顯示技術提供比傳統液晶顯示器（LCD）更高的對比度，使文字和圖形更加清晰。
- 低功耗：當顯示幕的內容是黑色時，OLED 圖元不會發光，因此能耗較低，有助於延長整體使用壽命。
- 廣視角：OLED 顯示器具有非常寬廣的視角範圍，即使在極端角度下，顯示效果也不會顯著變差。
- 自發光：每個圖元都能單獨發光，不需要背光源，這使得 OLED 顯示器可以更薄且更輕便。
- 小型化：128x32 的尺寸使其非常適合用於小型顯示需求的應用，如嵌入式系統和行動設備。

技術規格

- 顯示解析度：128x16 圖元
- 顯示顏色：通常為單色顯示（如白色或藍色或其他）
- 介面：通常支援 I²C (有些模組可以供 SPI 通訊或兩者都有)
- 工作電壓：通常為 3.3 V 或 5 V
- 尺寸：視具體模組設計而定，常見約為 33mm x 14mm
- 可視視角：接近 180°

使用指南

硬體連接

- **I²C 連接**：連接 SDA（數據線）和 SCL（時鐘線）到微控制器的相應引腳。I²C 位址通常為 0x3C 或 0x3D。
- **SPI 連接**：連接 MOSI（主輸出從輸入）、MISO（主輸入從輸出）、SCK（時鐘）和 CS（片選）到微控制器。
- **電源連接**：確保 VCC 和 GND 正確連接。

初始化和顯示

- **初始化顯示器**：使用驅動庫（如 Adafruit SSD1306 或 U8g2）初始化顯示模組。
- **設置參數**：設置文字大小、顏色和顯示位置。
- **顯示內容**：使用函數來顯示文字、圖形或位元圖。

溫度感測器(Temperature & Humidity Sensor)

SHT2X：SHT2X 系列是 Sensirion 公司生產的溫濕度感測器，它具有高精度、低功耗和快速回應時間一種廣泛使用的數位溫度感測器，溫度精度通常可達 ±0.3°C、濕度精度：通常可達 ±2% RH（相對濕度），通常使用 I²C 通訊進行精確的溫度測量，並適用於環境監控系統。

HTU21D：HTU21D 是 TE Connectivity 公司生產的一款高精度數位溫濕度感測器，因其小型封裝、低功耗和高可靠性，溫度精度可達±0.3°C、濕度精度達±2% RH（相對濕度）通常使用 I²C 通訊進行精確的溫度測量，並適用於環境監控系統。

主要特點

- 高精度測量：溫度精度可達：±0.3°C、濕度精度可達±2% RH（相對濕度）
- 數位輸出：支援 I²C 通訊介面，提供簡便的數據讀取方式。
- 低功耗：非常適合電池供電的應用，具有休眠模式以進一步降低功耗。
- 快速響應：具有快速的溫濕度響應時間，適合需要即時監測的應用場景。
- 小型封裝：提供小型化封裝，便於集成到各種電子產品中。
- 出廠校準：在製造過程中進行校準，保證了長期的穩定性和可靠性。

技術規格

- 工作電壓：1.5 V 至 3.6 V
- 工作溫度範圍：-40°C 至 125°C
- 濕度測量範圍：0% 至 100% RH
- I²C 地址：0x40（固定）
- 解析度：可達 0.04% RH 和 0.01°C

加速度計(Accelerometer)

ADXL345：一款常用的三軸加速度計，使用 I²C 與微控制器連接，可以測量三維空間的加速度，用於運動檢測和姿態分析。是 Analog Devices 公司生產的一款高性能數位三軸加速度計，廣泛應用於消費電子、醫療設備、運動追蹤和工業自動化等領域。它具有低功耗、高解析度和多種先進功能，適合於需要精確運動檢測和振動測量的應用。以下是 ADXL345 的詳細介紹：

主要特點

- 三軸測量：提供 X、Y、Z 三個軸向的加速度測量。
- 高解析度：可達到 13 位元解析度，量程範圍可選 ±2g、±4g、±8g 或 ±16g。
- 數位接腳：支持 I²C 和 SPI 通訊協定，便於整合到各類電子設備中。
- 低功耗：在多種操作模式下的功耗極低，適合電池供電的隨身設備之應用。
- 自由落體檢測：內建自由落體檢測功能，可用於手機等設備的保護應用。
- 運動中斷：支援運動和閒置狀態中斷，可配置中斷輸出以最佳化系統效能。
- 內建 FIFO：內置 32 級 FIFO 緩衝區，用於減少單晶片、微處理機數據讀取的頻率。

技術規格

- 量程選擇：±2g、±4g、±8g、±16g
- 靈敏度：4 mg/LSB (在 ±2g 模式下)
- 工作電壓：2.0 V 至 3.6 V
- 數據速率：0.1 Hz 至 3200 Hz
- 封裝尺寸：3 mm x 5 mm x 1 mm (LGA 封裝)

光學感測器

BH1750：光學強度感測器，用於測量環境光強度，適合自動亮度調整應用，如手機和顯示器 BH1750 是 Rohm Semiconductor 公司生產的一款數位光學感測器，用於測量環境光強度。它廣泛應用於智慧手機、顯示器、汽車電子和智慧家居設備中，以實現自動亮度調整和光強度檢測等功能。以下是 BH1750 的詳細介紹：

主要特點

- 數位光強度輸出：直接以數位形式輸出光強度值，無需模擬轉換。
- 高精度：提供準確的光強度測量，範圍從 1 lx 到 65535 lx。
- 低功耗：在待機模式下消耗極低的電流，非常適合電池供電的設備。
- I²C 通訊：使用 I²C 通訊介面，便於與單晶片、微處理機和各種周邊裝置進行連接。
- 小型封裝：小型封裝（2.4 mm x 1.6 mm x 0.86 mm），易於整合到各種設備中。
- 多種測量模式：支援多種測量模式，包括連續高解析度模式和一次性測量模式，滿足不同應用需求。

技術規格

- 工作電壓：2.4 V 至 3.6 V
- 測量範圍：1 lux 至 65535 lux
- 解析度：1 lux
- I²C 地址：0x23 或 0x5C（可選）
- 工作溫度範圍：-40°C 至 85°C。

氣壓計

BMP280： BMP280 是由 Bosch Sensortec 公司設計和生產的一款高精度氣壓和溫度感測器。這款感測器因其高精度、低功耗和小型化特性，廣泛應用於各種移動裝置和物聯網（IoT）設備中，如智慧手機、穿戴式設備、GPS 導航設備和天氣站。以下是 BMP280 的詳細介紹：

主要特點

- 高精度測量：氣壓精度可達±1 hPa，溫度精度可達±1°C
- 低功耗：適合於便攜式和電池供電的應用。
- 小型封裝：提供小型化封裝，易於集成。
- 數位接腳：支援 I²C 和 SPI 通訊介面。
- 多種操作模式：提供標準模式和超低功耗模式。

技術規格

- 工作電壓：1.71 V 至 3.6 V
- 工作溫度範圍：-40°C 至 85°C
- 測量範圍：
  1. 氣壓測量範圍：300 hPa 至 1100 hPa
  2. 溫度測量範圍：-40°C 至 85°C
- 解析度：
  1. 氣壓測量範圍：0.16 Pa
  2. 溫度測量範圍：0.01°C
- I²C 地址：0x76 或 0x77（可選）。

I²C 系統設計考慮

- **信號完整性**：上拉電阻的選擇對於保持信號完整性至關重要。通常，SDA 和 SCL 線都需要連接適當的上拉電阻，值的選擇要考慮總線的電容負載。
- **電壓匹配**：確保所有連接的 I²C 裝置都運行在相同的電壓範圍內，以避免損壞裝置或影響通訊。

- **總線仲裁**：在多主控環境中，總線仲裁機制確保只有一個主控裝置能夠在同一時間控制總線。
- **錯誤處理**：設計 I²C 系統時，要考慮如何處理通訊中的錯誤，例如裝置不應答或數據錯誤。
- I²C 匯流排提供了靈活且易於實施的解決方案，使得在嵌入式系統中集成各種感測器和裝置變得非常簡單。這使其在現代電子產品設計中成為一個不可或缺的組件。

本章節會以溫濕度感測器(HTU21D)來做主要的感測器來讀取環境的溫溼度資料來源，並輔以 OLED 12832 顯示模組來顯示其讀取環境的溫溼度資料，介紹連接電路圖與溫溼度讀取程式。

溫溼度模組電路組立

如下圖所示，這個實驗我們需要用到的實驗硬體有下圖.(a)的 ESP32S 開發板(NodeMCU-32S)、下圖.(b) MicroUSB 下載線、下圖.(c) HTU21D 溫濕度模組、下圖.(d) OLED 12832 顯示模組：

準備實驗材料

如下圖所示，這個實驗我們需要用到的實驗硬體有下圖.(a)的 ESP 32 開發板、下圖.(b) MicroUSB 下載線、下圖.(c) HTU21D 溫溼度感測模組、下圖.(d) Oled 12832 顯示模組：

~ 205 ~

(a). ESP32S 開發板(NodeMCU-32S) 　　　(b). MicroUSB 下載線

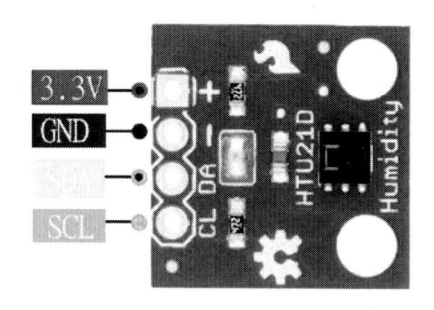

(c). HTU21D溫溼度感測模組

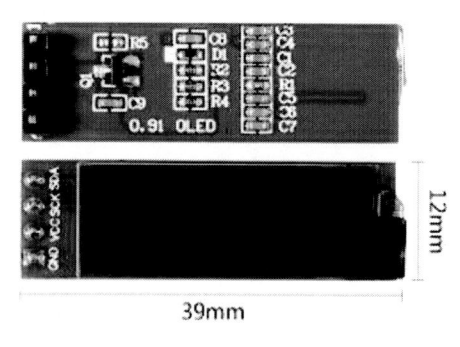

(d). Oled 12832顯示模組

圖 255 溫溼度感測模組驗材料表

讀者也可以參考下表之溫溼度感測模組接腳表，進行電路組立。

表 7 溫溼度感測模組接腳表

接腳	接腳說明	開發板接腳
3	溫溼度感測模組(+/VCC)	接電源正極(3.3 V)

~ 206 ~

接腳	接腳說明	開發板接腳
4	溫溼度感測模組(-/GND)	接電源負極
5	溫溼度感測模組(DA/SDA)	GPIO 21/SDA
6	溫溼度感測模組(CL/SCL)	GPIO 22/SCL

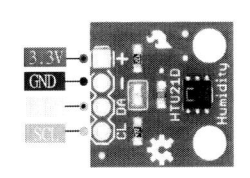

HTU21D 溫溼度感測器

1	Oled 12832 Vcc(紅線)	接電源正極(5V)
2	麵包板 GND(藍線)	接電源負極
3	Oled 12832 (+/VCC)	接電源正極(3.3 V)
4	Oled 12832 (-/GND)	接電源負極
5	Oled 12832 (SDA)	GPIO 21/SDA
6	Oled 12832 (SCL)	GPIO 22/SCL

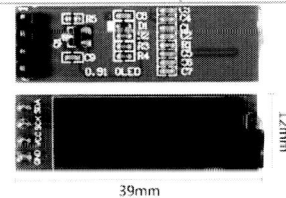

Oled 12832 顯示模組

接腳	接腳說明	開發板接腳

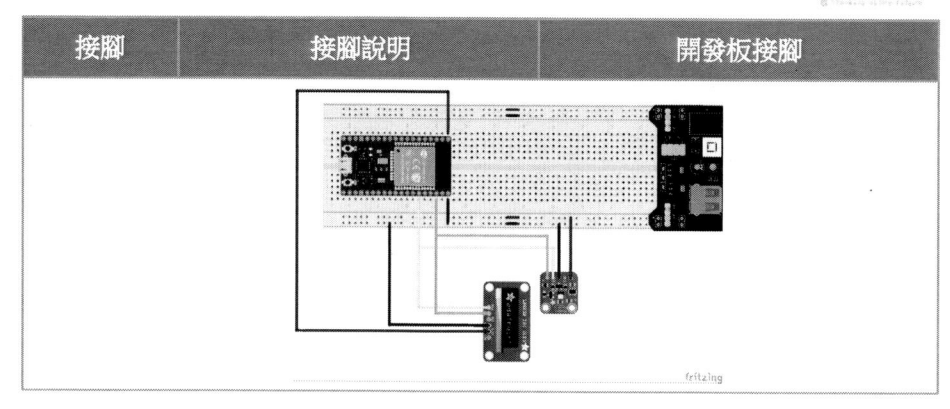

讀者可以參考下圖所示之溫溼度監控電路圖(I^2C 介面)或上表所示之溫溼度監控(I^2C 介面)接腳表,進行電路組立。

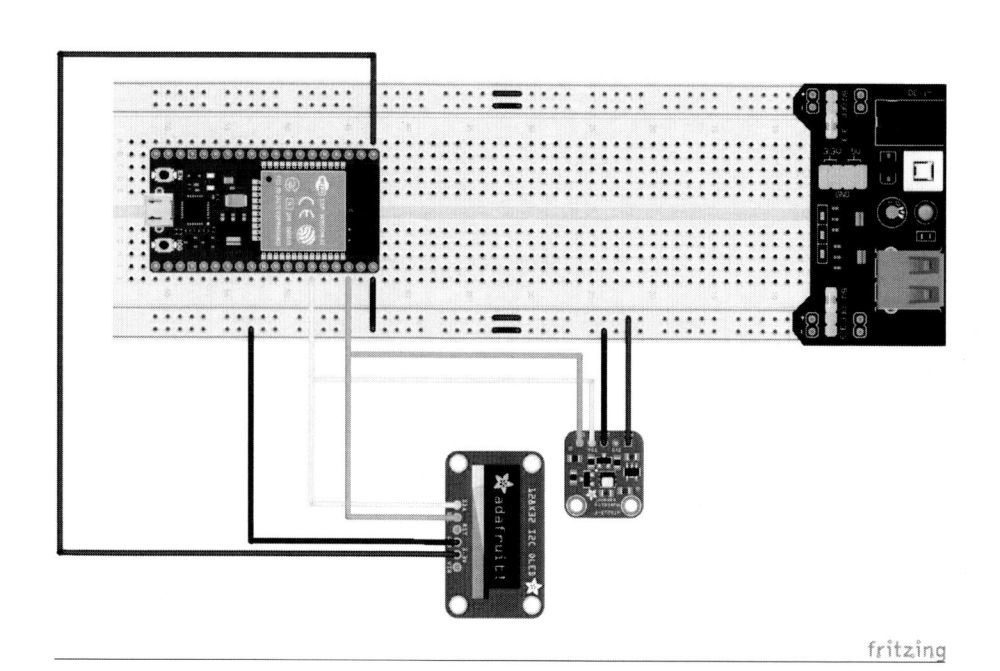

圖 256 溫溼度監控電路圖(I^2C 介面)

驅動 OLED 12832 測試程式

我們遵照前幾章所述，將 MicroPython 開發工具安裝好之後，我們打開 MicroPython 開發工具安裝：Thonny MicroPython 編譯整合開發軟體，攥寫一段程式，如下表所示之 OLED12833 測試程式，來測試 OLED 12832 顯示模組是否正常。

表 8 OLED12833 測試程式

```
OLED12833 測試程式(oled12832_v2.py)
# 這個 MicroPython 程式示範了如何使用 SSD1306 OLED 顯示器，
# 並在螢幕上顯示文本。主要步驟包括：
#
#     匯入必要的套件，包括硬體 I2C、軟體 I2C、GPIO、SSD1306 OLED 顯示
驅動。
#     建立 I2C 物件，並指定 SDA 和 SCL 的腳位。
#     創建 SSD1306_OLED 物件，指定解析度與 I2C 通訊物件。
#     清除 OLED 顯示，使螢幕為黑色。
#     使用 display.text() 在指定的位置上顯示文本。
#     使用 display.show() 來更新 OLED 螢幕，使顯示內容生效。
from machine import Pin, SoftI2C, I2C   # 匯入 MicroPython 的 GPIO、軟體 I2C、
硬體 I2C 套件
import ssd1306   # 匯入 SSD1306 套件，用於 OLED 顯示
from myLib import *   # 匯入自訂函數庫

# 使用預設位址 0x3C 來建立 I2C 物件，並設定 SDA 與 SCL 的腳位
i2c = I2C(sda=Pin(21), scl=Pin(22))   # 設定 I2C 通訊腳位

# 也可以選擇使用軟體 I2C
# i2c = SoftI2C(scl=Pin(22), sda=Pin(21), freq=100_000)

# 創建 SSD1306_I2C 物件，解析度為 128x32，使用剛創建的 I2C 物件
display = ssd1306.SSD1306_I2C(128, 32, i2c)

# 清除 OLED 顯示，將螢幕填滿黑色
display.fill(0)
display.show()   # 更新並顯示螢幕內容
```

```
# 顯示一系列文本於 OLED 上，並指定顯示位置與顏色
# 使用 display.text(文字, x 位置, y 位置, 顏色)
# 顏色值 1 表示亮，0 表示暗
display.text('Hello, World!', 0, 10, 1)   # 在 (0, 10) 顯示 'Hello, World!'
display.text('SoftI2C Test', 0, 20, 1)    # 在 (0, 20) 顯示 'SoftI2C Test'
display.text('SoftI2C Test2', 0, 30, 1)   # 在 (0, 30) 顯示 'SoftI2C Test2'

print("OK")   # 在控制台顯示 OK

# 更新並顯示 OLED 螢幕的內容
display.show()
```

程式下載區：https://github.com/brucetsao/ESP32Python

程式結果畫面

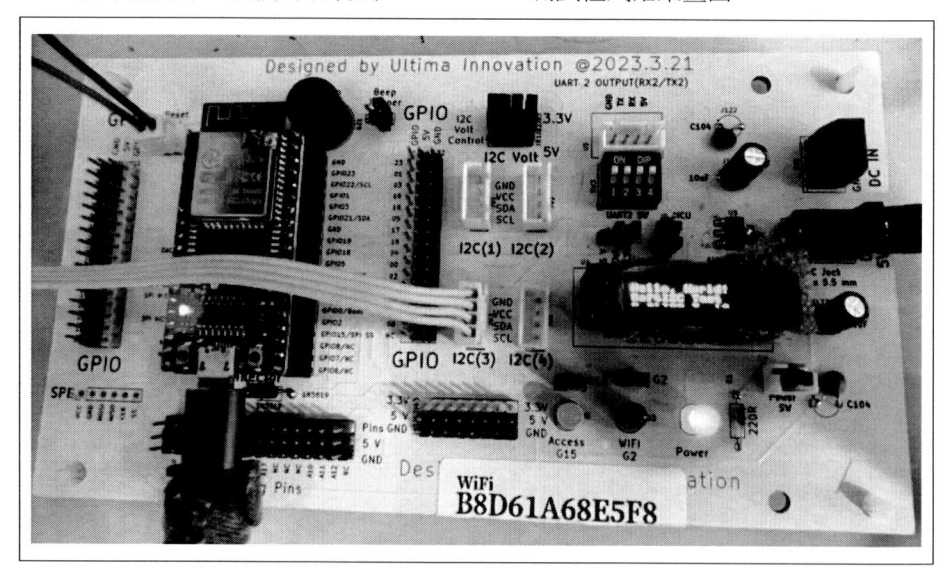

如下圖所示，我們可以看到 OLED 12832 測試程式結果畫面。

圖 257 OLED 12832 測試程式結果畫面

HTU21D 溫溼度感測測試程式

我們遵照前幾章所述，將 MicroPython 開發工具安裝好之後，我們打開 MicroPython 開發工具安裝：Thonny MicroPython 編譯整合開發軟體，攥寫一段程式，如下表所示之 HTU21D 溫溼度感測測試程式，來測試 HTU21D 溫溼度感測模組是否正常。

表 9 HTU21D 溫溼度感測測試程式

```
HTU21D 溫溼度感測測試程式(HTU21DTest.py)
# 這段 MicroPython 程式碼的主要功能是與 HTU21D 溫濕度感測器通訊，
# 這個程式碼不斷從 HTU21D 感測器取得溫度和濕度數據，
# 顯示內容包括溫濕度數據以。

# 匯入所需的模組，包括 HTU21D、SSD1306 OLED 顯示模組、Pin 和 SoftI2C，
以及 utime
from HTU21D import HTU21D   # 使用 HTU21DF 溫濕度感測器
from myLib import *   # 使用者自訂函式庫
from machine import Pin, SoftI2C   # 使用 Pin 和 SoftI2C 套件
import utime   # 引入 utime 套件，提供時間延遲等功能

# 使用 SoftI2C 通訊，設定 SDA 和 SCL 的 GPIO 引腳和通訊頻率
i2c = SoftI2C(scl=Pin(22), sda=Pin(21), freq=100_000)

# 建立 HTU21D 感測器的實例，使用 SDA 和 SCL 的腳位
```

```python
lectura = HTU21D(22, 21)

# 進入無窮迴圈，不斷獲取並顯示溫濕度資訊
while True:
    # 取得溫濕度數據
    hum = lectura.humidity      # 取得濕度
    temp = lectura.temperature  # 取得溫度

    # 在控制台輸出溫濕度數據
    print('Humedad:', hum)         # 輸出濕度
    print('Temperatura:', temp)    # 輸出溫度

    # 休息 2 秒
    utime.sleep(2)   # 等待兩秒鐘
```

程式下載區：https://github.com/brucetsao/ESP32Python

程式結果畫面

如下圖所示，我們可以看到 HTU21D 溫溼度感測測試程式結果畫面。

```
Temperatura: 25.30846
Humedad: 60.41388
Temperatura: 25.31918
Humedad: 60.42151
Temperatura: 25.31918
```

圖 258 HTU21D 溫溼度感測測試程式結果畫面

整合 OLED 12832 之 HTU21D 溫溼度感測測試程式

我們遵照前幾章所述，將 MicroPython 開發工具安裝好之後，我們打開 MicroPython 開發工具安裝：Thonny MicroPython 編譯整合開發軟體，攥寫一段程

式，如下表所示之整合 OLED 12832 之 HTU21D 溫溼度感測測試程式，讀取 HTU21D 溫溼度感測元件並顯示於 OLED 12832 測試程式是否正常。

表 10 讀取 HTU21D 溫溼度感測元件並顯示於 OLED 12832 測試程式

讀取 HTU21D 溫溼度感測元件並顯示於 OLED 12832 測試程式 (HTU21D_Oled12832.py)

# 這段 MicroPython 程式碼主要用於從 HTU21D 溫濕度感測器讀取數據， 	
# 並將這些數據顯示在 SSD1306 OLED 顯示模組上。 	
# 程式碼中使用 SoftI2C 與感測器和 OLED 顯示模組進行通訊。 	
# 這段程式碼反覆執行， 	
# 讀取 HTU21D 溫濕度感測器的數據， 	
# 並將溫度和濕度資訊顯示在 SSD1306 OLED 顯示模組上， 	
# 並在控制台輸出這些數據。 	
# 同時，在顯示溫度和濕度之前， 	
# 程式碼會清除 OLED 的畫面， 	
# 以確保顯示的數據是最新的。 	
 	
# 匯入必要的模組，包括 HTU21D、SSD1306 OLED 顯示模組、機器控制和時間管理模組 	
from HTU21D import HTU21D   # HTU21D 溫濕度感測器
from myLib import *   # 使用者自訂函式庫
import ssd1306   # SSD1306 OLED 顯示模組
from machine import Pin, SoftI2C   # 進行 GPIO 操作和 SoftI2C 通訊
import utime   # 提供時間延遲功能
 	
# 初始化 SoftI2C 通訊，指定 SCL 和 SDA 的 GPIO 腳位，以及通訊頻率 	
i2c = SoftI2C(scl=Pin(22), sda=Pin(21), freq=100_000)
 	
# 初始化 SSD1306 OLED 顯示模組，解析度為 128x32，並使用 I2C 通訊 	
display = ssd1306.SSD1306_I2C(128, 32, i2c)
 	
# 清除 OLED 顯示模組的畫面 	
display.fill(0)   # 用黑色填充整個畫面
display.show()   # 更新 OLED 顯示模組
 	
# 在 OLED 上顯示 MAC 地址（假設 GetMAC() 函式從某個地方取得 MAC 地 	

址）
display.text(GetMAC(), 0, 0, 1)   # 在位置 (0, 0) 顯示 MAC 地址

# 初始化 HTU21D 溫濕度感測器，使用 SoftI2C 通訊
lectura = HTU21D(22, 21)

# 進入無窮迴圈，定期讀取並顯示溫濕度資訊
while True:
    # 讀取溫濕度感測器數據
    hum = lectura.humidity   # 取得濕度
    temp = lectura.temperature   # 取得溫度

    # 在控制台顯示溫濕度資訊
    print('Humedad:', hum)   # 輸出濕度
    print('Temperatura:', temp)   # 輸出溫度

    # 清除 OLED 顯示模組的畫面
    display.fill(0)   # 用黑色填充整個畫面

    # 在 OLED 上顯示溫度和濕度資訊
    display.rect(0, 10, 128, 10, 0, 1)   # 繪製橫線
    display.text('Temp:' + str(temp), 0, 10, 1)   # 在位置 (0, 10) 顯示溫度
    display.rect(0, 20, 128, 10, 0, 1)   # 繪製另一個橫線
    display.text('Humid:' + str(hum), 0, 20, 1)   # 在位置 (0, 20) 顯示濕度

    # 更新 OLED 顯示模組的內容，將新的資訊顯示出來
    display.show()

    # 暫停 5 秒，然後再執行下一個反覆運算
    utime.sleep(5)
```

程式下載區：https://github.com/brucetsao/ESP32Python

程式結果畫面

如下圖所示，我們可以看到讀取 HTU21D 溫溼度感測元件並顯示於 OLED

~ 214 ~
```

12832 測試程式結果畫面。

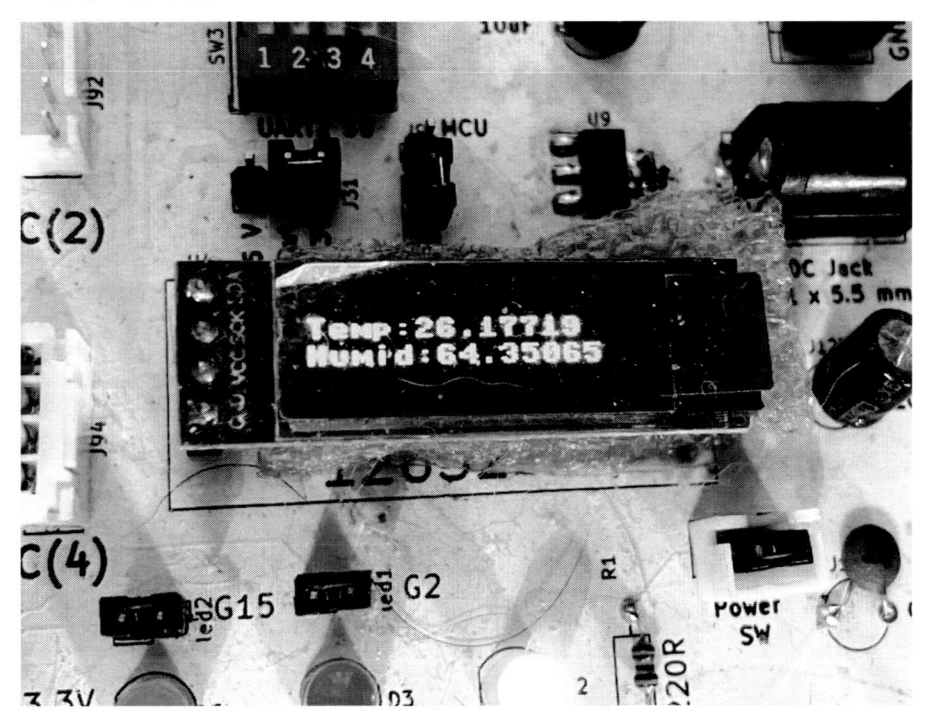

圖 259 讀取 HTU21D 溫溼度感測元件並顯示於 OLED 12832 測試程式結果畫面

傳送溫溼度資料到雲端開發測試程式

筆者在『物聯網雲端系統開發(基礎入門篇):Implementation an IoT Clouding Application (An Introduction to IoT Clouding Application Based on PHP)』一書中(曹永忠, 蔡英德, & 許智誠, 2023c)，如下圖所示，可以見到筆者設計的物聯網系統架構，如下圖右邊所示，建立一個底層資料收集器，收集所需要的資料值，並針對資料收集器傳送收集的資料值，透過如下圖中間傳輸層所示之 REST Ful API 的標準介面，建立一個雲端平臺，其平臺內有伺服器端對應連接資料介面的資料代理人 (DB Agent)(曹永忠, 2016b, 2017a, 2017b, 2020b; 曹永忠、吳佳駿, 許智誠, & 蔡英德, 2017a, 2017b, 2017c; 曹永忠, 許智誠, & 蔡英德, 2015a, 2015b, 2016a, 2016b, 2020; 曹永忠 et al., 2023b, 2023c)，進而讓讀者學習倒建立一個物聯網系統中，建立一個使用溫濕度感測裝置所建立的資料收集器，透過無線網路(Wifi Access Point)，將資料溫溼度感測資料，透過網頁資料傳送，將資料送入 mySQL 資料庫系統。

RESTful API（Representational State Transfer，表徵狀態轉移的縮寫）是一種設計風格,主要目的是希望建立網路上的標準 HTTP 協議進行通訊。RESTful API 不僅簡單而且具有可擴展性和良好的互通性，因此在網頁服務和微服務架構中非常受歡迎。

一般來說 RESTful API 的核心原則如下：

RESTful API 依據 REST 的設計原則進行設計，以下是其核心原則：

- 資源導向：RESTful API 是基於資源設計的，每個資源都有唯一的 URI（統一資源定位器）。資源可以是任何可識別的對象，如用戶、產品、訂單等。

- 無狀態：每個 RESTful API 請求都是獨立的，伺服器不保留任何客戶端的狀態。這意味著客戶端需要在每個請求中提供必要的資訊，防止無權或非法使用者使用資源。。

- 統一介面：RESTful API 使用標準 HTTP 方法（如 GET、POST、PUT、DELETE）來執行操作。每個方法代表一種資源操作：GET 用於讀取、POST 用於創建、PUT 用於更新、DELETE 用於刪除。

- 表現形式自描述：RESTful API 的回應(Response)包含所有需要的資訊，以便客戶端進行網路資源的狀態或結果。而該回應(Response)可以是 JSON、XML 等格式，而且是常見與容易理解可方便系統開發的格式。

- 客戶端-伺服器架構(Client/Server)：RESTful API 將客戶端和伺服端分離獨自運作，這允許它們各自獨立演化和擴展。

- 分層系統：RESTful API 允許在伺服器之間使用分層架構，如負載平衡、快取等，這有助於提高效能和可擴展性。

一般來說 RESTful API 的標準介面

以下是 RESTful API 常用的標準介面與方法：

- GET：從伺服器獲取資源或資源列表。該方法通常不會修改資源，通常用於讀取操作。
- POST：在伺服器上創建新資源。用於提交新資料，例如新增一個新記錄。
- PUT：更新伺服器上的資源。這通常用於修改資源的整體內容或創建（如果資源不存在）。
- PATCH：部分更新伺服器上的資源，用於只更新資源的一部分。
- DELETE：從伺服器中刪除資源。

一般來說 RESTful API 的標準開發方式，為了確保 RESTful API 的易用性和可維護性，以下是一些常見的標準開發方式：

- 資源命名：使用名詞來命名資源，而不是動詞。例如，使用 /users 表示用戶列表，而不是 /getUsers 這種形式。
- URI 結構：使用分層結構的 URI 來代表資源之間的關係，例如 /users/123/orders 代表用戶 123 的訂單。
- HTTP 狀態碼：使用合適的 HTTP 狀態碼來表示操作的結果，例如 200（成功）、201（創建成功）、400（請求錯誤）、404（未找到）等。
- HTTP 標頭：使用 HTTP 標頭來傳達額外資訊，例如 Content-Type 表示資料格式。
- RESTful 風格：確保請求和響應遵循 REST 的原則，例如無狀態、統一介面等。

這些標準介面和開發方式有助於構建一致、可擴展和易於理解的 RESTful

API，從而提高開發效率和系統可維護性。

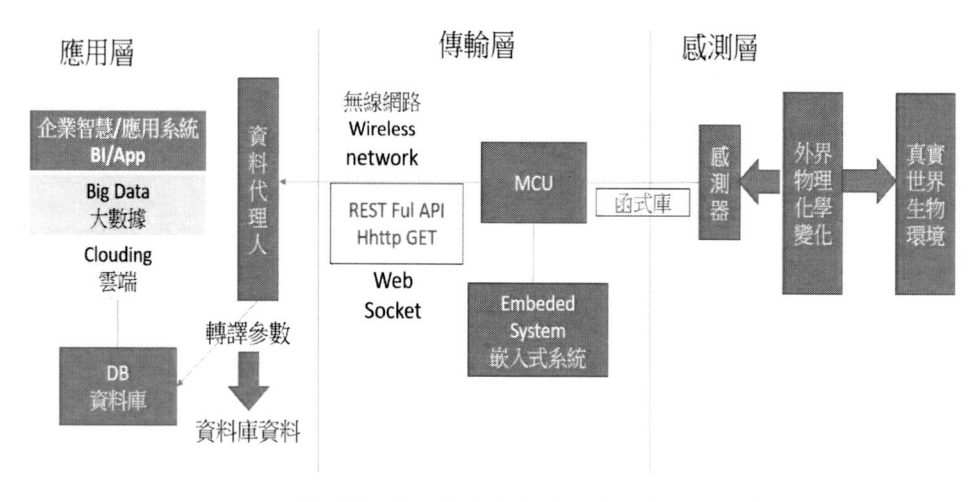

圖 260 資料收集器傳送到雲端系統概念圖

　　如下圖所示，可以見到如上圖所示中間傳輸層所示之 REST Ful API 的標準介面，筆者使用 HTTP GET 通訊協定來建立到如上圖所示中間傳輸層所示之 REST Ful API 的標準介面的實踐。

　　如下圖所示，HTTP GET 通訊協定就是將程式架構在一個雲端平臺，每一個雲端平臺都有唯一的一個網址，接下來雲端平臺下有許多目錄資料夾，當然每一個目錄資料夾也有其他檔案與其他目錄資料夾，如此反覆，可以在對應的資料夾，建立對應連接資料介面的資料代理人(DB Agent)，這支資料介面的資料代理人(DB Agent)若要接受外在資料參數，則在後面加入一個『?』，代表開始接收外在參數，接下來每一個參數個格式，就是『參數名稱=傳入該參數內容』的格式，如果有超過一個以上的參數要傳入，每一個參數與另一個參數必須要用『&』的符號連接。

~ 218 ~

RESTFul API 界面

圖 261 資料收集器傳送到雲端系統概念圖

如上圖所示，如果再本機建立一個資料代理人：http://iot.arduino.org.tw:8888/bigdata/dhtdata/dhDatatadd.php?MAC=B8D61A68E5F8&T=27.1&H=62.2，如下圖所示，在任何本機端瀏覽器的網址列：輸入『http://iot.arduino.org.tw:8888/bigdata/dhtdata/dhDatatadd.php?MAC=B8D61A68E5F8&T=27.1&H=62.2』，按下 enter 之後，可以看到如下圖所示之產生一筆溫溼度感測器的收集值。

所以：

1. iot.arduino.org.tw:8888：為雲端平臺的網址，通訊埠為：8888
2. /bigdata/dhtdata/：就是在該雲端平臺下，其 bigdata 資料夾，在下面 dhtdata 資料夾，就是資料代理人的程式存放區。
3. dhDatatadd.php：則是筆者建立的資料代理人
4. ?:代表有資料傳入
5. MAC=B8D61A68E5F8&T=27.1&H=62.2：代表有

- MAC=B8D61A68E5F8: 有一個 MAC 名稱的參數，內容為 B8D61A68E5F8。
- T=27.1:有一個 T 名稱的參數，內容為 27.1。

- H=62.2:有一個 H 名稱的參數,內容為 62.2。

整個上述敘述為整個 http GET 格式的資料代理人(DB Agent)

```
ip:114.33.165.41
GET DATA passed
(B8D61A68E5F8)
insert into big.dhtdata (MAC,IP, temperature, humidity, systime) VALUES (
'B8D61A68E5F8', '114.33.165.41', 27.1, 62.2, '20240807023021');
Successful
```

圖 262 資料代理人傳輸資料之結果畫面

HTTP GET 程式原理介紹

如下圖所示,所以 http GET 格式的資料代理人(DB Agent),格式如下:

1. localhost:8888:為雲端平臺的網址,通訊埠為:8888

2. /big/dhtdata/:就是在該雲端平臺下,其 big 資料夾,在下面 dhtdata 資料夾,就是資料代理人的程式存放區。

3. dhDatatadd.php:則是筆者建立的資料代理人

4. ?:代表有資料傳入

5. MAC=112233445566&T=34.45&H=23:代表有

   - MAC=112233445566:有一個 MAC 名稱的參數,內容為 112233445566。
   - T=34.45:有一個 T 名稱的參數,內容為 34.45。
   - H=23:有一個 H 名稱的參數,內容為 23。

整個上述敘述為整個 http GET 格式的資料代理人(DB Agent)，如下圖所示，會將 MAC(裝置 MAC 值)、T(溫度值)、H(濕度值)，傳入程式之後，其他 ID 會自動產生，crtdatetime 則是系統的時間戳記(TIMESTAMP)，也會自動產生並自動填入，而 systime 會使用函數讀取系統時間後，轉換格式： YYYYMMDDhhmmss 的文字格式。

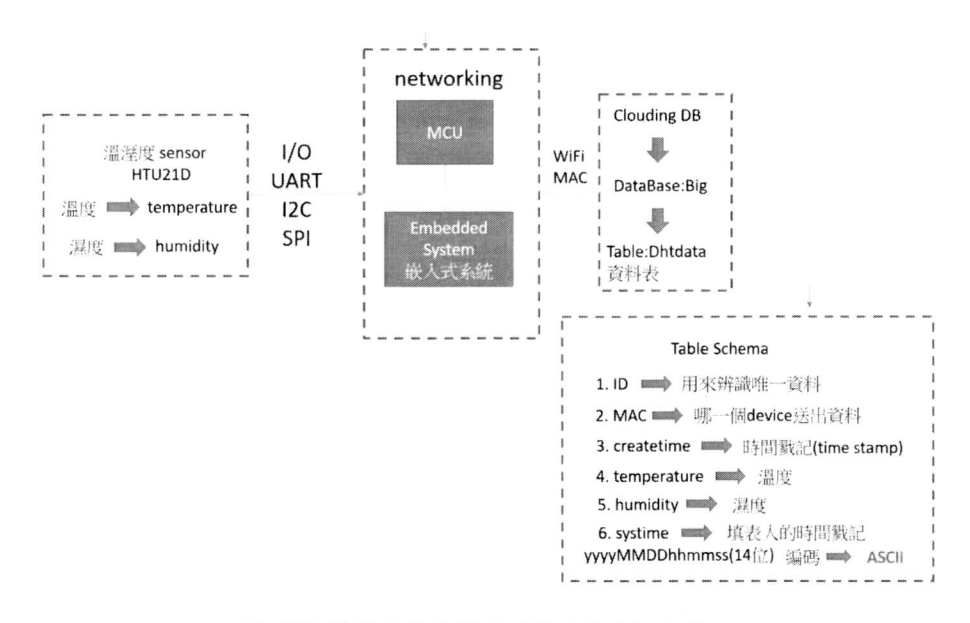

圖 263 資料收集器傳送到雲端系統概念圖

我們遵照前幾章所述，將 MicroPython 開發工具安裝好之後，我們打開 MicroPython 開發工具安裝：Thonny MicroPython 編譯整合開發軟體，攥寫一段程式，如下表所示之傳送溫溼度資料到雲端開發測試程式，要讀取 HTU21D 溫溼度感測元件並顯示於 OLED 12832 上之後，把溫溼度資料透過 RESTFul API 方式，傳送資料到雲端上，本書例子為： http://iot.arduino.org.tw:8888/bigdata/dhtdata/dhDatatadd.php?MAC=B8D61A68E5F8&T=27.1&H=62.2，這部分的原理如果讀者還有不瞭解之處，請讀者閱讀筆者所著之『物聯網雲端系統開發(基礎入門篇):Implementation an IoT Clouding Application

(An Introduction to Internet of Thing Based on PHP)』一書(曹永忠, 蔡英德, & 許智誠, 2024)。

我們遵照前幾章所述，將 MicroPython 開發工具安裝好之後，我們打開 MicroPython 開發工具安裝：Thonny MicroPython 編譯整合開發軟體，攥寫一段程式，如下表所示之傳送溫溼度資料到雲端開發測試程式，讀取 HTU21D 溫溼度感測元件並顯示於 OLED 12832 後，使用 RESTFul API 的方式傳送資料到：http://iot.arduino.org.tw:8888/bigdata/dhtdata/dhDatatadd.php 之資料代理人一端。

表 11 傳送溫溼度資料到雲端開發測試程式

傳送溫溼度資料到雲端開發測試程式(HTU21D_Oled12832_to_Clouding.py)
# 這段 MicroPython 程式碼主要用於從 HTU21D 溫濕度感測器讀取數據，
# 並將這些數據顯示在 SSD1306 OLED 顯示模組上。
# 程式碼中使用 SoftI2C 與感測器和 OLED 顯示模組進行通訊。
# 這段程式碼反覆執行，
# 讀取 HTU21D 溫濕度感測器的數據，
# 並將溫度和濕度資訊顯示在 SSD1306 OLED 顯示模組上，
# 並在控制台輸出這些數據。
# 同時，在顯示溫度和濕度之前，
# 程式碼會清除 OLED 的畫面，
# 以確保顯示的數據是最新的。
# 匯入必要的模組，包括 HTU21D、SSD1306 OLED 顯示模組、機器控制和時間管理模組
import network   # 匯入網路相關的功能模組
import urequests as requests   # 匯入 HTTP 請求功能模組
import time   # 匯入時間相關功能模組
# 匯入使用者自訂函式庫
from HTU21D import HTU21D   # HTU21D 溫濕度感測器
from myLib import *   # 使用者自訂函式庫
import ssd1306   # SSD1306 OLED 顯示模組
from machine import Pin, SoftI2C   # 進行 GPIO 操作和 SoftI2C 通訊
import utime   # 提供時間延遲功能
# 建立 WLAN 物件，使用 STA_IF 代表客戶端模式

```python
wlan = network.WLAN(network.STA_IF)

# 啟用 WLAN 功能
wlan.active(True)

# 設定 SSID 和密碼
ssidstr = "NCNUIOT"
ssidpwd = "12345678"

# 嘗試連接到無線網路，使用 SSID 和密碼
status = wlan.connect(ssidstr, ssidpwd)

# 定義一個目標網址
urlstr = "http://iot.arduino.org.tw:8888/bigdata/dhtdata/dhDatatadd.php?MAC=%s&T=%3.1f&H=%3.1f"

# 列印連接狀態
print(status)

# 檢查是否成功連接到無線網路
if wlan.isconnected():
    # 列印網路配置資訊
    print(wlan.ifconfig())
    print("IP:", wlan.ifconfig()[0])      # 列印 IP 地址
    print("MASK:", wlan.ifconfig()[1])    # 打印子網路遮罩
    print("GateWay:", wlan.ifconfig()[2]) # 列印網關地址
    print("DNS:", wlan.ifconfig()[3])     # 列印 DNS 伺服器地址

# 初始化 SoftI2C 通訊，指定 SCL 和 SDA 的 GPIO 腳位，以及通訊頻率
i2c = SoftI2C(scl=Pin(22), sda=Pin(21), freq=100_000)

# 初始化 SSD1306 OLED 顯示模組，解析度為 128x32，並使用 I2C 通訊
display = ssd1306.SSD1306_I2C(128, 32, i2c)
macstr = GetMAC()  # 取得 MAC 地址（假設 GetMAC() 函式從某個地方取得 MAC 地址）

# 清除 OLED 顯示模組的畫面
```

```python
display.fill(0)    # 用黑色填充整個畫面
display.show()     # 更新 OLED 顯示模組

# 在 OLED 上顯示 MAC 地址
display.text(macstr, 0, 0, 1)    # 在位置 (0, 0) 顯示 MAC 地址

# 初始化 HTU21D 溫濕度感測器，使用 SoftI2C 通訊
lectura = HTU21D(22, 21)

# 進入無窮迴圈，定期讀取並顯示溫濕度資訊
while True:
    # 讀取溫濕度感測器數據
    hum = lectura.humidity       # 取得濕度
    temp = lectura.temperature   # 取得溫度

    # 在控制台顯示溫濕度資訊
    print('Humedad:', hum)       # 輸出濕度
    print('Temperatura:', temp)  # 輸出溫度

    # 清除 OLED 顯示模組的畫面
    display.fill(0)    # 用黑色填充整個畫面

    # 在 OLED 上顯示 MAC 地址
    display.text(macstr, 0, 0, 1)    # 在位置 (0, 0) 顯示 MAC 地址

    # 在 OLED 上顯示溫度和濕度資訊
    display.text('Temp:' + str(temp), 0, 10, 1)    # 在位置 (0, 10) 顯示溫度
    display.text('Humid:' + str(hum), 0, 20, 1)    # 在位置 (0, 20) 顯示濕度

    # 更新 OLED 顯示模組的內容，將新的資訊顯示出來
    display.show()

    # RESTFul API，用 HTTP GET 送資料
    # 檢查無線網路是否已成功連接
    if wlan.isconnected():
        # 發送 HTTP GET 請求
        urlstr2 = urlstr % (macstr, temp, hum)    # 轉換變數內容到 HTTP GET 的 URL 字串
```

```
        print(urlstr2)
        res = requests.get(urlstr2)   # 發送 HTTP GET 請求並取得回應

        # 列印從目標網址獲取的回應內容
        print("HTML is:", res.text)
else:
        # 如果連接失敗，列印錯誤訊息
        print("Connect AP Fail")

# 暫停 30 秒，然後再執行下一個反覆運算
utime.sleep(30)
```

程式下載區：https://github.com/brucetsao/ESP32Python

程式結果畫面

如下圖所示，我們可以看到傳送溫溼度資料到雲端開發測試程式結果畫面。

```
ip:114.33.165.41
GET DATA passed
(B8D61A68E5F8)
insert into big.dhtdata (MAC,IP, temperature, humidity, systime) VALUES (
'B8D61A68E5F8', '114.33.165.41', 27.1, 62.2, '20240807023021');
Successful
```

圖 264 傳送溫溼度資料到雲端開發測試程式結果畫面

~ 225 ~

章節小結

本章主要介紹之 ESP32S 開發板(NodeMCU-32S)如何控制 I²C 輸入與輸出，進而連接到溫溼度感測模組(HTU21D)與 OLED 12832 顯示模組，透過讀取溫溼度感測模組(HTU21D)並顯示在 OLED 12832 顯示模組之上，最後介紹如何將讀取溫溼度感測模組(HTU21D)的溫溼度資料受過 WIFI 模組與 RESTFul API 方式，將溫溼度資料傳送到雲端平臺之上，相信透過本章節的解說，相信讀者會對 ESP32S 開發板(NodeMCU-32S)的 I²C 輸入與輸出的使用與運用，有更深入的瞭解與體認

CHAPTER 6

網路基礎篇

ESP32S 開發板(NodeMCU-32S) 是由 Espressif Systems[10] 設計和生產的一款功能強大的低成本單晶片、微處理機，具有內置 WiFi 和藍牙功能。它在物聯網（IoT）、智慧家庭、穿戴設備等領域被廣泛應用。

ESP32S 開發板(NodeMCU-32S)提供了全面的 WiFi 功能，包括接入點模式、站點模式、掃描可用網路和建立 TCP/IP 連接等。其支援 802.11 b/g/n WiFi 標準，並且可以使用 2.4GHz 頻段。

主要特性

- 多種模式支援：站點模式(Station Mode，STA)：ESP32 連接到現有的 WiFi 網路，成為網路中的一個客戶端(Client)。
- 熱點模式（Access Point Mode，AP）：ESP32 作為一個 WiFi 熱點，允許其他設備連接。
- 混合模式（STA+AP）：ESP32 同時作為客戶端(Client)和熱點(AP)，實現更靈活的網路配置。
- TCP/IP 協議支持：提供完整的 TCP/IP 協議棧支援，包括 TCP、UDP、HTTP、HTTPS、MQTT 等協議。
- WiFi Direct：支持 WiFi Direct，允許設備之間直接通訊，無需透過任何的路由器。

---

[10] 樂鑫科技是中華人民共和國一家 Wi-Fi 晶片設計企業以及無廠半導體公司，成立於 2008 年 4 月。總部位於上海市。2015 年，樂鑫科技成為小米科技的 Wi-Fi 晶片供應商。2018 年 5 月 9 日，樂鑫科技得到了英特爾的投資[2]。截至 2019 年 3 月，復星國際、京東方、美的集團、海爾集團等企業間接持股樂鑫科技。2019 年 7 月 22 日，樂鑫科技在上交所科創板上市。

- WPS 支持：支持 WiFi Protected Setup（WPS）[11]，簡化了 WiFi 配置過程。
- 安全性：支持 WPA/WPA2 加密[12]，保護數據安全。
- WiFi 事件管理：提供事件處理機制，允許用戶自定義 WiFi 連接、斷開等事件的回應行為。

開發版硬體介紹

如下圖所示，當 ESP32S 開發板(NodeMCU-32S)裝載於 ESP32S 學習用白色終極板 (38 Pin ESP32S)之上，由於我們需要進行一些 I/O 實驗與外接一些感測器，所以 ESP32S 學習用白色終極板 (38 Pin ESP32S)特別將裝置於上的 ESP32S 開發板 (NodeMCU-32S)之 GPIO 與通訊介面外接到如下圖紅框處所示之固定的位置，並搭配每一個 GPIO 點，加上一組的 5V/GND 端點的接點，可以輕鬆連接 I/O 零件或外接一些感測器進行實驗。

---

[11] Wi Fi 保護設置（簡稱 WPS，全稱 Wi Fi Protected Setup；原始名稱是 Wi Fi Simple Config）是一個無線網絡安全標準，旨在讓家庭用戶使用無線網絡時簡化加密步驟。此標準由 Wi-Fi 聯盟（Wi-Fi Alliance）於 2006 年製定

[12] WPA（英語：Wi-Fi Protected Access），意即「Wi-Fi 存取保護」，是一種由 Wi-Fi 聯盟制訂與發佈，用來保護無線網路（Wi-Fi）存取安全的技術標準。前一代有線等效加密（Wired Equivalent Privacy, WEP）系統中，被發現若干嚴重的弱點，因此 Wi-Fi 聯盟推出 WPA、WPA2 與 WPA3 系列來加強無線網路安全。

目前廣泛實作的有 WPA、WPA2 兩個標準。第一代 WPA(以 TKIP 為基礎)由 2003 年開始啟用，WPA 實作了 IEEE 802.11i 標準的大部分，是在 802.11i 完備之前替代 WEP 的過渡方案。WPA 的設計可以用在所有的無線網卡上，但未必能用在第一代的無線存取點上。

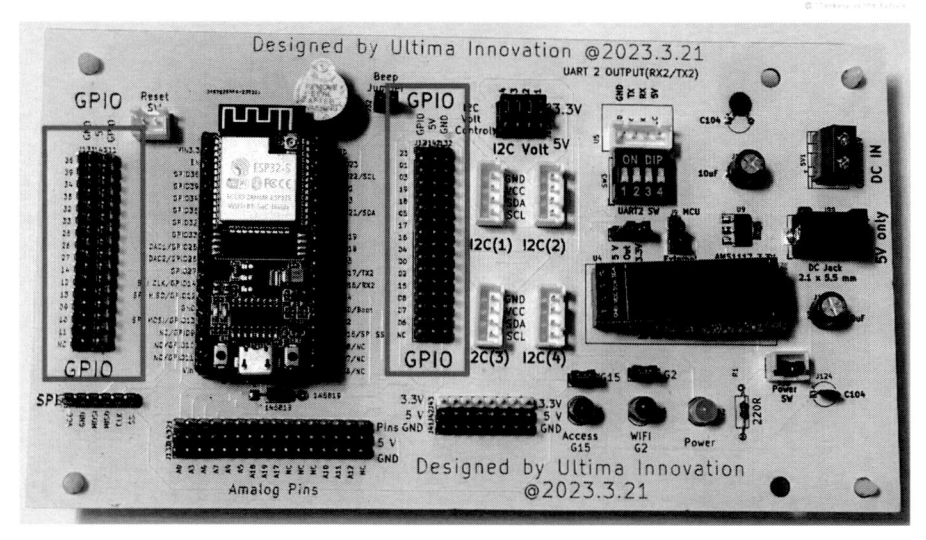

圖 265 外部 GPIO 腳位

取得自身網路卡編號

在網路連接議題上，網路卡編號(MAC address)在資訊安全上，佔著很重要的關鍵因素，所以如何取得 ESP32S 開發板(NodeMCU-32S)的網路卡編號(MAC address)，當為物聯網程式設計中非常重要的基礎元件，所以本節要介紹如何取得開發裝置的自身網路卡編號，透過攥寫程式來取得網路卡編號。

硬體組立

如下圖所示，這個實驗我們需要用到的實驗硬體有下圖.(a)的 ESP32S 開發板(NodeMCU-32S)、下圖.(b) MicroUSB 下載線、(z). ESP32S 學習用白色終極板 (38 Pin ESP32S)：

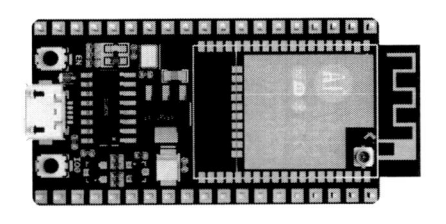

(a). ESP32S 開發板(NodeMCU-32S) 　　(b). MicroUSB 下載線

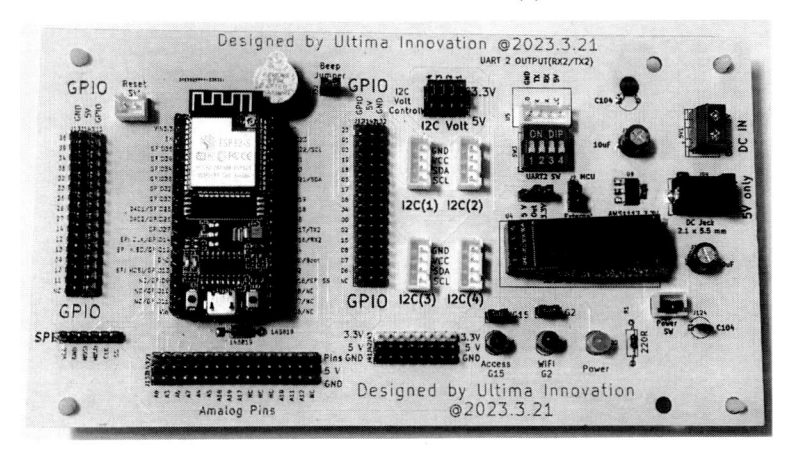

(z). ESP32S 學習用白色終極板

圖 266 ESP32S 開發板(NodeMCU-32S)與 ESP32S 學習用白色終極板

電路組立

如下圖所示，這個實驗我們需要用到的實驗硬體有 ESP32S 開發板(NodeMCU-32S)、ESP32S 學習用白色終極板與 MicroUSB 下載線：

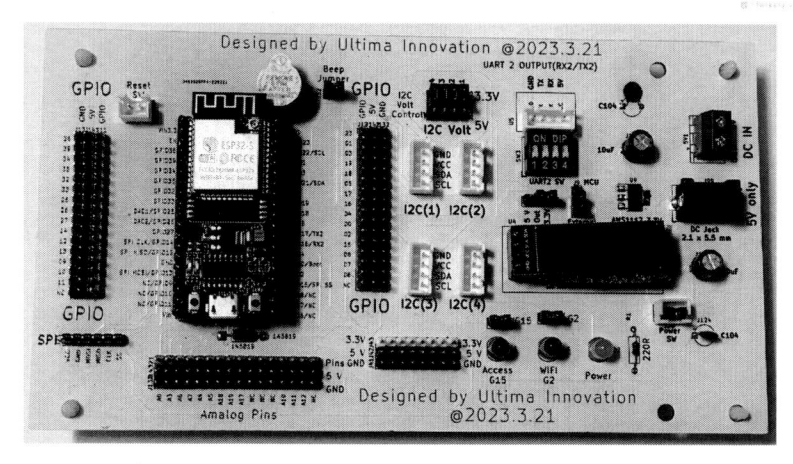

圖 267 ESP32S 開發板(NodeMCU-32S)之硬體圖

讀者可以參考下圖所示之取得自身網路卡編號連接電路圖，進行電路組立。

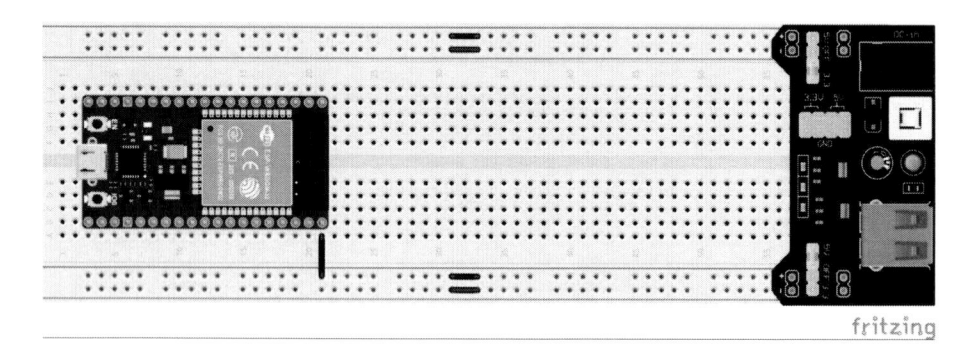

圖 268 取得自身網路卡編號連接電路圖

程式開發

我們遵照前幾章所述，將 ESP32S 開發板(NodeMCU-32S)的驅動程式安裝好之後，我們打開 ESP32S 開發板(NodeMCU-32S)的開發工具：Thonny MicroPython 編譯整合開發軟體(安裝 Arduino 開發環境，請參考本文之『開發環境介紹』，安裝 THONNY 開發工具與 MicroPython 之 ESP32S 開發板(NodeMCU-32S)的韌體請參考本文之『開發環境介紹』一章節)，攥寫一段程式，如下表所示之取得自身網路卡編號測試程式，取得取得自身網路卡編號。

表 12 取得自身網路卡編號測試程式

取得自身網路卡編號測試程式(getMac2.py)
import network #網路使用套件
import ubinascii   #MAC Address 特殊數字轉 16 進位，轉換 N 進位顯示使用套件
wlan = network.WLAN(network.STA_IF)   #正常上網模式
wlan.active(True)#啟動網路物件
#透過網路物件方法，取得網路卡編號，並把取得網路卡編號變數轉成 16 進位元表示之文字
mac = ubinascii.hexlify(network.WLAN().config('mac'),' ').decode()
# ubinascii.hexlify(要轉換的 mac address).decode()
# network.WLAN().config('mac')   取得網路卡編號
mac2 = ubinascii.hexlify(network.WLAN().config('mac')).decode()
print(mac.upper())   #字串.upper()，將這個字串轉成大寫英文
print(mac2.upper())   #字串.upper()，將這個字串轉成大寫英文

程式下載：https://github.com/brucetsao/ESP32Python

如下圖所示，我們可以看到取得自身網路卡編號結果畫面。

```
>>> %Run -c $EDITOR_CONTENT

MPY: soft reboot
B8 D6 1A 68 E5 F8
B8D61A68E5F8
>>>
```

圖 269 取得自身網路卡編號結果畫面

取得環境可連接之無線基地台

ESP32S 開發板(NodeMCU-32S)是一款功能強大的微控制器，內建 WiFi 和藍牙功能，在物聯網（IoT）應用中被廣泛使用。掃描無線基地台（WiFi 網絡）的功能讓 ESP32S 開發板(NodeMCU-32S)能夠查找周圍可用的 WiFi 網絡，從而決定最佳的網絡連接策略。

ESP32S 開發板(NodeMCU-32S) WiFi 可以掃描周圍的 WiFi 網絡，獲取每個網絡的 SSID: Service Set IDentifier（網絡名稱）、信號強度（Received Signal Strength Indication, RSSI）、加密類型等資訊。這一功能對於選擇最佳的 WiFi 網絡連接、實現智慧連接管理、信號覆蓋分析等應用非常有用。

掃描功能的主要特性

- 快速掃描：ESP32S 開發板(NodeMCU-32S)可以快速掃描周圍的 WiFi 網絡，並在短時間內返回可用網絡的詳細資訊。
- 信息詳盡：掃描結果包括每個網絡的 SSID、BSSID（路由器的 MAC 地址）、信號強度（RSSI）、頻道（Channel）、加密方式等。
- 篩選與排序：可以根據信號強度或其他標準對掃描結果進行篩選和排序，以便選擇最佳的連接網絡。
- 多次掃描：ESP32S 開發板(NodeMCU-32S)支持持續多次掃描以監控網絡環境的變化。
- 能耗管理：掃描過程中的能耗較低，適合電池驅動的應用。

在網路連接議題上，取得環境可連接之無線基地台是非常重要的一個關鍵點，當然如果知道可以上網的基地台，就直接連上就好，但是如果可以取得環境可連接之無線基地台的所有資訊，那將是一大助益，所以本節將會教讀者如何取得取得環境可連接之無線基地台，透過攥寫程式來取得取得環境可連接之無線基地台(Access Point)。

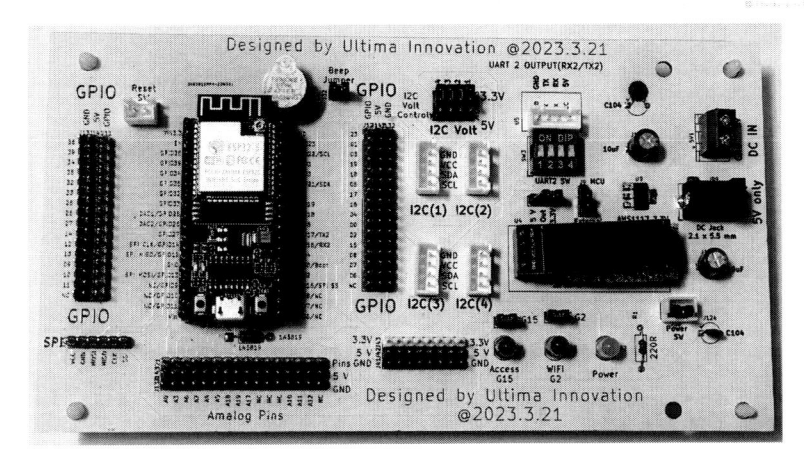

圖 270ESP32S 開發板(NodeMCU-32S)

硬體組立

如下圖所示，這個實驗我們需要用到的實驗硬體有下圖.(a)的 ESP32S 開發板(NodeMCU-32S)、下圖.(b) MicroUSB 下載線、(z). ESP32S 學習用白色終極板 (38 Pin ESP32S)：

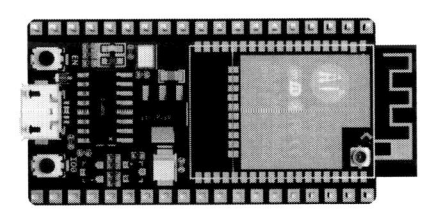

(a). ESP32S 開發板(NodeMCU-32S)　　　(b). MicroUSB 下載線

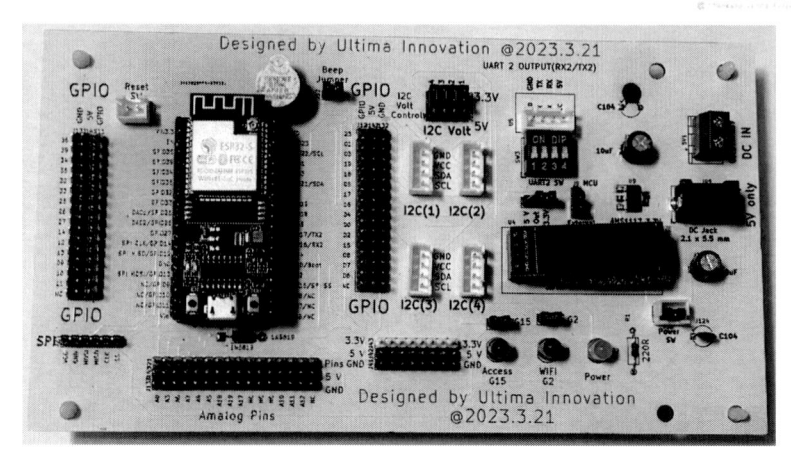

(z). ESP32S 學習用白色終極板

圖 271 ESP32S 開發板(NodeMCU-32S)與 ESP32S 學習用白色終極板

讀者可以參考下圖所示之取得環境可連接之無線基地台連接電路圖，進行電路組立。

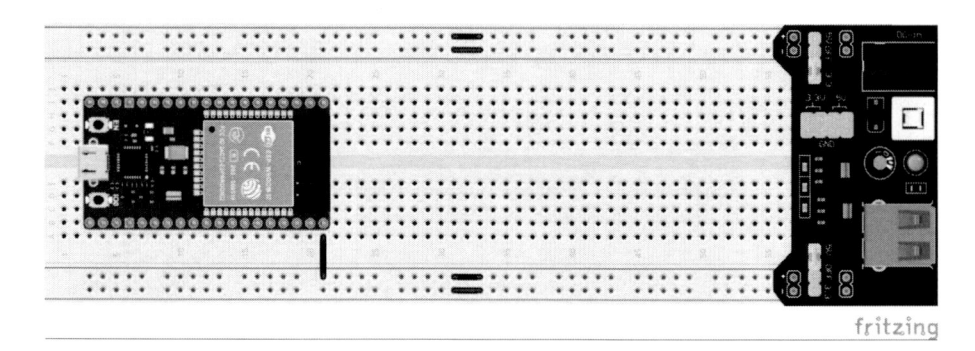

圖 272 取得環境可連接之無線基地台連接電路圖

程式開發

我們遵照前幾章所述，將 ESP32S 開發板(NodeMCU-32S)的驅動程式安裝好之後，我們打開 ESP32S 開發板(NodeMCU-32S)的開發工具：Thonny MicroPython 編譯整合開發軟體(安裝 Arduino 開發環境，請參考本文之『開發環境介紹』，安裝

THONNY 開發工具與 MicroPython 之 ESP32S 開發板(NodeMCU-32S)的韌體請參考本文之『開發環境介紹』一章節)，攥寫一段程式，如下表所示之取得環境可連接之無線基地台測試程式，取得可以掃瞄到的無線基地台(Access Points)。

表 13 取得環境可連接之無線基地台測試程式

取得環境可連接之無線基地台測試程式(Scannetwork_OK.py)
# 引入 MicroPython 的網路、請求、時間和二進位 ASCII 轉換模組
import network   # 用於網路連接和操作
import urequests # 用於發送 HTTP 請求
import time   # 用於時間相關操作
import binascii   # 用於二進位和 ASCII 的轉換
# 初始化 WLAN 物件
wlan = network.WLAN()   # 使用預設 WLAN（通常是 STA 模式）
wlan.active(True)   # 啟用 WLAN
# 掃描附近的 Wi-Fi 網路
networks = wlan.scan()   # 返回一個包含 6 個元素的元組清單（SSID、BSSID、頻道、RSSI、加密方式、是否隱藏）
# 列印掃描到的網路
print(networks)   # 列印所有掃描到的網路
根據 RSSI 值排序（從高到低）
networks.sort(key=lambda x: x[3], reverse=True)   # 按照 RSSI 排序，從高到低
# 列印排序後的網路列表
i = 0   # 初始化計數器
for w in networks: # 遍歷排序後的網路
i += 1   # 計數器遞增
# 列印網路的 SSID、BSSID（轉換為十六進位）、頻道、RSSI、加密方式和是否隱藏
print(i, w[0].decode(), binascii.hexlify(w[1]).decode(), w[2], w[3], w[4], w[5])

程式下載：https://github.com/brucetsao/ESP32Python

如下圖所示，我們可以看到取得環境可連接之無線基地台。

```
[(b'DIRECT-48-HP 3103fdw LJ', b'~M\x8fM\xa6H', 6,
-62, 3, False), (b'IOT', b"\x10'\xf5\xae\x83\xaf",
10, -64, 3, False), (b'', b"2'\xf5\xae\x83\xaf", 1
0, -65, 3, False), (b'NCNUIOT', b'\xd8\r\x17\xe1\x
d9\xb2', 2, -66, 3, False), (b'', b'\xda\r\x17\xe1
\xd9\xb2', 2, -66, 3, False), (b'IOT2', b' #Q\x98:
\xd7', 5, -75, 3, False), (b'', b'B#Q\x98:\xd7', 5
, -75, 3, False), (b'Achang', b'\x9c\xd6C\xcc\xd2v
', 1, -95, 4, False)]
1 DIRECT-48-HP 3103fdw LJ 7e4d8f4da648 6 -62 3 Fal
se
2 IOT 1027f5ae83af 10 -64 3 False
3  3227f5ae83af 10 -65 3 False
4 NCNUIOT d80d17e1d9b2 2 -66 3 False
5  da0d17e1d9b2 2 -66 3 False
```

圖 273 取得環境可連接之無線基地台結果畫面

連接網際網路

ESP32S 開發板(NodeMCU-32S)是一款整合 WiFi 和藍牙功能的單晶片、微處理機，被廣泛應用於物聯網(IoT)設備中。連接到無線基地台(WiFi 路由器)是 ESP32S 開發板(NodeMCU-32S)的一個基本功能，這允許設備接入網際聯網(Internet)和局域網(Local Area Network, LAN)。

ESP32S 開發板(NodeMCU-32S)通過站點模式（Station Mode, STA）來連接到無線基地台。在這種模式下，ESP32S 開發板(NodeMCU-32S)作為 WiFi 網絡中的一個客戶端，類似於手機或筆記型電腦。這允許 ESP32S 開發板(NodeMCU-32S)使用 TCP/IP 網路協議進行網絡通信，從而與其他設備和服務器(Service)交換數據。

本文要介紹讀者如何使用 ESP32S 開發板(NodeMCU-32S)，進而透過連接無線基地台來上網，並瞭解 ESP32S 開發板(NodeMCU-32S)如何透過外加網路函數來連接無線基地台(曹永忠, 2016a, 2020c; 曹永忠, 张程, 郑昊缘, 杨柳姿, & 楊楠、2020;

曹永忠, 許智誠, 蔡英德, 鄭昊緣, & 張程, 2020; 曹永忠 et al., 2023b, 2024))。

硬體組立

如下圖所示，這個實驗我們需要用到的實驗硬體有下圖.(a)的 ESP32S 開發板(NodeMCU-32S)、下圖.(b) MicroUSB 下載線、(z). ESP32S 學習用白色終極板 (38 Pin ESP32S)：

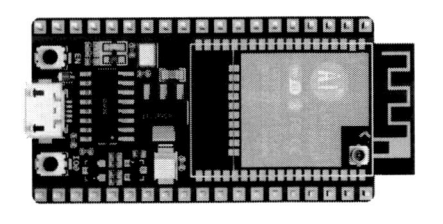

(a). ESP32S 開發板(NodeMCU-32S) 　　　(b). MicroUSB 下載線

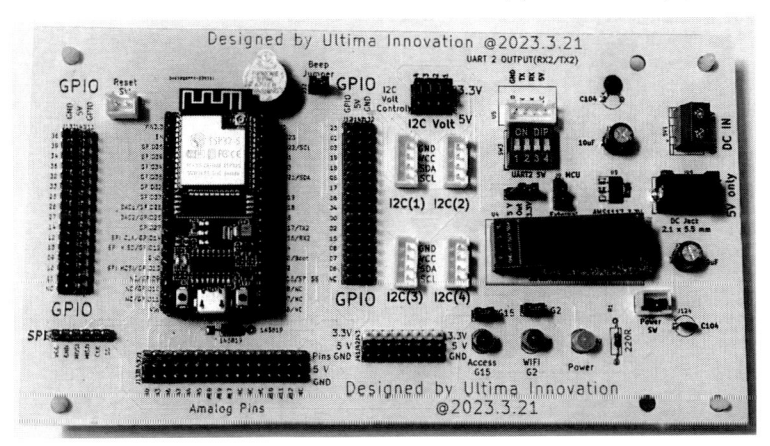

(z). ESP32S 學習用白色終極板

圖 274 ESP32S 開發板(NodeMCU-32S)與 ESP32S 學習用白色終極板

讀者可以參考下圖所示之取得自身網路卡編號連接電路圖，進行電路組立。

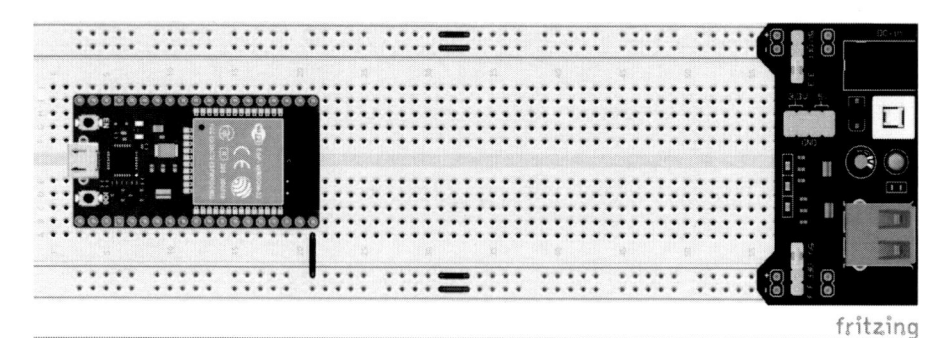

圖 275 連接網際網路的網站

程式開發

我們遵照前幾章所述,將 ESP32S 開發板(NodeMCU-32S)的驅動程式安裝好之後,我們打開 ESP32S 開發板(NodeMCU-32S)的開發工具:Thonny MicroPython 編譯整合開發軟體(安裝 Arduino 開發環境,請參考本文之『開發環境介紹』,安裝 THONNY 開發工具與 MicroPython 之 ESP32S 開發板(NodeMCU-32S)的韌體請參考本文之『開發環境介紹』一章節),攥寫一段程式,如下表所示之連接網際網路的網站測試程式,透過無線基地台連上網際網路後,連接網際網路的網站,並把連到網站回應之網頁顯示出來。

表 14 連接網際網路的網站測試程式

連接網際網路的網站測試程式 (Connect_Web.py)
這個程式嘗試建立無線網路連接,
然後使用 MicroPython 的 urequests 套件發送 HTTP GET 請求到特定網址。
程式的主要功能包括:
#
啟用 WLAN,並連接到指定的 Wi-Fi 網路。
如果連接成功,列印網路相關資訊,如 IP 地址、子網路遮罩、網關和 DNS。
如果連接成功,發送 HTTP GET 請求到指定網址,並列印 HTTP 回應的內容。

```python
#       如果連接失敗，列印連接失敗的訊息。
import network   # 匯入網路相關的功能模組
import urequests as requests   # 匯入 HTTP 請求功能模組
import time   # 匯入時間相關功能模組

# 建立 WLAN 物件，使用 STA_IF 代表客戶端模式
wlan = network.WLAN(network.STA_IF)

# 啟用 WLAN 功能
wlan.active(True)

# 嘗試連接到無線網路，使用 SSID 和密碼
status = wlan.connect("NUKIOT", "12345678")

# 定義一個目標網址，本例子是靜宜大學網址
urlstr = "https://www.pu.edu.tw/"

# 列印連接狀態
print(status)

# 檢查無線網路是否已成功連接
if wlan.isconnected():
    # 列印網路配置資訊
    print(wlan.ifconfig())
    print("IP:", wlan.ifconfig()[0])   # 列印 IP 地址
    print("MASK:", wlan.ifconfig()[1])   # 打印子網路遮罩
    print("GateWay:", wlan.ifconfig()[2])   # 列印網關地址
    print("DNS:", wlan.ifconfig()[3])   # 列印 DNS 伺服器地址

    # 發送 HTTP GET 請求
    res = requests.get(urlstr)

    # 列印從目標網址獲取的回應內容
    print("HTML is:", res.text)
else:
    # 如果連接失敗，列印錯誤訊息
    print("Connect AP Fail")
```

程式下載：https://github.com/brucetsao/ESP32Python

如下圖所示，我們可以看到連接網際網路的網站測試程式結果畫面。

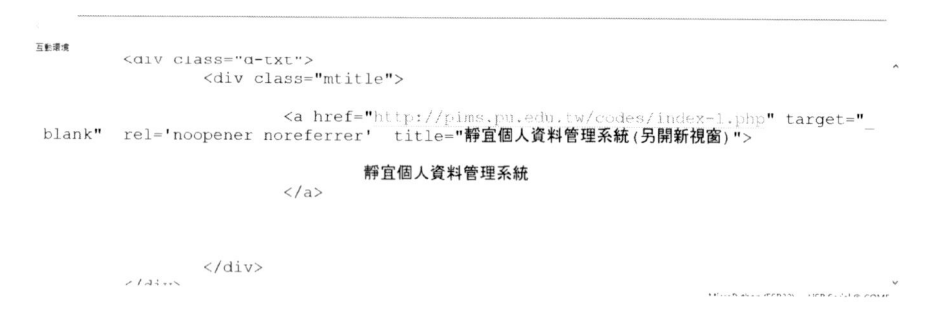

```
互動環境
             <div class="a-txt">
                 <div class="mtitle">
                         <a href="http://pims.pu.edu.tw/codes/index-1.php" target="_
blank" rel='noopener noreferrer' title="靜宜個人資料管理系統(另開新視窗)">
                          靜宜個人資料管理系統
                         </a>
                 </div>
```

圖 276 連接網際網路的網站測試程式結果畫面

建立網站來控制 GPIO

ESP32S 開發板(NodeMCU-32S)是一款整合 WiFi 和藍牙功能的單晶片、微處理機，被廣泛應用於物聯網(IoT)設備中。連接到無線基地台(WiFi 路由器)是 ESP32S 開發板(NodeMCU-32S)的一個基本功能，這允許設備接入網際網路(Internet)和局域網(Local Area Network, LAN)。

ESP32S 開發板(NodeMCU-32S)通過站點模式（Station Mode, STA）來連接到無線基地台。在這種模式下，ESP32S 開發板(NodeMCU-32S)作為 WiFi 網絡中的一個客戶端，類似於手機或筆記型電腦。這允許 ESP32S 開發板(NodeMCU-32S)使用 TCP/IP 網路協議進行網絡通信，從而與其他設備和服務器(Service)交換數據。

筆者也是楊明豐大師的小讀者，其楊明豐大師所著作『動手玩 Python / MicroPython- ESP32 物聯網互動設計』大作之 Chapter 13 HTTP 物聯網互動設計一章(楊

~ 242 ~

明豐, 2023)中，介紹如何使用 socket 元件來傾聽 TCP/IP 的通訊，並可以與連線端相互通訊的豐富內容，筆者購買楊明豐大師所著作『動手玩 Python / MicroPython- ESP32 物聯網互動設計』一書後(楊明豐, 2023)，閱讀多次後學到許多本領，如果讀者要學習更深入的技術，筆者強烈建議讀者可以向碁峰資訊股份有限公司 GOTOP INFORMATION INC.購買購買楊明豐大師所著作『動手玩 Python / MicroPython- ESP32 物聯網互動設計』一書(楊明豐, 2023)，進而提高萬倍功力。

由於筆者學識有限，本著向購買楊明豐大師所著作『動手玩 Python / MicroPython- ESP32 物聯網互動設計』(楊明豐, 2023)一書學習之心，學習其範例後，瞭解後，將範例加以改進後，並加上筆者瞭解之註解，並改其內容來，向楊明豐大師所著作『動手玩 Python / MicroPython- ESP32 物聯網互動設計』(楊明豐, 2023)一書借花獻佛，希望楊明豐大師可以本著筆者學習之心，讀者無意冒犯楊明豐大師的版權，純粹是弟子學習之心，學有小成後，向楊明豐大師借花獻佛，讓筆者可以分享更多學習心得於更廣大的學子。

筆者透過使用連接繼電器模組（GPIO 5），並使用 ESP32S 開發板(NodeMCU-32S)建立一個獨立的網站系統來驅動繼電器模組（GPIO 5），進而可以用一個獨立網頁來控制繼電器模組（GPIO 5）的開啟予關閉，透過這個繼電器模組（GPIO 5），當繼電器模組（GPIO 5）開啟後，讓ＮＯ與ＣＯＭ腳位接通，可以讓高電壓與高電流的電器通路得以通電後開啟此高電壓與高電流的電器。

反之透過程式來控制輸出這個繼電器模組（GPIO 5）低電位，則就是將這個繼電器模組關閉繼電器模組，讓 NC 與 COM 腳位接通(NO 與 COM 腳位不接通)，可以讓高電壓與高電流的電器通路得以不通電後關閉此高電壓與高電流的電器。

進而透過之本文要介紹讀者如何使用 ESP32S 開發板(NodeMCU-32S)，進而透過連接無線基地台來上網，並且透過ＴＣＰ／ＩＰ通訊協定，建立一個網站，在網站建立按鈕圖示，在使用者按下對應按鈕圖示，進而驅動繼電器模組（GPIO 5）高電位與低電位，開啟繼電器模組（GPIO 5）的ＣＯＭ、ＮＣ、ＮＯ三個腳位，透過選擇兩個腳位來接通高電壓與高電流的電器，透過導通與不導通繼電器模組（GPIO

~ 243 ~

5）的ＣＯＭ、ＮＣ或ＣＯＭ、ＮＯ的配合，來控制家庭內的電器開啟予關閉，進而達到智慧家庭的機制。

硬體組立

如下圖所示，這個實驗我們需要用到的實驗硬體有下圖.(a)的 ESP32S 開發板(NodeMCU-32S)、下圖.(b) MicroUSB 下載線、(z). ESP32S 學習用白色終極板 (38 Pin ESP32S)：

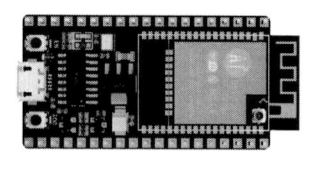

(a). ESP32S 開發板(NodeMCU-32S)

(b). MicroUSB 下載線

(c). 繼電器模組

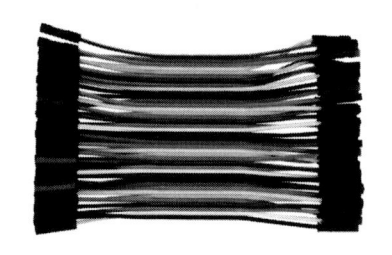

(d). 雙母杜邦線

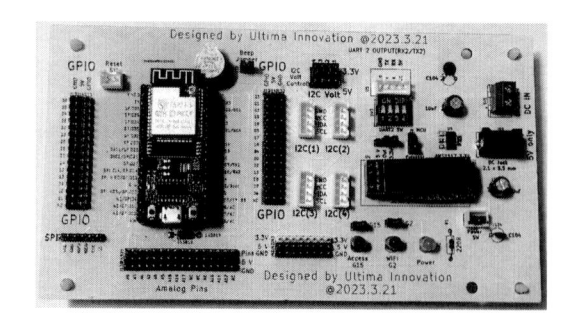

(z). ESP32S 學習用白色終極板

圖 277 ESP32S 開發板(NodeMCU-32S)與 ESP32S 學習用白色終極板

讀者可以參考下圖所示之控制一組繼電器電路圖，進行電路組立。

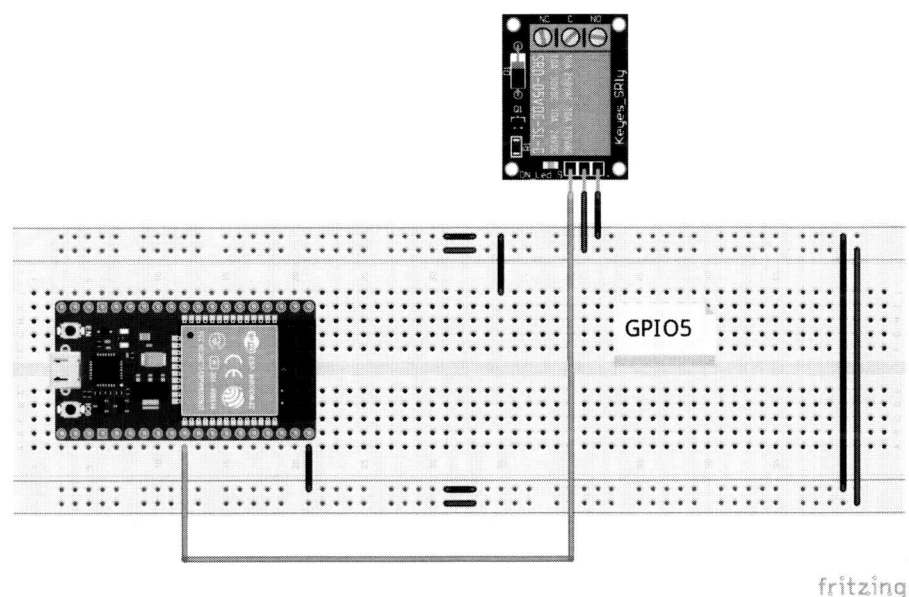

圖 278 控制一組繼電器

程式開發

我們遵照前幾章所述，將 ESP32S 開發板(NodeMCU-32S)的驅動程式安裝好之後，我們打開 ESP32S 開發板(NodeMCU-32S)的開發工具：Thonny MicroPython 編譯整合開發軟體(安裝 Arduino 開發環境，請參考本文之『開發環境介紹』，安裝 THONNY 開發工具與 MicroPython 之 ESP32S 開發板(NodeMCU-32S)的韌體請參考本文之『開發環境介紹』一章節)，攥寫一段程式，如下表所示之建立網站來控制繼電器模組測試程式，透過網站按鈕的點擊後，透過導通與不導通繼電器模組（GPIO

5)的ＣＯＭ、ＮＣ或ＣＯＭ、ＮＯ的配合，來控制家庭內的電器開啟予關閉，進而達到智慧家庭的機制。

表 15 建立網站來控制繼電器模組測試程式

```
建立網站來控制繼電器模組測試程式 (ESP32SimpleWebtoCTRL_Relay.py)
import network          # 匯入 network 模組以使用網路功能
import socket           # 匯入 socket 模組以建立網路連接
from machine import Pin # 匯入 machine 模組中的 Pin 類來控制硬體腳位

# 設定 Wi-Fi 的 SSID 和密碼
ssid='NCNUIOT'
pwd='12345678'

# 設定為站點模式 (STA_IF) 的 Wi-Fi 物件
wifi = network.WLAN(network.STA_IF)

# 檢查是否已連接到 Wi-Fi
if not wifi.isconnected(): #如果以連接上網路
    print('connecting to network...')   # 列印連接資訊
    wifi.active(True)                   # 啟用 Wi-Fi 連接
    wifi.connect(ssid, pwd)             # 連接到指定的 Wi-Fi 網路
    while not wifi.isconnected():       # 等待連接成功
        pass

print(wifi.ifconfig())                  # 列印連接成功後的網路配置

# 創建一個網路通訊端
s = socket.socket(socket.AF_INET, socket.SOCK_STREAM) #創建 Socket 物件，
#使用 socket.socket() 方法來創建一個新的 socket 物件。這個方法需要兩個參數：
#AF_INET：表示使用 IPv4 位址。
#SOCK_STREAM：表示使用 TCP 協議。

s.bind(('', 80))                        # 綁定到本機 IP 和埠 80
#使用 bind() 方法來綁定 socket 到一個特定的位址和埠。這個方法需要一個元組作為參數，包含 IP 位址和埠號。
s.listen(5)                             # 設定最多允許 5 個連接
```

```python
#使用 listen() 方法使 socket 開始監聽進入的連接。參數指定可以排隊的最大連接數


relay = Pin(5, Pin.OUT)              # 創建一個控制 GPIO5 的 Pin 物件作為輸出
relay.value(0)                       # 將 繼電器模組 的初始狀態設為 關閉 (0)

gpio_state = 'OFF'                   # 設定 繼電器模組 的狀態為關閉

# 定義一個返回 HTML 網頁的函數
def web_page():
    if relay.value() == 1:           # 檢查 LED 的狀態
        gpio_state = 'ON'            # 如果 繼電器模組 開啟，設為 'ON'
    else:
        gpio_state = 'OFF'           # 如果 繼電器模組 關閉，設為 'OFF'

    # 定義 HTML 頁面內容
    html ="""
<html>
    <head lang=\'zh-tw\'>
        <meta charset = \'UTF-8\'>
        <title>MicroPython Web Server modified from 動手玩 MicroPython-ESP32 物聯網互動設計</title>
        <meta name="viewport" content="width=device-width, initial-scale=1">
        <style>
            html{font-family: Helvetica;display:inline-block;margin:0px auto;text-align:center;}
            h1{color: #0F3376; padding:2vh;}
            p{font-size:1.5rem;}
            .button{
                background-color:Yellow;
                border:none;
                border-radius:4px;
                color:blue;
                padding:none;
                font-size:30px;
```

```
                    margin:2px;
                    cursor:pointer;
                    width:240px;
                    height:100px;}
              .button2{background-color:Green;}
        </style>
    </head>
    <body>
        <h1>MicroPython Web Server modified from 動手玩 MicroPython-ESP32 物聯網互動設計  written by 楊明豐</h1>
        <p>Relay Status: """ + gpio_state + """</p>   <!-- 顯示當前 LED 的狀態 -->
        <a href="/?device=on"><button class="button">ON</button></a>   <!-- LED 開啟按鈕 -->
        <a href="/?device=off"><button class="button button2">OFF</button></a>   <!-- LED 關閉按鈕 -->
    </body>
</html>
"""
    return html                                   # 返回 HTML 字串

while True:      #永久迴圈，使其網頁在一直等待再被連接狀態
    client, addr = s.accept()              # 接受來自客戶端的連接
    #使用 accept() 方法來接受一個新的連接。此方法會阻塞直到有新的連接，返回一個新的 socket 物件和客戶端位址。
    print('Got a connection from %s' % str(addr))   # 列印客戶端地址
    request = client.recv(1024)            # 接收客戶端的請求數據
    #使用 recv() 方法從客戶端接收數據。此方法需要指定最多接收的字節數
    request = str(request)                 # 將請求數據轉換為字串
    device_on = request.find('/?device=on')    # 查找是否有開啟 繼電器模組 的請求
    device_off = request.find('/?device=off')  # 查找是否有關閉 繼電器模組 的請求

    if device_on == 6:                      # 如果請求中包含 '/?device=on'
        relay.value(1)                      # 開啟 繼電器模組
    if device_off == 6:                     # 如果請求中包含 '/?device=off'
        relay.value(0)                      # 關閉 繼電器模組
```

```
response = web_page()                      # 生成 HTML 回應
#使用 send() 或 sendall() 方法向客戶端發送數據。
client.send('HTTP/1.1 200 OK\n')           # 發送 HTTP 回應狀態
client.send('Content-Type: text/html\n')   # 發送內容類型
client.send('Connection: close\n\n')       # 關閉連接
client.sendall(response)                   # 發送所有 HTML 回應
client.close()                             # 關閉客戶端連接，使用 close() 方法
關閉 socket 連接。
```

程式下載：https://github.com/brucetsao/ESP32Python

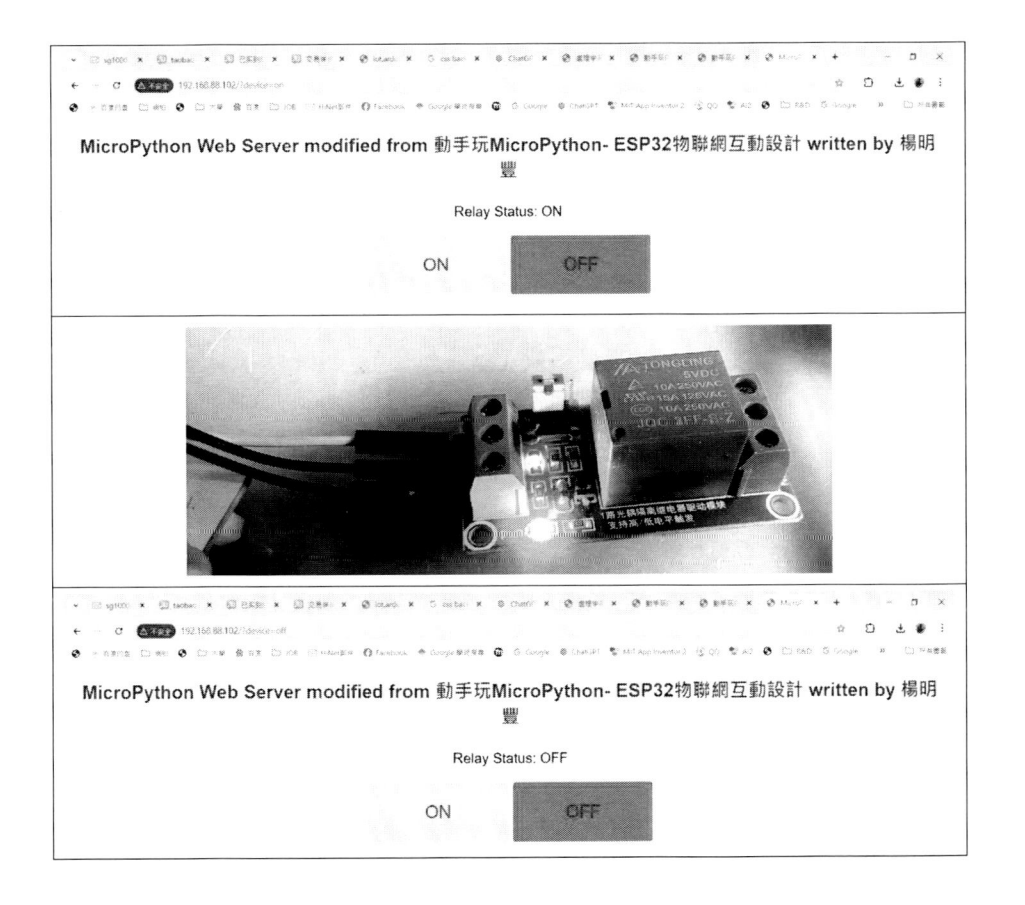

如下圖所示，我們可以看到建立網站來控制繼電器模組測試程式結果畫面。

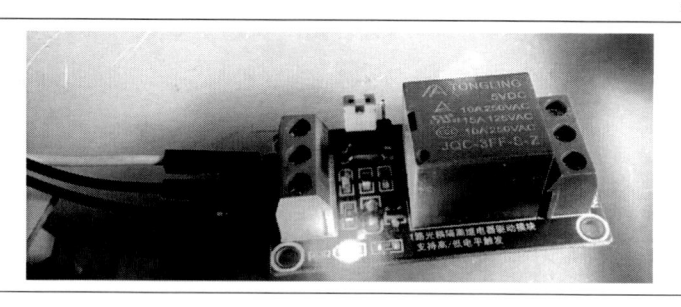

圖 279 建立網站來控制繼電器模組測試程式結果畫面

建立網站來控制多組 GPIO

ESP32S 開發板(NodeMCU-32S)是一款整合 WiFi 和藍牙功能的單晶片、微處理機，被廣泛應用於物聯網（IoT）設備中。連接到無線基地台（WiFi 路由器）是 ESP32S 開發板(NodeMCU-32S)的一個基本功能，這允許設備接入網際聯網(Internet)和局域網(Local Area Network, LAN)。

ESP32S 開發板(NodeMCU-32S)通過站點模式（Station Mode, STA）來連接到無線基地台。在這種模式下，ESP32S 開發板(NodeMCU-32S)作為 WiFi 網絡中的一個客戶端，類似於手機或筆記型電腦。這允許 ESP32S 開發板(NodeMCU-32S)使用 TCP/IP 網路協議進行網絡通信，從而與其他設備和服務器(Service)交換數據。

筆者也是楊明豐大師的小讀者，其楊明豐大師所著作『動手玩 Python / MicroPython- ESP32 物聯網互動設計』大作之 Chapter 13 HTTP 物聯網互動設計一章(楊明豐，2023)中，介紹如何使用 socket 元件來傾聽 TCP/IP 的通訊，並可以與連線端相互通訊的豐富內容，筆者購買楊明豐大師所著作『動手玩 Python / MicroPython- ESP32 物聯網互動設計』一書後(楊明豐，2023)，閱讀多次後學到許多本領，如果讀者要學習更深入的技術，筆者強烈建議讀者可以向碁峰資訊股份有限公司 GOTOP INFORMATION INC.購買購買楊明豐大師所著作『動手玩 Python / MicroPython- ESP32 物聯網互動設計』一書(楊明豐，2023)，進而提高萬倍功力。

由於筆者學識有限，本著向購買楊明豐大師所著作『動手玩 Python / MicroPython- ESP32 物聯網互動設計』一書學習之心(楊明豐, 2023)，學習其範例後，瞭解後，將範例加以改進後，並加上筆者瞭解之註解，並改其內容來，向楊明豐大師所著作『動手玩 Python / MicroPython- ESP32 物聯網互動設計』(楊明豐, 2023)一書借花獻佛，希望楊明豐大師可以本著筆者學習之心，讀者無意冒犯楊明豐大師的版權，純粹是弟子學習之心，學有小成後，向楊明豐大師借花獻佛，讓筆者可以分享更多學習心得於更廣大的學子。

筆者透過使用連接繼電器模組（GPIO 5），並使用 ESP32S 開發板(NodeMCU-32S)建立一個獨立的網站系統來驅動繼電器模組（GPIO 5），進而可以用一個獨立網頁來控制繼電器模組（GPIO 5）的開啟予關閉，透過這個繼電器模組（GPIO 5），當繼電器模組（GPIO 5）開啟後，讓 NO 與 COM 腳位接通，可以讓高電壓與高電流的電器通路得以通電後開啟此高電壓與高電流的電器。

反之透過程式來控制輸出這個繼電器模組（GPIO 5）低電位，則就是將這個繼電器模組關閉繼電器模組，讓 NC 與 COM 腳位接通(NO 與 COM 腳位不接通)，可以讓高電壓與高電流的電器通路得以不通電後關閉此高電壓與高電流的電器。

進而透過之本文要介紹讀者如何使用 ESP32S 開發板(NodeMCU-32S)，進而透過連接無線基地台來上網，並且透過ＴＣＰ／ＩＰ通訊協定，建立一個網站，在網站建立按鈕圖示，在使用者按下對應按鈕圖示，進而驅動繼電器模組（GPIO 5）高電位與低電位，開啟繼電器模組（GPIO 5）的ＣＯＭ、ＮＣ、ＮＯ三個腳位，透過選擇兩個腳位來接通高電壓與高電流的電器，透過導通與不導通繼電器模組（GPIO 5）的ＣＯＭ、ＮＣ或ＣＯＭ、ＮＯ的配合，來控制家庭內的電器開啟予關閉，進而達到智慧家庭的機制。

如此，如果要控制多組電器，本節必須要增強相同的電路與多個網站才能做到，但是一個 ESP32S 開發板(NodeMCU-32S)可以有許多ＧＰＩＯ腳位，而一個ＧＰＩＯ腳位可以連接一個繼電器模組，進而可以外接控制一組電器，所以本節將上節的程式碼與架構，擴充為三個，讓有興趣的讀者可以瞭解程式之後，依相同原理，因應真實需求，進行更多的改正與升級。

硬體組立

如下圖所示，這個實驗我們需要用到的實驗硬體有下圖.(a)的 ESP32S 開發板 (NodeMCU-32S)、下圖.(b) MicroUSB 下載線、(z). ESP32S 學習用白色終極板 (38 Pin ESP32S)：

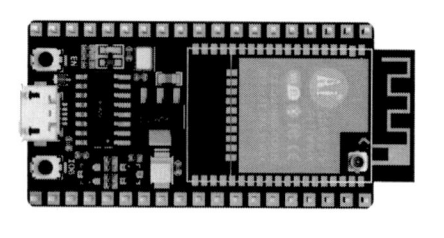

(a). ESP32S 開發板(NodeMCU-32S)　　　(b). MicroUSB 下載線

(c). 繼電器模組 X 3　　　(d). 雙母杜邦線

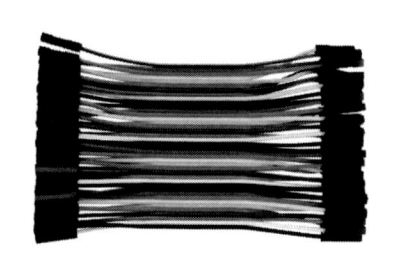

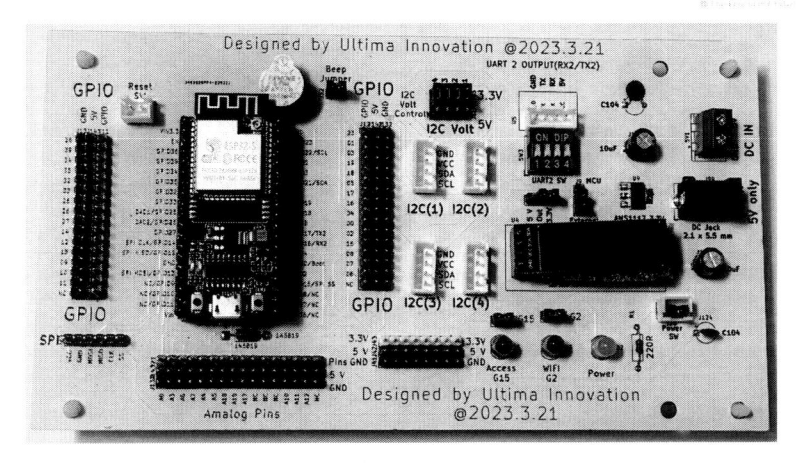

(z). ESP32S 學習用白色終極板

圖 280 ESP32S 開發板(NodeMCU-32S)與 ESP32S 學習用白色終極板

讀者可以參考下圖所示之控制三組繼電器電路圖，進行電路組立。

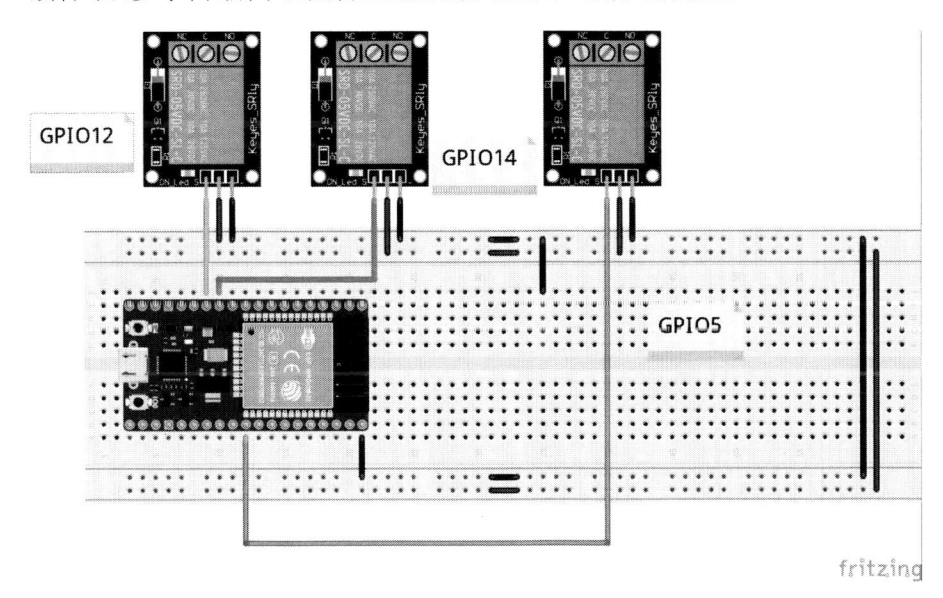

圖 281 控制三組繼電器

~ 253 ~

程式開發

我們遵照前幾章所述,將 ESP32S 開發板(NodeMCU-32S)的驅動程式安裝好之後,我們打開 ESP32S 開發板(NodeMCU-32S)的開發工具:Thonny MicroPython 編譯整合開發軟體(安裝 Arduino 開發環境,請參考本文之『開發環境介紹』),安裝 THONNY 開發工具與 MicroPython 之 ESP32S 開發板(NodeMCU-32S)的韌體請參考本文之『開發環境介紹』一章節,攥寫一段程式,如下表所示之建立網站來控制多組繼電器模組測試程式,透過網站按鈕的點擊後,透過導通與不導通繼電器模組(GPIO 5)的ＣＯＭ、ＮＣ或ＣＯＭ、ＮＯ的配合,來控制家庭內的電器開啟予關閉,進而達到智慧家庭的機制。

表 16 建立網站來控制多組繼電器模組測試程式

建立網站來控制多組繼電器模組測試程式 (ESP32SimpleWebtoCTRL_Relay.py)
import network   # 匯入 network 模組以使用網路功能
import socket   # 匯入 socket 模組以建立網路連接
from machine import Pin # 匯入 machine 模組中的 Pin 類來控制硬體腳位
# 設定 Wi-Fi 的 SSID 和密碼
ssid='NCNUIOT'
pwd='12345678'
# 設定為站點模式 (STA_IF) 的 Wi-Fi 物件
wifi = network.WLAN(network.STA_IF)
# 檢查是否已連接到 Wi-Fi
if not wifi.isconnected(): #如果以連接上網路
print('connecting to network...')   # 列印連接資訊
wifi.active(True)   # 啟用 Wi-Fi 連接
wifi.connect(ssid, pwd)   # 連接到指定的 Wi-Fi 網路
while not wifi.isconnected():   # 等待連接成功
pass

```python
print(wifi.ifconfig())                    # 列印連接成功後的網路配置

# 創建一個網路通訊端
s = socket.socket(socket.AF_INET, socket.SOCK_STREAM) #創建 Socket 物件，
#使用 socket.socket() 方法來創建一個新的 socket 物件。這個方法需要兩個參數：
#AF_INET：表示使用 IPv4 位址。
#SOCK_STREAM：表示使用 TCP 協議。

s.bind(('', 80))                          # 綁定到本機 IP 和埠 80
#使用 bind() 方法來綁定 socket 到一個特定的位址和埠。這個方法需要一個元組
作為參數，包含 IP 位址和埠號。
s.listen(5)                               # 設定最多允許 5 個連接
#使用 listen() 方法使 socket 開始監聽進入的連接。參數指定可以排隊的最大連
接數


relay1 = Pin(5, Pin.OUT)                  # 創建一個控制 GPIO5 的 Pin 物
件作為輸出
relay1.value(0)                           # 將 繼電器模組 的初始狀態設為
關閉 (0)
relay2 = Pin(12, Pin.OUT)                 # 創建一個控制 GPIO12 的 Pin
物件作為輸出
relay2.value(0)                           # 將 繼電器模組 的初始狀態設為
關閉 (0)
relay3 = Pin(14, Pin.OUT)                 # 創建一個控制 GPIO14 的 Pin
物件作為輸出
relay3.value(0)                           # 將 繼電器模組 的初始狀態設為
關閉 (0)

gpio1_state = 'OFF'                       # 設定 繼電器模組 的狀態為關閉
gpio2_state = 'OFF'                       # 設定 繼電器模組 的狀態為關閉
gpio3_state = 'OFF'                       # 設定 繼電器模組 的狀態為關閉

# 定義一個返回 HTML 網頁的函數
def web_page():
    if relay1.value() == 1:               # 檢查 繼電器模組 的狀態
        gpio1_state = '開啟'              # 如果 繼電器模組 開啟，設為
'ON'
```

```python
        else:
            gpio1_state = '關閉'                    # 如果 繼電器模組 關閉，設為 'OFF'

        if relay2.value() == 1:                    # 檢查 繼電器模組 的狀態
            gpio2_state = '開啟'                    # 如果 繼電器模組 開啟，設為 'ON'
        else:
            gpio2_state = '關閉'                    # 如果 繼電器模組 關閉，設為 'OFF'

        if relay3.value() == 1:                    # 檢查 繼電器模組 的狀態
            gpio3_state = '開啟'                    # 如果 繼電器模組 開啟，設為 'ON'
        else:
            gpio3_state = '關閉'                    # 如果 繼電器模組 關閉，設為 'OFF'


        # 定義 HTML 頁面內容
        html ="""
        <html>
            <head lang=\'zh-tw\'>
                <meta charset = \'UTF-8\'>
                <title>控制多組繼電器之網站 modified from 動手玩 MicroPython-ESP32 物聯網互動設計</title>
                <meta name="viewport" content="width=device-width, initial-scale=1">
                <style>
                    html{font-family: Helvetica;display:inline-block;margin:0px auto;text-align:center;}
                    h1{color: #0F3376; padding:2vh;}
                    p{font-size:1.5rem;}
                    .button{
                        background-color:Yellow;
                        border:none;
                        border-radius:4px;
                        color:blue;
                        padding:none;
                        font-size:30px;
                        margin:2px;
                        cursor:pointer;
```

```
                        width:240px;
                        height:100px;}
                .button2{background-color:Green;}
            </style>
        </head>
        <body>
            <h1>控制多組繼電器之網站 modified from 動手玩 MicroPython-ESP32 物聯網互動設計 written by 楊明豐</h1>
            <p>第一組繼電器模組: """ + gpio1_state + """</p>   <!-- 顯示當前繼電器模組 的狀態 -->
            <a href="/?d1=on"><button class="button">ON</button></a>   <!-- 繼電器模組 開啟按鈕 -->
            <a href="/?d1=off"><button class="button button2">OFF</button></a>   <!-- 繼電器模組 關閉按鈕 -->
            <hr>
            <p>第二組繼電器模組: """ + gpio2_state + """</p>   <!-- 顯示當前繼電器模組 的狀態 -->
            <a href="/?d2=on"><button class="button">ON</button></a>   <!-- 繼電器模組 開啟按鈕 -->
            <a href="/?d2=off"><button class="button button2">OFF</button></a>   <!-- 繼電器模組 關閉按鈕 -->
            <hr>
            <p>第三組繼電器模組: """ + gpio3_state + """</p>   <!-- 顯示當前繼電器模組 的狀態 -->
            <a href="/?d3=on"><button class="button">ON</button></a>   <!-- 繼電器模組 開啟按鈕 -->
            <a href="/?d3=off"><button class="button button2">OFF</button></a>   <!-- 繼電器模組 關閉按鈕 -->
            <hr>
        </body>
        </html>
        """
    return html                          # 返回 HTML 字串

while True:        #永久迴圈,使其網頁在一直等待再被連接狀態
    client, addr = s.accept()            # 接受來自客戶端的連接
    #使用 accept() 方法來接受一個新的連接。此方法會阻塞直到有新的連接,返回一個新的 socket 物件和客戶端位址。
```

```python
print('Got a connection from %s' % str(addr))   # 列印客戶端地址
request = client.recv(1024)                     # 接收客戶端的請求數據
#使用 recv() 方法從客戶端接收數據。此方法需要指定最多接收的字節數
request = str(request)                          # 將請求數據轉換為字串
device1_on = request.find('/?d1=on')            # 查找是否有開啟 繼電器模組 的請求
device1_off = request.find('/?d1=off')          # 查找是否有關閉 繼電器模組 的請求
device2_on = request.find('/?d2=on')            # 查找是否有開啟 繼電器模組 的請求
device2_off = request.find('/?d2=off')          # 查找是否有關閉 繼電器模組 的請求
device3_on = request.find('/?d3=on')            # 查找是否有開啟 繼電器模組 的請求
device3_off = request.find('/?d3=off')          # 查找是否有關閉 繼電器模組 的請求

if device1_on == 6:                             # 如果請求中包含 '/?dx=on'
    relay1.value(1)                             # 開啟 繼電器模組
if device1_off == 6:                            # 如果請求中包含 '/?dx=off'
    relay1.value(0)                             # 關閉 繼電器模組

if device2_on == 6:                             # 如果請求中包含 '/?dx=on'
    relay2.value(1)                             # 開啟 繼電器模組
if device2_off == 6:                            # 如果請求中包含 '/?dx=off'
    relay2.value(0)                             # 關閉 繼電器模組

if device3_on == 6:                             # 如果請求中包含 '/?dx=on'
    relay3.value(1)                             # 開啟 繼電器模組
if device3_off == 6:                            # 如果請求中包含 '/?dx=off'
    relay3.value(0)                             # 關閉 繼電器模組

response = web_page()                           # 生成 HTML 回應
#使用 send() 或 sendall() 方法向客戶端發送數據。
client.send('HTTP/1.1 200 OK\n')                # 發送 HTTP 回應狀態
client.send('Content-Type: text/html\n')        # 發送內容類型
client.send('Connection: close\n\n')            # 關閉連接
client.sendall(response)                        # 發送所有 HTML 回應
client.close()                                  # 關閉客戶端連接，使用 close() 方法關閉 socket 連接。
```

程式下載：https://github.com/brucetsao/ESP32Python

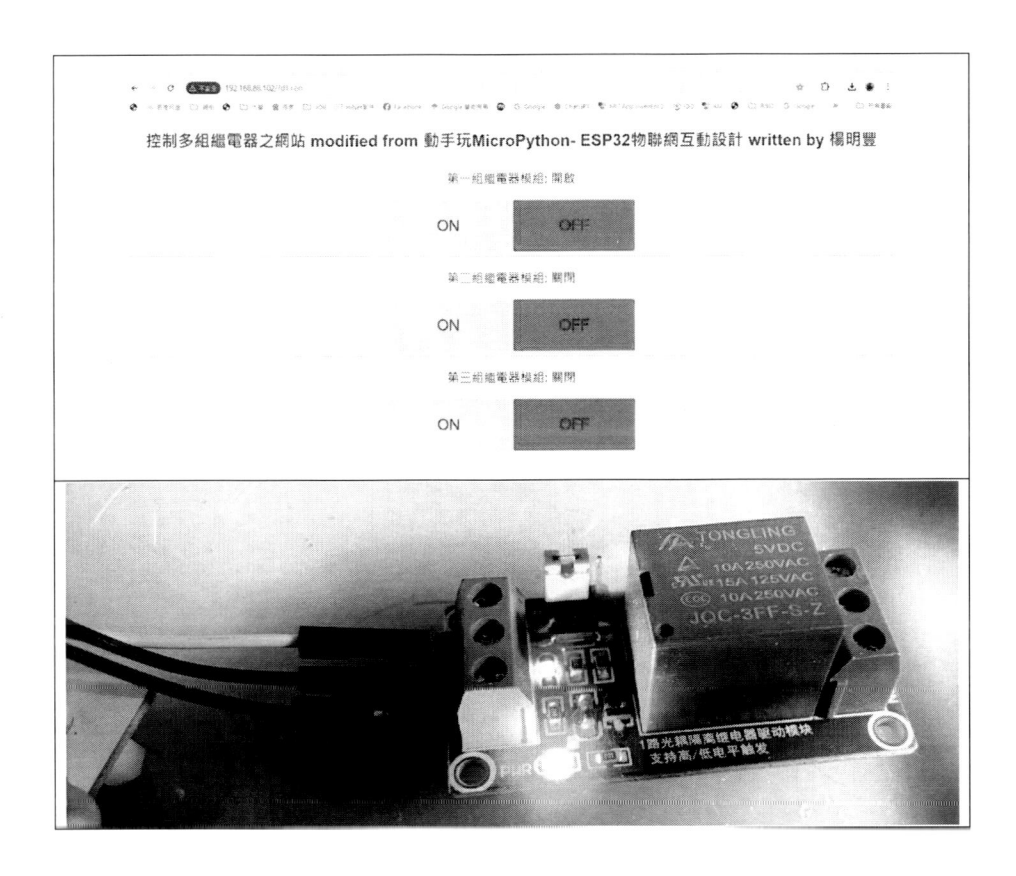

如下圖所示，我們可以看到建立網站來控制多組繼電器模組測試程式結果畫面。

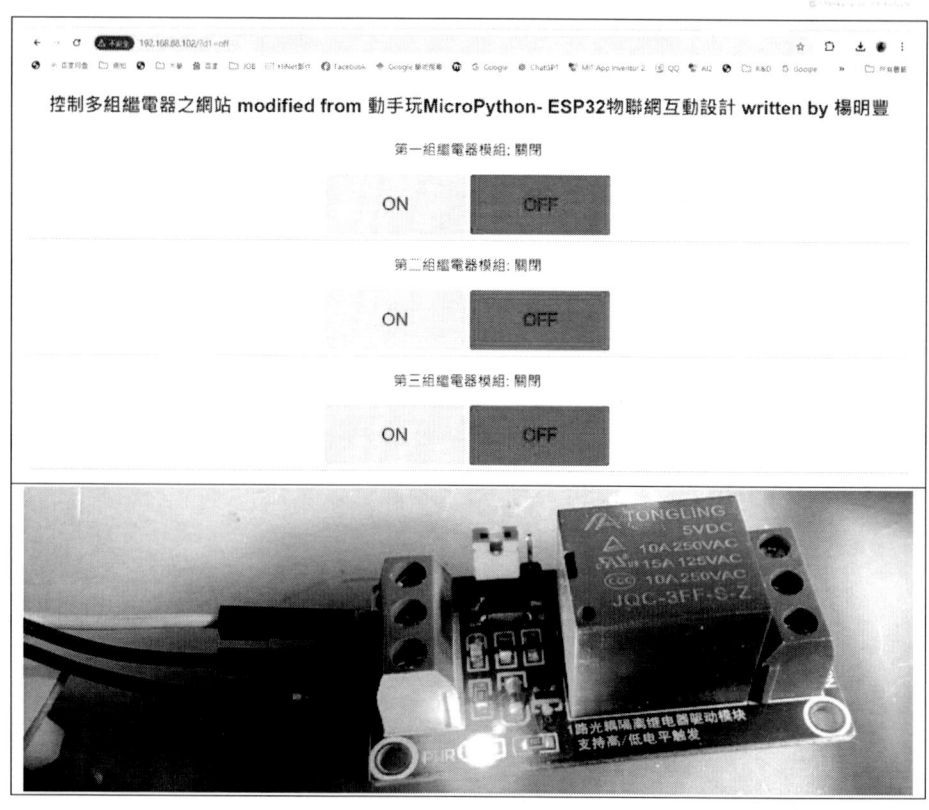

圖 282 建立網站來控制多組繼電器模組測試程式結果畫面

建立溫溼度感測網站

　　ESP32S 開發板(NodeMCU-32S)是一款整合 WiFi 和藍牙功能的單晶片、微處理機，被廣泛應用於物聯網(IoT)設備中。連接到無線基地台(WiFi 路由器)是 ESP32S 開發板(NodeMCU-32S)的一個基本功能，這允許設備接入網際聯網(Internet)和局域網(Local Area Network, LAN)。

　　ESP32S 開發板(NodeMCU-32S)通過站點模式（Station Mode, STA）來連接到無線基地台。在這種模式下，ESP32S 開發板(NodeMCU-32S)作為 WiFi 網絡中的一個客戶端，類似於手機或筆記型電腦。這允許 ESP32S 開發板(NodeMCU-32S)使用 TCP/IP 網路協議進行網絡通信，從而與其他設備和服務器(Service)交換數據。

筆者也是楊明豐大師的小讀者，其楊明豐大師所著作『動手玩 Python / MicroPython- ESP32 物聯網互動設計』大作之 Chapter 13 HTTP 物聯網互動設計一章(楊明豐, 2023)中，介紹如何使用 socket 元件來傾聽 TCP/IP 的通訊，並可以與連線端相互通訊的豐富內容，筆者購買楊明豐大師所著作『動手玩 Python / MicroPython- ESP32 物聯網互動設計』一書後(楊明豐, 2023)，閱讀多次後學到許多本領，如果讀者要學習更深入的技術，筆者強烈建議讀者可以向碁峰資訊股份有限公司 GOTOP INFORMATION INC.購買購買楊明豐大師所著作『動手玩 Python / MicroPython- ESP32 物聯網互動設計』一書(楊明豐, 2023)，進而提高萬倍功力。

由於筆者學識有限，本著向購買楊明豐大師所著作『動手玩 Python / MicroPython- ESP32 物聯網互動設計』一書學習之心，學習其範例後，瞭解後，將範例加以改進後，並加上筆者瞭解之註解，並改其內容來，向楊明豐大師所著作『動手玩 Python / MicroPython- ESP32 物聯網互動設計』一書借花獻佛(楊明豐, 2023)，希望楊明豐大師可以本著筆者學習之心，讀者無意冒犯楊明豐大師的版權，純粹是弟子學習之心，學有小成後，向楊明豐大師借花獻佛，讓筆者可以分享更多學習心得於更廣大的學子。

筆者透過 ESP32S 開發板(NodeMCU-32S 使用 I²C 輸入連接溫溼度感測模組 HTU21D 與使用 I²C 輸出連接 OLED 12832 顯示模組，以本書『整合 OLED 12832 之 HTU21D 溫溼度感測測試程式』一節的程式基礎，整合楊明豐大師所著作『動手玩 Python / MicroPython ESP32 物聯網互動設計』第 13 章，介讀取溫溼度感測模組 HTU21D（I²C 輸入），並使用 OLED 打 12832(I²C 輸出)顯示資料，最後透過 ESP32S 開發板(NodeMCU-32S 的網際網路通訊功能，建立一個獨立的網站系統來顯示溫溼度資料，可以讓讀者學習到如何使用 ESP32S 開發板(NodeMCU-32S 開發一個家居顯示溫溼度環境資料的系統。

準備實驗材料

如下圖所示，這個實驗我們需要用到的實驗硬體有下圖.(a)的 ESP 32 開發板、下圖.(b) MicroUSB 下載線、下圖.(c) HTU21D 溫溼度感測模組、下圖.(d) Oled 12832 顯示模組：

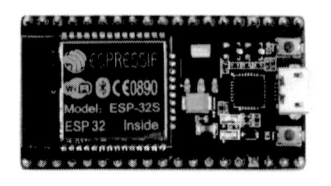

(a). ESP32S 開發板(NodeMCU-32S)

(b). MicroUSB 下載線

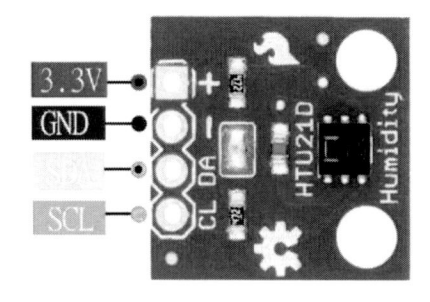

(c). HTU21D溫溼度感測模組

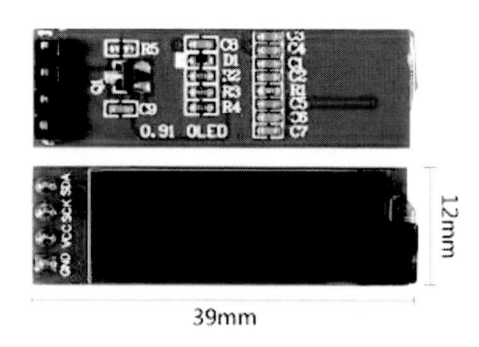

(d). Oled 12832顯示模組

圖 283 溫溼度感測模組驗材料表

讀者也可以參考下表之溫溼度感測模組接腳表，進行電路組立。

表 17 溫溼度感測模組接腳表

接腳	接腳說明	開發板接腳
3	溫溼度感測模組(+/VCC)	接電源正極(3.3 V)
4	溫溼度感測模組(-/GND)	接電源負極
5	溫溼度感測模組(DA/SDA)	GPIO 21/SDA
6	溫溼度感測模組(CL/SCL)	GPIO 22/SCL
	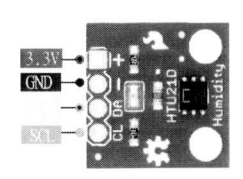 HTU21D 溫溼度感測器	
1	Oled 12832 Vcc(紅線)	接電源正極(5V)
2	麵包板 GND(藍線)	接電源負極
3	Oled 12832 (+/VCC)	接電源正極(3.3 V)
4	Oled 12832 (-/GND)	接電源負極
5	Oled 12832 (SDA)	GPIO 21/SDA
6	Oled 12832 (SCL)	GPIO 22/SCL
	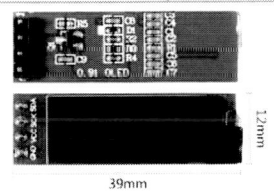 Oled 12832 顯示模組	

接腳	接腳說明	開發板接腳

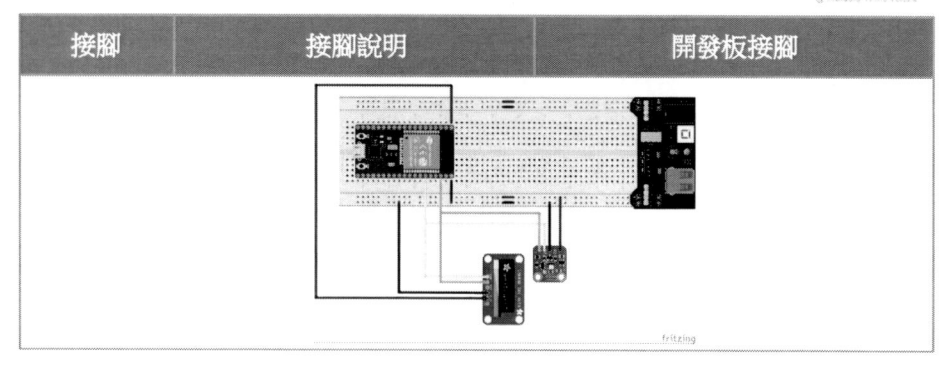

讀者可以參考下圖所示之溫溼度監控電路圖(I^2C 介面)或上表所示之溫溼度監控(I^2C 介面)接腳表,進行電路組立。

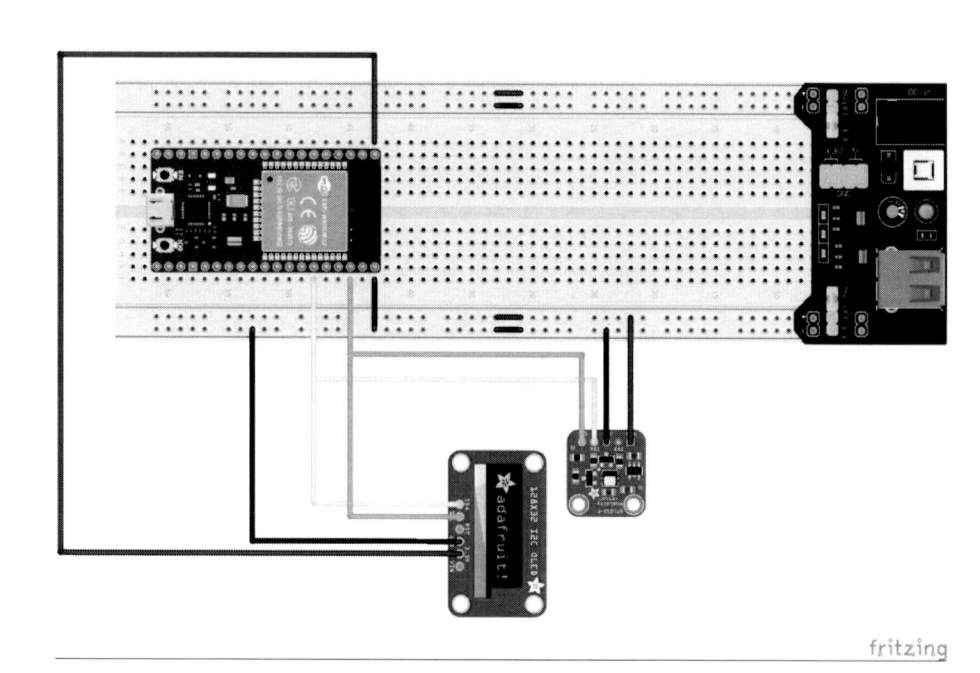

圖 284 溫溼度監控電路圖(I^2C 介面)

程式開發

我們遵照前幾章所述,將 ESP32S 開發板(NodeMCU-32S)的驅動程式安裝好之後,我們打開 ESP32S 開發板(NodeMCU-32S)的開發工具:Thonny MicroPython 編譯整合開發軟體(安裝 Arduino 開發環境,請參考本文之『開發環境介紹』,安裝 THONNY 開發工具與 MicroPython 之 ESP32S 開發板(NodeMCU-32S)的韌體請參考本文之『開發環境介紹』一章節),攥寫一段程式,如下表所示之建立溫溼度感測網站測試程式,透過網站來顯示 ESP32S 開發板(NodeMCU-32S)讀取溫溼度模組 HTU21D 讀取真實環境中的溫溼度資料,並以網站網頁的方式顯示出來,來顯示家庭內的真實的溫溼度資料,進而達到智慧家庭的機制。

表 18 建立溫溼度感測網站測試程式

```
建立溫溼度感測網站測試程式(ESP32SimpleWebtoHTU21D.py)
import network          # 匯入 network 模組以使用網路功能
import socket           # 匯入 socket 模組以建立網路連接
# 這段 MicroPython 程式碼主要用於從 HTU21D 溫濕度感測器讀取數據,
# 並將這些數據顯示在 SSD1306 OLED 顯示模組上。
# 程式碼中使用 SoftI2C 與感測器和 OLED 顯示模組進行通訊。
# 這段程式碼反覆執行,
# 讀取 HTU21D 溫濕度感測器的數據,
# 並將溫度和濕度資訊顯示在 SSD1306 OLED 顯示模組上,
# 並在控制台輸出這些數據。
# 同時,在顯示溫度和濕度之前,
# 程式碼會清除 OLED 的畫面,
# 以確保顯示的數據是最新的。

# 匯入必要的模組、包括 HTU21D、SSD1306 OLED 顯示模組、機器控制和時間
管理模組
from HTU21D import HTU21D    # HTU21D 溫濕度感測器
from myLib import *     # 使用者自訂函式庫
import ssd1306    # SSD1306 OLED 顯示模組
from machine import Pin, SoftI2C    # 進行 GPIO 操作和 SoftI2C 通訊
import utime    # 提供時間延遲功能

# 初始化 SoftI2C 通訊,指定 SCL 和 SDA 的 GPIO 腳位,以及通訊頻率
i2c = SoftI2C(scl=Pin(22), sda=Pin(21), freq=100_000)
```

```python
# 初始化 SSD1306 OLED 顯示模組，解析度為 128x32，並使用 I2C 通訊
display = ssd1306.SSD1306_I2C(128, 32, i2c)

# 清除 OLED 顯示模組的畫面
display.fill(0)   # 用黑色填充整個畫面
display.show()    # 更新 OLED 顯示模組

# 在 OLED 上顯示 MAC 地址 (假設 GetMAC() 函式從某個地方取得 MAC 地址)
display.text(GetMAC(), 0, 0, 1)   # 在位置 (0, 0) 顯示 MAC 地址

# 初始化 HTU21D 溫濕度感測器，使用 SoftI2C 通訊
lectura = HTU21D(22, 21)
temp=0
hum=0
# 設定 Wi-Fi 的 SSID 和密碼
ssid='NCNUIOT'
pwd='12345678'

# 設定為站點模式 (STA_IF) 的 Wi-Fi 物件
wifi = network.WLAN(network.STA_IF)

# 檢查是否已連接到 Wi-Fi
if not wifi.isconnected():  #如果以連接上網路
    print('connecting to network...')   # 列印連接資訊
    wifi.active(True)                   # 啟用 Wi-Fi 連接
    wifi.connect(ssid, pwd)             # 連接到指定的 Wi-Fi 網路
    while not wifi.isconnected():       # 等待連接成功
        pass

print(wifi.ifconfig())                  # 列印連接成功後的網路配置

# 創建一個網路通訊端
s = socket.socket(socket.AF_INET, socket.SOCK_STREAM) #創建 Socket 物件，
#使用 socket.socket() 方法來創建一個新的 socket 物件。這個方法需要兩個參數：
#AF_INET：表示使用 IPv4 位址。
#SOCK_STREAM：表示使用 TCP 協議。
```

```python
s.bind(('', 80))                          # 綁定到本機 IP 和埠 80
#使用 bind() 方法來綁定 socket 到一個特定的位址和埠。這個方法需要一個元組
作為參數，包含 IP 位址和埠號。
s.listen(5)                               # 設定最多允許 5 個連接
#使用 listen() 方法使 socket 開始監聽進入的連接。參數指定可以排隊的最大連
接數

def read_htu21d():
    t = h = 0
    #temp = 0
    #hum = 0
    try:
        h = lectura.humidity     # 取得濕度
        t = lectura.temperature  # 取得溫度
        print('Humidity:', h)    # 輸出濕度
        print('Temperatura:', t) # 輸出溫度

        # 清除 OLED 顯示模組的畫面
        display.fill(0)  # 用黑色填充整個畫面

        # 在 OLED 上顯示 MAC 地址 (假設 GetMAC() 函式從某個地方取得
MAC 地址)
        display.text(GetMAC(), 0, 0, 1)  # 在位置 (0, 0) 顯示 MAC 地址
        # 在 OLED 上顯示溫度和濕度資訊
        display.rect(0, 10, 128, 10, 0, 1)  # 繪製橫線
        display.text('Temp:' + str(temp), 0, 10, 1)  # 在位置 (0, 10) 顯示溫度
        display.rect(0, 20, 128, 10, 0, 1)  # 繪製另一個橫線
        display.text('Humid:' + str(hum), 0, 20, 1)  # 在位置 (0, 20) 顯示濕度
        # 更新 OLED 顯示模組的內容，將新的資訊顯示出來
        display.show()
    except OSError as e:
        print("read sensor error")
        #return('Failed to read sensor.')
    return t,h
    #return temp , hum
# 定義一個返回 HTML 網頁的函數

#def web_page(t,h):
```

```python
def web_page():
    # 定義 HTML 頁面內容
    html ="""
    <html>
        <head lang=\'zh-tw\'>
            <meta charset = \'UTF-8\' http-equiv="refresh" content="5" />
            <title>顯示溫溼度感測器資料 modified from 動手玩 MicroPython-ESP32 物聯網互動設計</title>
            <meta name="viewport" content="width=device-width, initial-scale=1">
            <style>
                html{
                    font-family: Helvetica;
                    display: inline-block;
                    margin: 0px auto;
                    text-align: center;
                    color: #09F;
                }
                h1{
                    color: #FF9900;
                    padding: 2vh;
                }
                p{font-size:1.5rem;}
            </style>       </head>
        <body>
            <h1>顯示溫溼度感測器資料 modified from 動手玩 MicroPython-ESP32 物聯網互動設計 written by 楊明豐</h1>
            <h1> <span>Temperature</span>
            <span>"""+str(temp)+"""</span>
            <sub>&deg;C</sub></h1>
            <h1> <span>Humidity</span>
            <span>"""+str(hum)+"""</span>
            <sub>%</sub></h1>
        </body>
    </html>
    """
    return html                          # 返回 HTML 字串

while True:     #永久迴圈，使其網頁在一直等待再被連接狀態
```

```
        client. addr = s.accept()              # 接受來自客戶端的連接
    #使用 accept() 方法來接受一個新的連接。此方法會阻塞直到有新的連接，
返回一個新的 socket 物件和客戶端位址。
    temp,hum = read_htu21d()
    print("in temp:",temp)
    print("in humid:",hum)

    response = web_page()                     # 生成 HTML 回應
    #response = web_page()                    # 生成 HTML 回應
    #使用 send() 或 sendall() 方法向客戶端發送數據。
    # 在控制台顯示溫濕度資訊
    print(response)
    client.send('HTTP/1.1 200 OK\n')          # 發送 HTTP 回應狀態
    client.send('Content-Type: text/html\n')  # 發送內容類型
    client.send('Connection: close\n\n')      # 關閉連接
    client.sendall(response)                  # 發送所有 HTML 回應
    client.close()                            # 關閉客戶端連接，使用 close() 方法
關閉 socket 連接。
    #utime.sleep(5)
```

程式下載：https://github.com/brucetsao/ESP32Python

如下圖所示，我們可以看到建立溫溼度感測網站測試程式結果畫面。

```
<html>
    <head lang='zh-tw'>
        <meta charset = 'UTF-8' http-equiv="refresh" content="5" />
        <title>顯示溫溼度感測器資料 modified from 動手玩MicroPython- ESP32物聯網
互動設計</title>
        <meta name="viewport" content="width=device-width, initial-scale=1
">
        <style>
            html{
                font-family: Helvetica;
                display: inline-block;
                margin: 0px auto;
                text-align: center;
                color: #09F;
            }
            h1{
                color: #FF9900;
                padding: 2vh;
            }
            p{font-size:1.5rem;}
        </style>              </head>
    <body>
        <h1>顯示溫溼度感測器資料 modified from 動手玩MicroPython- ESP32物聯網互
```

圖 285 建立溫溼度感測網站測試程式結果畫面

章節小結

本章主要介紹之 ESP32S 開發板(NodeMCU-32S)使用網路的基礎應用，並透過 GPIO 與 I²C 輸入與輸出來建立往網頁系統的雛型開發，相信讀者會對 ESP32S 開發板(NodeMCU-32S)使用網路的未來應用，及如何上網與整合網路建立更多的雲端應用，有更深入的瞭解與體認。

本書總結

筆者對於 ESP 32 相關的書籍，也出版許多書籍，感謝許多有心的讀者提供筆者許多寶貴的意見與建議，筆者群不勝感激，許多讀者希望筆者可以推出更多的入門書籍給更多想要進入『ESP 32』、『物聯網』、『Maker』這個未來大趨勢，所有才有這個程式設計系列的產生。

本系列叢書的特色是一步一步教導大家使用更基礎的東西，來累積各位的基礎能力，讓大家能在物聯網時代潮流中，可以拔的頭籌，所以本系列是一個永不結束的系列，只要更多的東西被製造出來，相信筆者會更衷心的希望與各位永遠在這條物聯網時代潮流中與大家同行。

作者介紹

曹永忠 (Yung-Chung Tsao)，國立中央大學資訊管理學系博士，目前在國立高雄大學電機工程學系兼任助理教授，專注於軟體工程、軟體開發與設計、物件導向程式設計、物聯網系統開發、Arduino開發、嵌入式系統開發。長期投入資訊系統設計與開發、企業應用系統開發、軟體工程、物聯網系統開發、軟硬體技術整合等領域，並持續發表作品及相關專業著作。

並通過台灣圖霸的專家認證。

目前也透過 Youtube 在直播平臺 https://www.youtube.com/@dr.ultima/streams ，不定其分享系統設計開發的經驗、技術與資訊工具、技術使用的經驗

雲端系統設計書籍參考：*物聯網雲端系統開發(基礎入門篇): Implementation an IoT Clouding Application (An Introduction to IoT Clouding Application Based on PHP)*，https://www.pubu.com.tw/ebook/455978

Email：prgbruce@gmail.com
Line ID：dr.brucetsao
WeChat：dr_brucetsao
作者網站： http://ncnu.arduino.org.tw/brucetsao/myprofile.php
臉書社群(Arduino.Taiwan)：
https://www.facebook.com/groups/Arduino.Taiwan/
Github 網站： https://github.com/brucetsao/
原始碼網址： https://github.com/brucetsao/ESP32Python
直播平臺 https://www.youtube.com/@dr.ultima/streams ：

蔡英德 (Yin-Te Tsai)，國立清華大學資訊科學系博士、目前是靜宜大學資訊傳播工程學系教授、靜宜大學資訊學院院長，主要研究為演算法設計與分析、生物資訊、軟體開發、視障輔具設計與開發。
Email:yttsai@pu.edu.tw
作者網頁：http://www.csce.pu.edu.tw/people/bio.php?PID=6#personal_writing

許智誠 (Chih-Cheng Hsu)，美國加州大學洛杉磯分校(UCLA) 資訊工程系博士、曾任職於美國 IBM 等軟體公司多年，現任教於中央大學資訊管理學系專任副教授，主要研究為軟體工程、設計流程與自動化、數位教學、雲端裝置、多層式網頁系統、系統整合、金融資料探勘、Python 建置(金融)資料探勘系統。
Email: khsu@mgt.ncu.edu.tw
作者網頁：http://www.mgt.ncu.edu.tw/~khsu/

附錄

本書教學用 PCB

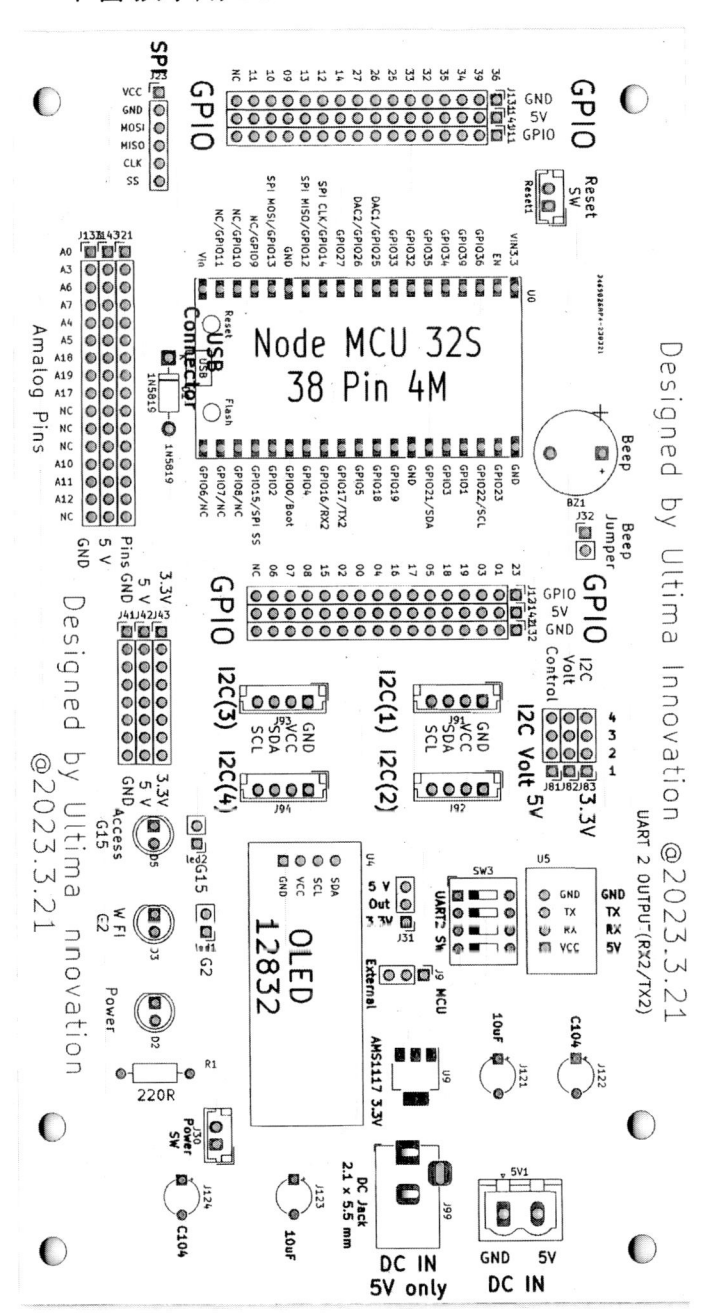

本書教學用電路板(成品)

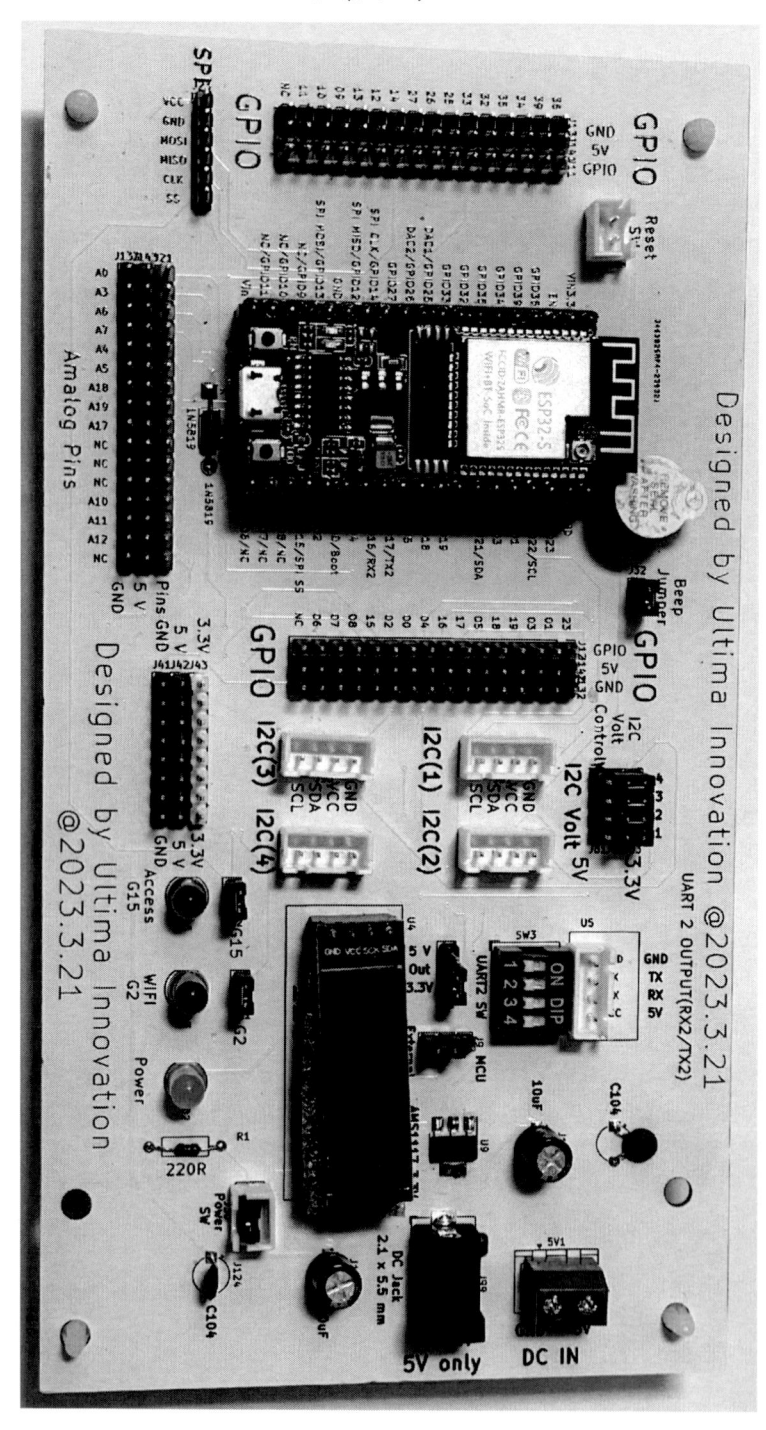

NodeMCU 32S 腳位圖

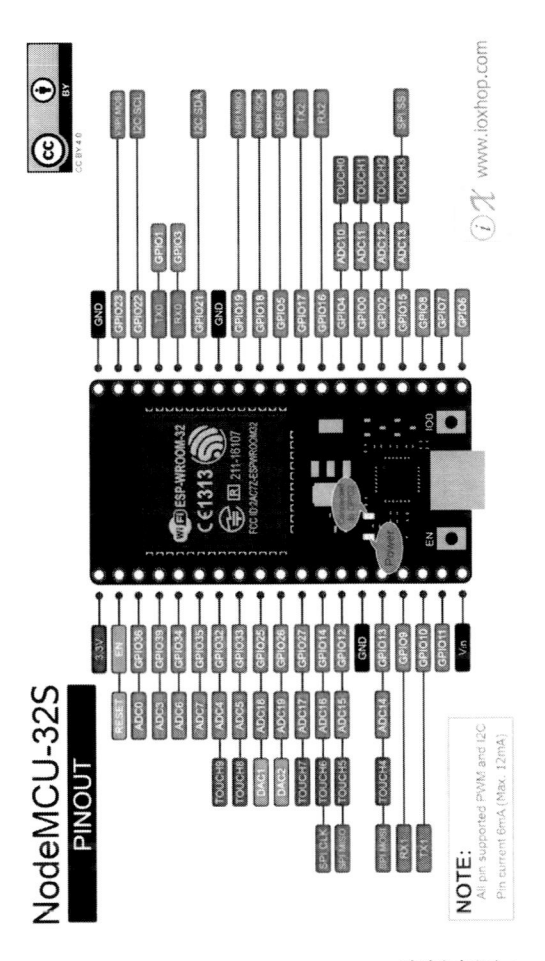

資料來源：espressif 官網：

https://www.espressif.com/sites/default/files/documentation/esp32_datasheet_en.pdf

ESP32-DOIT-DEVKIT 腳位圖

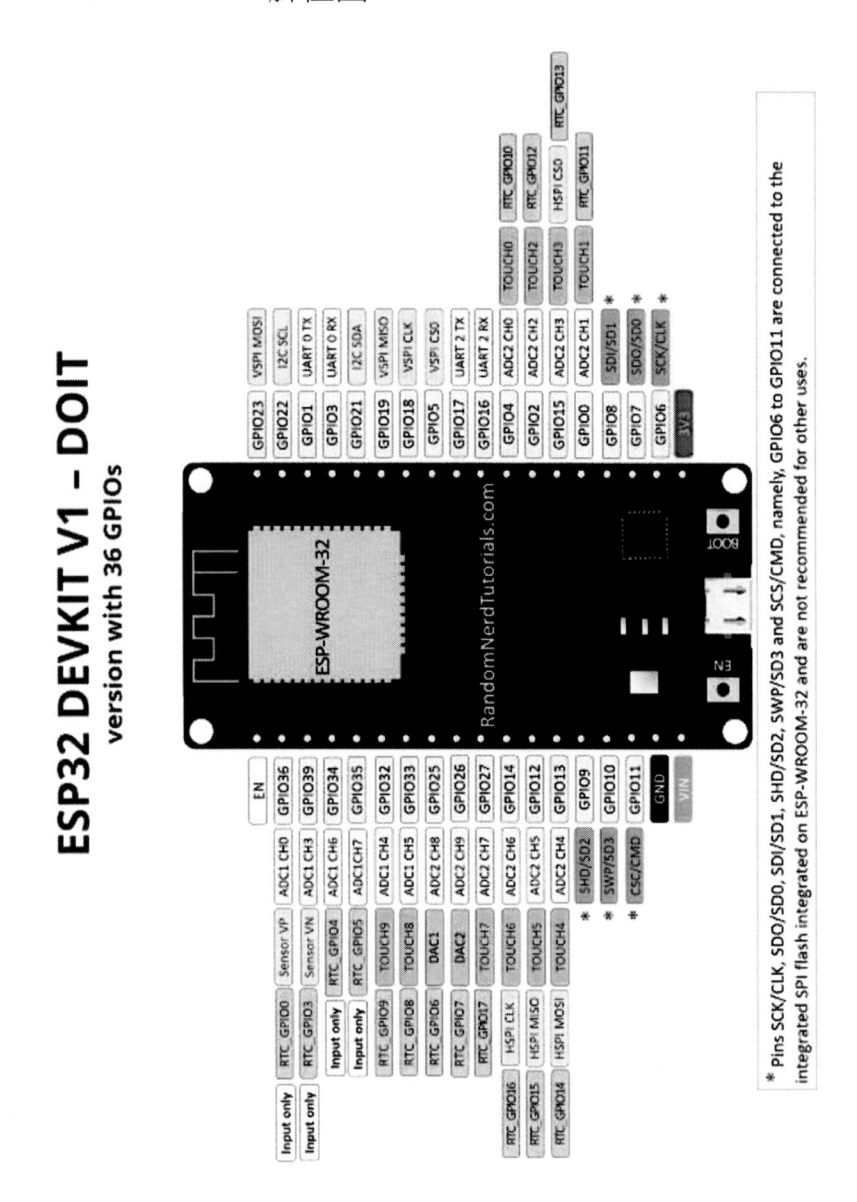

資料來源：espressif 官網：

https://www.espressif.com/sites/default/files/documentation/esp32_datasheet_en.pdf

HTU21D 函數程式

```
HTU21D 函式程式(/lib/HTU21D.py)
# 這段 MicroPython 程式碼定義了一個 HTU21D 溫濕度感測器的類別，
# 提供了測量溫度和濕度的功能。
# 這個程式碼使用 I2C 通訊與 HTU21D 感測器交互，
# 以獲取溫度和濕度數據。
# 它包括數據的 CRC 校驗，
# 以確保數據的完整性，
# 並提供相關方法來進行測量和獲取溫度、濕度值



from machine import I2C, Pin   # 匯入 MicroPython 的 I2C 和 Pin 套件
import time    # 匯入時間相關功能

class HTU21D(object):
    # 常數定義
    ADDRESS = 0x40    # HTU21D 感測器的 I2C 地址
    ISSUE_TEMP_ADDRESS = 0xE3   # 溫度測量指令位址
    ISSUE_HU_ADDRESS = 0xE5   # 濕度測量指令位址

    def __init__(self, scl, sda):
        """初始化 HTU21D 類別
        參數:
            scl (int): 連接到 I2C 的 SCL 腳位編號
            sda (int): 連接到 I2C 的 SDA 腳位編號
        """
        self.i2c = I2C(scl=Pin(scl), sda=Pin(sda), freq=100000)   # 初始化 I2C 通訊

    def _crc_check(self, value):
        """檢查數據的 CRC (循環冗餘校驗)
        備註:
            從 sparkfun/HTU21D_Breakout 的 GitHub 借鑑
        參數:
            value (bytearray): 要檢查的數據
        返回:
            True 表示有效，False 表示無效
        """
```

```python
        # 初始化 CRC 計算
        remainder = ((value[0] << 8) + value[1]) << 8   # 計算餘數
        remainder |= value[2]    # 合併剩餘部分
        divsor = 0x988000    # CRC 多項式

        # 進行 16 次循環
        for i in range(0, 16):
            if remainder & (1 << (23 - i)):    # 如果特定位被設置
                remainder ^= divsor    # 與多項式進行 XOR
            divsor >>= 1    # 將多項式右移

        # 如果剩餘為零，則校驗通過
        return remainder == 0

    def _issue_measurement(self, write_address):
        """發出測量指令
        參數:
            write_address (int): 寫入的地址
        返回:
            測量到的原始數據
        """
        # 啟動 I2C 通訊
        self.i2c.start()
        self.i2c.writeto_mem(int(self.ADDRESS), int(write_address), '')    # 發送指令
        self.i2c.stop()    # 停止 I2C 通訊
        time.sleep_ms(50)    # 等待 50 毫秒
        data = bytearray(3)    # 初始化數據
        self.i2c.readfrom_into(self.ADDRESS, data)    # 讀取感測器的數據
        # 檢查數據的 CRC 是否有效
        if not self._crc_check(data):
            raise ValueError()    # 如果無效，則引發錯誤
        raw = (data[0] << 8) + data[1]    # 合併數據
        raw &= 0xFFFC    # 清除無用的位
        return raw

    @property
    def temperature(self):
        """計算溫度"""
```

```python
        raw = self._issue_measurement(self.ISSUE_TEMP_ADDRESS)   # 發送溫度測量指令
        # 計算溫度值
        return -46.85 + (175.72 * raw / 65536)

    @property
    def humidity(self):
        """計算濕度"""
        raw = self._issue_measurement(self.ISSUE_HU_ADDRESS)   # 發送濕度測量指令
        # 計算濕度值
        return -6 + (125.0 * raw / 65536)

    def test(self):
        """測試函數,列印訊息"""
        print("estoy dentro")   # 輸出訊息
```

程式下載區:https://github.com/brucetsao/ESP32Python/lib

參考文獻

尤濬哲. (2019). ESP32 Arduino 開發環境架設（取代 Arduino UNO 及 ESP8266 首選）. Retrieved from https://youyouyou.pixnet.net/blog/post/119410732

曹永忠. (2016a). 使用 Ameba 的 WiFi 模組連上網際網路. *智慧家庭*. Retrieved from http://makerpro.cc/2016/03/use-ameba-wifi-model-connect-internet/

曹永忠. (2016b). 物聯網系列：台灣開發製造的神兵利器──UP BOARD 開發版. *智慧家庭*. Retrieved from https://vmaker.tw/archives/14485

曹永忠. (2017a). 如何使用 Linkit 7697 建立智慧溫度監控平臺（上）. Retrieved from http://makerpro.cc/2017/07/make-a-smart-temperature-monitor-platform-by-linkit7697-part-one/

曹永忠. (2017b). 如何使用 LinkIt 7697 建立智慧溫度監控平臺（下）. Retrieved from http://makerpro.cc/2017/08/make-a-smart-temperature-monitor-platform-by-linkit7697-part-two/

曹永忠. (2020a). *ESP32 程式設計(基礎篇):ESP32 IOT Programming (Basic Concept & Tricks)* (初版 ed.). 臺灣、彰化: 渥瑪數位有限公司.

曹永忠. (2020b). *ESP32 程式設計(基礎篇): ESP32 IOT Programming (Basic Concept & Tricks)*. 台灣、臺北: 千華駐科技.

曹永忠. (2020c). *ESP32 程式設計(基礎篇):ESP32 IOT Programming (Basic Concept & Tricks)* (初版 ed.). 臺灣、彰化: 渥瑪數位有限公司.

曹永忠, 吳佳駿, 許智誠, & 蔡英德. (2017a). 【物聯網開發系列】雲端平臺開發篇：資料庫基礎篇. *智慧家庭*. Retrieved from https://vmaker.tw/archives/18421

曹永忠, 吳佳駿, 許智誠, & 蔡英德. (2017b). 【物聯網開發系列】雲端平臺開發篇：資料新增篇. *智慧家庭*. Retrieved from https://vmaker.tw/archives/19114

曹永忠, 吳佳駿, 許智誠, & 蔡英德. (2017c). 【物聯網開發系列】雲端平臺開發篇：瀏覽資料篇. *智慧家庭*. Retrieved from https://vmaker.tw/archives/18909

曹永忠, 張程, 鄭昊緣, 楊柳姿, & 楊楠、. (2020). *ESP32S 程式教學(常用模組篇):ESP32 IOT Programming (37 Modules)* (初版 ed.). 臺灣、彰化: 渥瑪數位有限公司.

曹永忠, 許智誠, & 蔡英德. (2015a). Maker 物聯網實作:用 DHx 溫濕度感測模組回傳天氣溫溼度. *物聯網*. Retrieved from http://www.techbang.com/posts/26208-the-internet-of-things-daily-life-how-to-know-the-temperature-and-humidity

曹永忠, 許智誠, & 蔡英德. (2015b). 『物聯網』的生活應用實作：用DS18B20 溫度感測器偵測天氣溫度. Retrieved from http://www.techbang.com/posts/26208-the-internet-of-things-daily-life-how-to-know-the-temperature-and-humidity

曹永忠, 許智誠, & 蔡英德. (2016a). *Arduino 程式教學(溫溼度模組篇):Arduino Programming (Temperature& Humidity Modules)* (初版 ed.). 臺灣、彰化: 渥瑪數位有限公司.

曹永忠, 許智誠, & 蔡英德. (2016b). *Arduino 程式教學(溫濕度模組篇):Arduino Programming (Temperature& Humidity Modules)* (初版 ed.). 臺灣、彰化: 渥瑪數位有限公司.

曹永忠, 許智誠, & 蔡英德. (2020). *雲端平臺(系統開發基礎篇):The Tiny Prototyping System Development based on QNAP Solution*. 台灣、臺北: 千華駐科技.

曹永忠, 許智誠, 蔡英德, 鄭昊緣, & 張程. (2020). *ESP32 程式設計(物聯網基礎篇):ESP32 IOT Programming (An Introduction to Internet of Thing)* (初版 ed.). 臺灣、彰化: 渥瑪數位有限公司.

曹永忠, 蔡英德, & 許智誠. (2023a). *ESP32 物聯網基礎 10 門課:The Ten Basic Courses to IoT Programming Based on ESP32* (初版 ed.). 臺灣、彰化: 渥瑪數位有限公司.

曹永忠, 蔡英德, & 許智誠. (2023b). *ESP32 物聯網基礎 10 門課:The Ten Basic Courses to IoT Programming Based on ESP32* (初版 ed.). 臺灣、彰化: 崧燁文化事業有限公司.

曹永忠, 蔡英德, & 許智誠. (2023c). *物聯網雲端系統開發(基礎入門篇):Implementation an IoT Clouding Application (An Introduction to IoT Clouding Application Based on PHP)* (初版 ed.). 臺灣、彰化: 渥瑪數位有限公司.

曹永忠, 蔡英德, & 許智誠. (2024). *物聯網雲端系統開發(基礎入門篇):Implementation an IoT Clouding Application (An Introduction to Internet of Thing Based on PHP)* (初版 ed.). 臺灣、彰化: 渥瑪數位有限公司.

楊明豐. (2023). *動手玩 Python / MicroPython- ESP32 物聯網互動設計* (初版 ed.). 台灣、臺北: 碁峰資訊股份有限公司.

MicroPython 程式設計 (ESP32 物聯網基礎篇)：

MicroPython Programming (An Introduction to Internet of Thing Based on ESP32)

作　　　者：	曹永忠，許智誠，蔡英德
發　行　人：	黃振庭
出　版　者：	崧燁文化事業有限公司
發　行　者：	崧燁文化事業有限公司
E - m a i l：	sonbookservice@gmail.com
粉　絲　頁：	https://www.facebook.com/sonbookss/
網　　　址：	https://sonbook.net/
地　　　址：	台北市中正區重慶南路一段 61 號 8 樓
	8F., No.61, Sec. 1, Chongqing S. Rd., Zhongzheng Dist., Taipei City 100, Taiwan
電　　　話：	(02)2370-3310
傳　　　真：	(02)2388-1990
印　　　刷：	京峯數位服務有限公司
律師顧問：	廣華律師事務所 張珮琦律師

版權聲明

本書版權為作者所有授權崧博出版事業有限公司獨家發行電子書及繁體書繁體字版。若有其他相關權利及授權需求請與本公司聯繫。

未經書面許可，不得複製、發行。

定　　　價： 580 元
發 行 日 期： 2024 年 09 月第一版
◎本書以 POD 印製

國家圖書館出版品預行編目資料

MicroPython 程式設計 (ESP32 物聯網基礎篇)MicroPython Programming (An Introduction to Internet of Thing Based on ESP32) / 曹永忠,許智誠,蔡英德著. -- 第一版. -- 臺北市：崧燁文化事業有限公司, 2024.09
面；　公分
POD 版
ISBN 978-626-394-865-5(平裝)
1.CST: Python(電腦程式語言) 2.CST: 電腦程式設計 3.CST: 物聯網
312.32P97　　　113013462

電子書購買

爽讀 APP　　　臉書